HEART: A HISTORY

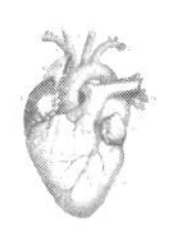

심장

[HEART: A HISTORY]

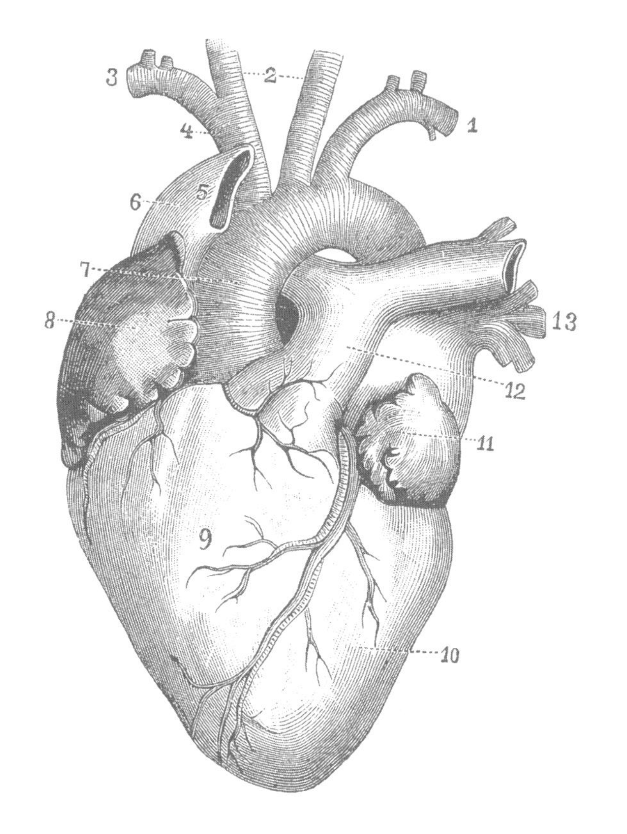

Sandeep Jauhar

은유, 기계, 미스터리의 역사

샌디프 자우하르
서정아 옮김

글항아리사이언스

나의 심장, 피아를 위하여

몸에 생기를 불어넣는 불꽃, 몸의 생명을 돌보는 자, 창조적 원칙, 감각의 조화로운 결속, 인체 구조의 중심 연결고리, (…) 우리 본질의 지주, 왕, 통치자, 창조자.

베르나르두스 실베스트리 · 12세기 시인이자 철학자

| 일러두기 |

• 원문에서 이탤릭체로 강조한 곳은 고딕으로 표시했다.

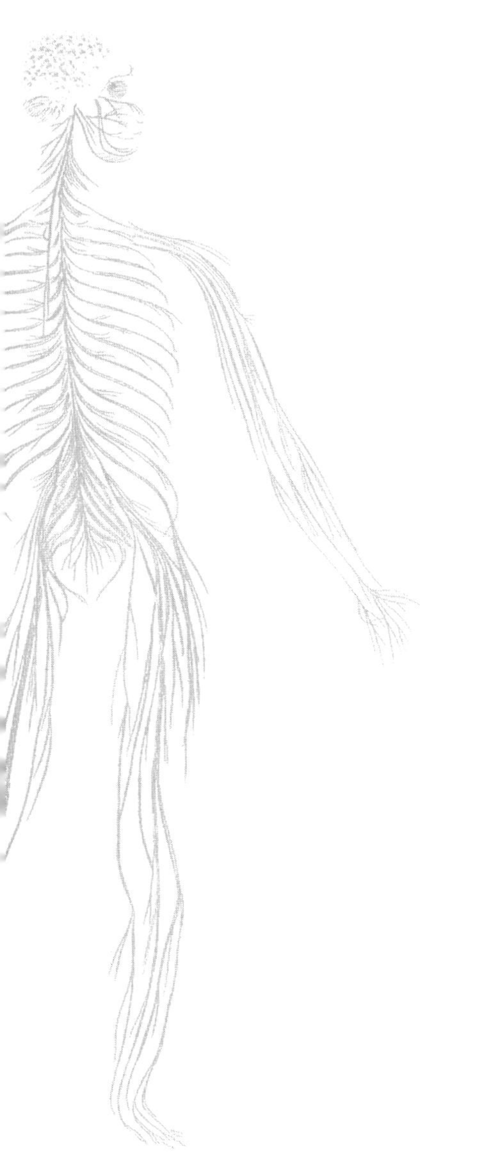

차례

CT 스캔

갈수록 숨이 턱까지 차올랐다. 4층에 있는 내 진료실을 향해 낡은 계단을 걸어 오를 때면 하는 수 없이 잠시 멈춰 숨을 돌려야 했다. 가끔은 밤중에 점액이 기도를 막아 거친 숨을 몰아쉬다가는 발작성 기침을 토해낼 때도 있었다. 의사로서 나는 귀한 기회를 얻어 9.11 테러 현장에 응급 의료요원으로 투입된 적이 있었다. 그런데 나를 비롯해 당시 그라운드제로에 있던 많은 이가 호흡기 문제를 호소했다. 검사를 위해 나는 호흡기내과 의사인 친구 세스를 찾아갔다. 그는 폐 기능 검사를 권했고, 나는 유리벽으로 둘러싸인 부스에 앉아 플라스틱 튜브에 입을 댄 채 힘껏 숨을 불어넣었다. 공기의 흐름과 폐활량은 정상이었다. 세스는 내 병명을 만성 기침의 일반적 원인인 위산 역류로 진단하고는 매일 복용할 제산제를 처방했다. 하지만 나는 흉부 CT 스캔을 찍어보자고 그를 설득했다. 내 고약한 증상과 그의 온건한 진단은 어쩐지 어울리지 않는 듯했다. 혹여 테러 현장에서 흡입한 연기와 분진으로 폐가 손상된 것은 아닌지 눈으로 직접 확인하고 싶었다.

세스의 판단이 옳았다. CT 스캔으로 관찰한 폐의 모양은 정상이었다. 하지만 한 가지 눈에 띄는 부수적 소견이 있었다. "관상동맥 석회화가 관찰되었음." 검사기록지에 무뚝뚝하게 적힌 이 문장은 단박에 내 눈길을 사로잡았다. 관상동맥의 칼슘 침착은 죽상동맥경화증atherosclerosis, 그러니까 동맥이 단단하게 굳는 질환을 나타내는 표지였다. 수년 동안 비교적 고령인 환자들의 CT 스캔에서 수도 없이 보아온 그 부수적 소견에 그간 나는 거의 관심을 두지 않았다. 하지만 이제 나도 마흔다섯이었고, 상황을 더 자세히 이해하고 싶었다. 정확히 어디에, 얼마나 많은 칼슘이 있다는 것일까? 영상의학과 의사는 문제의 CT 스캔만으로는 확실한 대답을 해줄 수 없다고 말했다.

나는 컴퓨터 화면에 프레이밍햄 계산기Framingham calculator를 띄운 뒤 내 키와 몸무게, 혈압, 콜레스테롤 수치, 그리고 내가 비흡연자에 당뇨가 없다는 정보를 입력했다. 프레이밍햄 계산기는 향후 10년 내에 심장마비가 발생할 위험성을 평가하는 도구다. 프로그램을 돌려본 결과 내 경우 10년 안에 심장마비 위험도는 2퍼센트, 어떤 형태로든 (협심증과 뇌졸중을 포함한) 심혈관계 질환에 걸릴 위험도는 약 7퍼센트로 충분히 안심해도 좋을 만큼 낮은 수치였다. 하지만 나는 심장질환 환자가 대대로 많은 가정에서 태어난 인도계 이민자였고, 따라서 그 계산 결과가 실제의 위험도를 저평가했을 가능성을 배제할 수 없었다.

우리 형 라지브는 나와 같은 심장내과 의사로서 운동부하검사 treadmill stress test*를 제안했다. 하지만 나는 주말마다 테니스를 치면서도 별다른 증상을 느끼지 않았다. 운동부하검사로는 70퍼센트 넘게 진행된 관상동맥 폐색밖에 확인할 수 없을 터였고, 확신컨대 내 병세가 그 정도로 심각하지는 않을 듯했다. 고로 나는 CT 혈관조영술이라는 특수하고 비침습적인 검사법을 통해 내 관상동맥을 들여다보기로 했다.** 해마다 아버지의 날이면 전자우편함에 도착해 있던 스팸 메일이 문득 떠올랐다. "미국의 수십만 아버지가 겉으로는 건강하지만 실제로는 째깍거리는 시한폭탄을 안은 채 살아갑니다. 확인하십시오. 당신의 아버지도 그런 이들 중 한 사람인지 모릅니다." 기분이 묘했다. 어쩌면 나도 이제 그런 남자들 틈에 섞일 가능성이 있었다. 나는 우리 부서 심장영상의학과 트로스트 박사에게 전화해 스캔 촬영 일정을 잡았다. 그녀는 심장질환에 걸렸을 가능성은 높지 않다고 나를 안심시키면서도 "하지만 확인해야 마음이 편해질 것 같다면 당연히 찍어봐야" 한다는 말을 덧붙였다.

그래서 6월의 이른 아침 나는 검사를 받았다. C자형 스캐너 안으로 들어가기 전 검사대에 누워 있는 내 손등에 기사가 정맥주사를 주입했다. 예상대로라면 스캔은 초속 200밀리미터 속도로 움직이는

* 심장에 이상이 있는 사람에게 일반적으로 시행하는 검사로, 가슴에 전극을 부착하고 팔에 커프를 감은 상태에서 러닝머신에 올라가 속도와 경사도 등을 바꿔가며 운동량을 증가시켜 심전도와 심박수, 혈압 등을 재는 검사. 특히 관상동맥질환의 유무와 정도를 평가하고, 협심증 여부를 비롯해 다양한 심장 이상을 확인하는 데 유용하다. — 옮긴이

** 비침습적 검사란 바늘이나 관을 몸 안에 삽입하지 않고 진단하는 방법을, CT 혈관조영술이란 카테터라는 가느다란 플라스틱 튜브를 몸 안에 삽입하는 대신 조영제를 정맥에 투입한 뒤 CT를 촬영하고 여기서 얻어낸 이미지를 조합해 혈관의 모양을 재구성하는 기법을 말한다. — 옮긴이

자몽 크기의 기관 안에 침착된 밀리미터 단위의 플라크까지 찾아내줄 것이었다. 정맥에는 베타차단제가 주입되었다. 심장박동 속도를 늦춤으로써, 이미지가 흐려지는 현상을 최소화하기 위한 조치였다. 혀 아래에는 니트로글리세린 알약이 놓였다. 흉부의 동맥들을 이완시켜 더욱 뚜렷한 이미지를 얻어내기 위해서였다. 예비로 두 장의 이미지를 촬영한 뒤 간호사는 내 정맥에 방사선 비투과성 조영제를 주사했다. "이제 온몸이 따뜻해질 거예요." 행여 바지에 실수를 했나 싶어 얼굴을 붉히는 나에게 그녀는 이렇게 말했다. 이 마지막 검토 과정이 끝나는 데는 채 1분도 걸리지 않았다.

분석을 마친 트로스트 박사가 판독실로 나를 불러들였다. 대형 모니터에 띄워진 흑백의 이미지가 눈길을 사로잡았다. 세 갈래의 관상동맥이 모두 안쪽에 희고 작은 점들을 품고 있었다.* 심장에 혈액을 공급하는 주요 동맥의 경우 시작 지점 주변은 30에서 50퍼센트가, 중간 지점은 50퍼센트가 막혀 있었다. 다른 두 동맥에서도 자잘한 플라크가 눈에 들어왔다. 어두운 판독실에 멍하니 앉아 있던 나는 마치 내가 죽어가는 장면을 미리 엿보는 듯한 기분에 휩싸였다.

* 관상동맥은 좌관상동맥과 우관상동맥이 존재하는데, 좌관상동맥은 좌회선지와 좌전하행지로 갈라진다. — 옮긴이

「심장을 경외하라Fear Heart」(Darian Barr의 허락으로 수록).

생명의 엔진

심근경색은 조금도 부끄러운 일이 아니다.

수전 손택, 『은유로서의 질병』(1978)

어쩌면 내 인생에서 가장 결정적인 사건은 내가 태어나기 15년 전에 일어났는지도 모른다. 1953년 인도의 7월 어느 무더운 날에 친할아버지가 갑작스레 돌아가셨다. 당시 할아버지의 연세는 겨우 쉰일곱이었다. 흔치 않은 상황이었고, 가족의 비극이란 게 대개 그렇듯 훗날 이 사건에도 신화적인 요소가 가미되었다. 일단 모두가 동의하는 부분부터 이야기하자면, 임종하던 날 아침 할아버지는 칸푸르에 있던 당신의 작은 가게를 돌보다가 곡식 자루들 틈에 똬리를 틀고 도사리던 뱀에게 물리고 말았다. 처음 보는 종류의 뱀이었지만 인도에서는 뱀에 물리는 사고가 다반사였기에 할아버지는 점심을 드시러 집에 들렀을 때만 해도 기분이 좋아 보였다고 한다. 당시 우리 아버지는 열네 살이 다 되어갔고, 이튿날 칸푸르농업대학 면접을 앞두고 있었다. 면접장까지는 할아버지가 동행할 예정이었다. 두 분은 돌바닥에 앉아 아버지의 고등학교 졸업장을 들여다보며 그간의 모든 학문적 영광에 대한 감회에 젖어들었다. 식사를 반쯤 마쳤을 무렵 이웃들이 할아버지를 문 뱀을 잡았다며 번들거리는 코브라 사체를 집으로 가져왔다. (뱀 부리는 사람을 가게에 불러 잡았다고 했다.) 할아버지는 녀석을 한 번 보고는 얼굴이 파리해졌다. "내가 이 놈에게 물리고도 살아남았다고?" 이렇게 말하고 할아버지는 마루에 털썩 쓰러졌다. 이웃들은 "람, 람" 하며 할아버지가 힌두교 기도문을 외도록 유도했지만, 마루에 누워 두 눈이 흐려지는 가운데 그분이 남긴 마지막 말씀은 "프렘을 대학교에 데려다주고 싶었는데"였다고 한다.

당시에는 정부의 구급차가 정기적으로 마을을 돌았다. 오후 7시 무렵, 그러니까 할아버지가 쓰러지고 몇 시간이 지난 뒤, 사람들은 운행 중인 그 구급차를 불러 세웠다. 이미 할아버지의 몸은 사후경직이 시작되어 목과 턱에서 시작해 팔다리 쪽까지 서서히 굳어가고 있었다. 구급대원들은 할아버지를 보자마자 사망하셨다고, 심장박동이 멎었다고 선언했다. 하지만 가족들은 할아버지의 죽음을 부정하며 굳이 그분을 (문제의 뱀과 함께) 8킬로미터쯤 떨어진 한 영국 병원에 데려갔고, 의사는 할아버지가 도착 당시 이미 사망한 상태였다고 확인해주었다.

"심장마비입니다." 이 한마디로 의사는 뱀이 집안 어른을 죽였다는 가족의 믿음을 불식했다. 할아버지는 세계에서 가장 흔한 사망원인인 심근경색 후 급성 심장사, 그러니까 심장마비로 돌아가셨고, 어쩌면 그 죽음은 뱀에 물렸다는 사실이 불러일으킨 공포심 때문이었는지도 모를 일이었다. 결국 아무런 조치도 받지 못한 채 할아버지는 이튿날, 금방이라도 시신을 부패하게 할 듯한 여름 무더위 속에서 다시 마을로 옮겨져 화장되었다. 꽃으로 장식한 관이 기름 적신 장작더미에 오르기 전 열푸른 하늘 아래서 사람들은 슬픔에 잠긴 채 자신의 머리를 두드렸다. 집안의 내력을 들으며 성장하는 동안 내 마음속에는 심장에 대한 경외심이 자리 잡았다. 심장은 인생의 전성기에 사람의 목숨을 앗아가는 존재였다. 심장은 우리를 건강하게 할 수도, 죽일 수도 있었고, 나는 그런 사실이 어딘가 속임수처럼 느껴졌다. 이런 인식을 심어준 사람은 우리 할머니였다. 할머니는 1980년대 초반에 캘리포니아로 이주해 (향수병을 얻어 당신의 사랑하는 남편을 떠나보낸 칸푸르의 작은 마을로 돌아가기 전까지) 우리와 함께 살았다. 할아버지가 돌아가신 지 30년이 지난 뒤에도 할머니는 좀약 냄새가 밴, 과부들이 쓰는 희고 얇은 숄을 여전히 두른 채로 지냈다. 한번은 로스앤젤레스 동물원에서 직원들이 가져온 뱀을 향해 두 손을 모으고는 기도문을 중얼거리며 공손히 절을 올리더니 우리에게 집에 데려다달라고 고집을 피운 적도 있었다. 할머니는 남편이 죽은 뒤 집안의 통솔권을 이어받아 능숙하게 가족을 이끌 정도로 의지가 남다른 여성이었다. 그럼에도 불구하고 마치 『위대한 유산』의 미스 해비셤*처럼 할머니는 그 기이하고도 불가해한 사건을 애도하며 일평생을 보내셨다. 인도에서 뱀은 불행과 죽음뿐 아니라 무한과 영원도 상징한다. 생의 마지막 순간까지 할머니는 남편의 죽음이 한 마리 독사 때문이라고 믿었다. 어찌 보면 건강하고 활기찬 사람의 생

* 찰스 디킨스의 『위대한 유산』에 등장하는 부유한 독신 여성으로, 결혼식 날 약혼자가 달아난 이후 충격을 받아 평생을 웨딩드레스를 입은 채 폐허가 되다시피 한 대저택에서 양녀 에스텔러를 데리고 은둔하는 삶을 살아간다. — 옮긴이

명을 경고도 없이 갑작스레 앗아간다는 점에서 뱀과 심장마비는 서로 통하는 부분이 있었다.

친할아버지가 돌아가시고 몇 년 뒤에는 외할아버지까지 급성 심장사로 세상을 떠났다. 외할아버지는 군의관으로 뉴델리의 자택에 개인 진료소를 꾸려 성공적으로 운영했다. 그러다 여든세 번째 생신이 막 지난 1997년 9월의 어느 아침 잠에서 깨어나 복통을 호소하며 그 원인을 전날의 과식과 스카치위스키 탓으로 돌렸다. 하지만 몇 분 후 외할아버지는 큰 소리로 신음하는가 싶더니 이내 의식을 잃었고, 그것이 그분의 마지막 모습이었다. 외할아버지의 증세는 중증 심장마비가 거의 확실하지만, 사인은 심장마비가 아닌 부정맥이었다. 심실세동이라는 불규칙한 심장박동으로 인해 심장이 더 이상 혈류와 생명을 지탱하지 못하게 된 것이다. 언젠가 내가 외할아버지의 임종 이야기를 꺼냈을 때 어머니는 그분의 갑작스러운 죽음이 슬프긴 하지만, 한편으론 고맙기도 하다고 했다.

그렇게 나는 인간의 심장에 대한 일종의 강박을 갖게 되었고, 여기에는 가족력의 영향이 결코 적지 않았다. 소년 시절 나는 침대에 누워 내 가슴 속에서 쿵쿵대는 소리에 귀를 기울이곤 했다. 손을 베고 모로 누운 채 귓가의 맥박 소리에 신경을 집중하는 것이다. 심장의 박동 소리에 천장 선풍기의 속도를 맞춰보기도 했다. 경쟁적으로 진동하는 두 물체는 나를 사로잡았고, 이 중 내 몸속 진동체는 절대 쉬지 않는다는 사실이 무척 고맙게 느껴지기도 했다.* 나는 특히 심장의 양면적 본질에 매료되었다. 힘차게 끊임없이 일하지만, 와중에 너무도 취약한 것이 심장이었다. 수년이 지나 심부전을 전공하게 되었을 때 나는 어린 시절 나를 사로잡았던 이 생각을 다시금 머릿속에 떠올렸다. 아들 모한이 아주 어렸을 때 우리는 PBS의 심장질환 특집 방송을 함께 보고는 했다. 방송에 등장한 남성은 심장마비 후 심정지가 발생했다. 구급차에서는 그를 살리기 위해 구급대원이 제세동기로 전기 충격을 가했고, 그때마다 환자의 몸은 격렬하게 튀어 올랐다. 모한은 테이프를 자꾸 되감아가며 문제의 장면을 홀린 듯 쳐다보았고, 나는 그런 행동이 혹여 발달하는 아이의 정신에 영향을 미칠까 싶어 고집스레 텔레비전을 꺼버리곤 했다. 그래 놓고 이튿날이면 다시 그 테이프를 돌려보는 것이었다.

이 책은 심장이란 무엇이고, 의학적으로는 어떻게 다뤄져왔으며, 심장과 더불어—또한 심장에 의해—살아가는 가장 현명한 방식은 무엇일까에 관한 이야기다. 우리가 심장을 매우 중요한 기관으로 인식하게 된 것은 우연이 아니다. 심장은 주요 장기 중에 처음으로 발생하고 마지막으로 작동을 멈추는 기관이다. 순환시킬 혈액이 생겨나기 약 3주 전부터 이미 심장은 박동을 시작하여 태아에게 생명을 불어넣는다. 사람이 태어나서 죽을 때까지 심장은 거의 30억 번을 박동한다. 심장이 하는 일의 총량은 상상을 초월한다. 박동할 때마다 심장은 총길이가 16만여 킬로미터에 달하는 혈관을 따라 혈

* 19세기 과학자들은 회전형 휠을 모터의 동력으로 사용했는데, 이때 휠의 회전 속도를 심장박동 주기와 일치시켜 심장의 규칙적 박동 속에서 나타나는 미묘한 변화들을 감지해내려 했다.

액을 순환시키기에 충분한 힘을 생성한다. 일반적 성인의 심장을 일주일 동안 통과하는 혈액을 한데 모으면 웬만한 집 뒷마당의 수영장쯤은 너끈히 채울 수 있을 정도의 양이 된다. 그러나 심장은 이렇듯 애써 지켜온 생명을 순식간에 거둬들이기도 한다. 심장이 멈추는 순간은 곧 죽음이 닥치는 순간이다. 만약 생명이 엔트로피와의 끝없는 싸움이라면, 심장박동은 그 갈등의 구심점이다. 세포에 에너지를 공급함으로써 심장은, 소멸과 혼란을 향해 가는 자연의 경향을 거스른다.

다른 무엇보다 심장은 박동하기를 원하고, 이 같은 목적의식은 심장에 구조적으로 내장돼 있다. 페트리 접시에 심장 세포를 배양해보라. 이내 저절로 수축하며 (간극 결합gap junction이라는 전기적 접속을 통해) 함께 박자에 맞춰 춤을 출 동지들을 찾아내는 세포들의 모습을 관찰할 수 있을 것이다. 이런 의미에서 심장 세포와 그것들이 구성하는 심장이라는 기관은 일종의 사회적 존재다. 동물이 죽은 뒤에도 심장은 수일, 심지어 수 주 동안 박동을 지속할 수 있다. 프랑스의 노벨생리의학상 수상자 알렉시 카렐은 병아리의 심장 조직을 혈장과 물이 함유된 배지에서 양분을 적절히 공급해가며 배양하면 수개월 동안 박동이 가능할 뿐 아니라, 닭의 평균 수명까지도 뛰어넘어 20년 넘게 살아남을 수 있다는 사실을 실험을 통해 입증했다. 이는 오로지 심장만의 고유한 특성이다. 뇌를 비롯한 생체 기관은 심장이 박동하지 않으면 스스로 기능할 수 없지만 심장은, 적어도 단기적으로는 뇌가 기능하지 않아도 스스로 박동할 수 있다. 게다가 심장은 다른 기관뿐 아니라 스스로에게도 혈액을 공급한다. 우리는 우리 자신의 눈을 직접 볼 수 없다. 자기 정신을 사용해 스스로의 사고방식을 바꾸기도 여간 어려운 일이 아니다. 하지만 심장은 다르다. 어떤 의미에서 심장은 다른 기관들과 달리 자급자족한다.

심장은 감정과 생각을 비롯한 여러 요소와 관련이 있지만, 그중에서도 아마 생명과의 연결고리가 가장 튼튼할 것이다. 심장을 생명과 연관시키는 이유는 심장 또한 생명처럼 역동적이라는 데 있다. 심장은 매초 육안으로 식별이 가능하게 움직이는 유일한 기관이다. 나직한 소리로 심장은 우리에게 말을 건넨다. 일사불란하게 수축하며 심장은 다른 어떤 신체 기관보다 수천 배는 더 강력한 전기적 신호를 퍼뜨린다. 수백 년 동안 여러 이질적인 문화권에서 심장을 언젠가 도태되거나 거둬질 생명력의 원천으로 보았다. 고대 이집트에서 심장은 미라를 만들 때 시신에 남겨지는 유일한 기관이었다. 이러한 풍습의 밑바탕에는 죽은 인간이 다시 태어나는 데 심장이 핵심적 역할을 한다는 믿음이 자리한다.* 이집트 신화에서 자주 묘사되는 한 장면을 소개하자면, 망자의 심장은 깃털 혹은 진실과 신성한 법을 상징하는 작은 조각상과 함께 저울 양편에 올려져 무게가 측정된다. 만약 심장이 반대편의 조각상과 균형을 이루면 그 심장은 순수하다고 판정되어 다시 주인에게 보내진다. 그러나 만약 심장의 죄가 무겁다고 판정되면, 그 심장은 괴물 키메라에게 먹히고, 망자는 지하세계

* 신장 역시 시신에 남겨졌는데, 이는 위치상 제거가 어려웠기 때문으로 추정된다. 어느 이집트의 망자가 복종의 의미로 고개를 숙인 채 읊조렸을, 파피루스에 적힌 문장들이 귓가에 들리는 듯하다. "오 지상에서 지녔던 나의 심장이여, 증인으로서 나에게 항거하지 말지어다. (…) 내가 한 일과 관련하여 나에게 불리한 말을 하지 말지어다〔고대 이집트 장례문서 『사자의 서』의 주문 30 중에서—옮긴이〕." 중세 시대에는 왕들과 왕자들의 심장을 분리하여 묻는 사례가 여전히 빈번했다. 또한 비교적 최근인 1989년에는 헝가리 여왕이 자신의 심장을 남편의 심장이 묻혀 있는 스위스의 한 수도원에 매장하기로 결정한 바 있다.

로 추방된다. 그로부터 3000년 뒤 아즈텍 사람들은 언덕 꼭대기에서 정교한 의식을 벌일 때면 돌칼로 노예들의 가슴을 갈라 여전히 뛰고 있는 심장을 몸에서 끄집어내 우상들에게 제물로 바쳤다. 서구의 동화에서 불멸을 좇는 마녀들은 순수한 아이의 심장을 먹었다. 가령 『백설공주』에서 사악한 여왕은 사냥꾼에게 백설공주를 죽였다는 증거로 소녀의 심장을 도려내 오라고 강조한다. 심지어 요즘처럼 뇌사가 사망으로 널리 인정되는 시대에도 사람들은 여전히 심장 박동을 생명력에 결부시킨다. 집중치료실에서 환자의 가족들은 내게 이렇게 말하곤 한다. "심장이 아직 뛰고 있어요. 그런데 어떻게 죽었을 수 있죠?"

그 핏빛 춤은 언젠가 끝날 수밖에 없다. 심혈관계 질환은 해마다 지구상에서 1800만 명의 목숨을 앗아가는데, 이는 전체 사망자의 3분의 1에 해당하는 수치다. 1910년 이래로 심장질환은 미국에서 가장 흔한 사망 원인이었다. 오늘날 6200만 명의 미국인이 (그리고 전 세계적으로는 영국인 700만 명을 포함하여 4억 명이 넘는 사람들이) 심장질환을 앓고 있다.

미국인 사망의 두 번째로 흔한 원인은 암이다. 하지만 심장질환과 암은 거의 극과 극으로 다르다. 암세포들은 몸이라는 맹렬하고 오염된 환경 속에서 미친 듯이 분열하고, 종잡을 수 없이 이동하며, 무자비하게 침범한다. 심장질환은 다르다. 더 깨끗하고, 더 엄격하고, 덜 모호하고, 더 명쾌하다. 수전 손택의 글을 빌리자면, 암 환자들은 더럽혀지고 산산이 부서지지만, 심장병 환자들은 우리 할아버지처럼 사망 직전까지 대개 당당하고 건강한 모습을 유지한다.

앞서 말한 암울한 통계 수치의 이면에는 긍정적인 부분도 분명 존재한다. 실제로 미국에서 심혈관계 질환 관련 사망률은 1960년대 중반 이후 대략 60퍼센트 정도 감소했다. 1970년부터 2000년까지 미국인의 평균 수명은 6년 정도 길어졌다. 이러한 수명 연장의 3분의 2는 심혈관계 질환 치료법의 발전에서 비롯되었다. (최근 몇 년 동안 백인 중년층의 수명이 감소한 이유는 심혈관계 질환과 무관하다.) 미국인의 60퍼센트 이상이 일정 형태의 심혈관계 질환을 안고 살아간다. 하지만 그로 인해 사망하는 사람의 비율은 전체 환자의 3분의 1에도 못 미친다. 이는 그간의 치료들이 효과적이었음을 시사한다. 역사에서 20세기는 인류가 심혈관계 질환이라는 대재앙을 비로소 제어하기 시작한 때로 기록될 것이다.

하지만 이 같은 성공을 마냥 긍정적으로 생각할 수는 없다. 옛날 같으면 심장질환으로 이미 사망했을지 모를 환자들이 오늘날에는 심장질환과 더불어 대개는 무기력하게, 한창때의 흔적만을 간직한 채 목숨을 이어간다. 해마다 50만 명이 넘는 미국인에게 울혈성 심부전이 발병하는데, 이때 심장은 신체의 에너지 수요를 감당하기에 충분한 혈액을 내보낼 수 없는 수준까지 약화되거나 경직된다. 오늘날 심부전은 65세 이상 환자들이 입원하는 가장 흔한 원인이며, 여전히 환자의 대부분이 진단 후 5년 이내에 사망한다. 아이러니하게도 심장질환의 치료 기술이 발달할수록 심장질환 환자의 수는 늘어간다.

미국에서 심혈관계 질환의 실태는 앞으로 몇 년간 더 나빠질 공산이 크다. 사람들은 갈수록 심장에 좋은 생활방식을 멀리한다. 미국인은 전반적으로 더 비만해졌고, 앉아서 생활하는 시간이 더 길어졌으며, 흡연율은 지난 20년 동안 거의 줄어들지 않았다. 학술지 『아카이브스오브인터널메디신The Archives of Internal Medicine』에 실린 한 부검 연구 분석에 따르면, 16세에서 64세 미국인의 80퍼센트가 관상동맥질환을 앓기 시작했거나 이미 앓고 있는 상태다. 이러한 연구 결과는 40년 동안 이어지던 심장질환의 감소 추세가 돌연 꺾였을 가능성을 암시한다. 이제 이런 우려를 극복할 새로운 방법이 필요하다.

이어지는 장들에서 나는 수 세기 동안 철학자들과 의사들을 자극하고 미궁에 빠뜨린 한 신체 기관을 정서적 차원, 과학적 차원에서 탐구할 것이다. 다른 어떤 신체 기관도, 어쩌면 인간의 삶을 구성하는 다른 어떤 물체도 그토록 많은 은유와 의미로 점철되지는 않았다. 이 책에서 나는 특별한 진보의 역사를, 적지 않은 방해와 수많은 부침을 견디고 굵직한 과제들을 하나하나 해결하여, 한때 불치병으로 여겨지던 질환으로부터 수많은 목숨을 살려내는 데 기여한 개척자들의 이야기를 다룰 것이다. 이것은 장대한 이야기다. 자연철학자들은 심장의 은유적 의미를 곱씹었다. 윌리엄 하비는 혈액순환을 발견했다. 프레이밍햄이라는 소도시에서는 심장질환의 원인을 파헤치기 위한 대규모 프로젝트가 시행되었다. 불과 1세기 전만 해도 심장의 고귀한 문화적 위상 때문에 금기시되던 행동들이 현대에는 어엿한 외과적 기법과 기술로 자리매김했다.

12세기 기독교 신비주의자 힐데가르트 폰 빙겐의 글에 따르면, "영혼은 심장 가운데, 마치 그곳이 제집인 양 앉아 있다". 여러 면에서 심장은 집과 유사하다. 심장은 여러 개의 방으로 나뉘어 있고, 각각의 방은 문으로 분리돼 있다. 심장의 벽들은 고유한 질감을 갖고 있다. 그 집은 오래됐고, 수천 년에 걸쳐 설계되었다. 눈에 보이지 않는 곳에는 심장의 기능을 유지시키는 전선과 파이프들이 존재한다. 본래부터 존재하는 의미는 없지만, 사람들은 그 집에 의미를 부여하고, 집은 그 의미들을 실어 나른다. 한때 심장은 인간의 행동과 사고의 중심이자 용기와 욕구, 야망, 사랑의 원천으로 여겨졌다. 이제 그 의미들은 해묵은 이야기가 돼버렸지만, 여전히 우리가 심장이라는 기관을 생각하는 방식, 그리고 심장이 우리 삶을 빚어내는 방식과 깊이 관련돼 있다.

1부

은유

에드바르 뭉크, 「이별」, 1896, 캔버스에 유채, 96.5×127(Munch Museum, Oslo[MM M 00024]; photograph © Munch Museum).

1

작은 심장

상처받은 심장은 사람을 죽게 할 수 있다. 이것은 과학적 사실이다. 그리고 내 심장은 우리가 처음 만난 날 이후로 줄곧 상처받아왔다. 지금 그 심장이 절박한 리듬으로 뛰고 있다. 우리가 함께 있을 때면 늘 그랬던 것처럼 갈비뼈 안쪽 깊숙한 곳이 아파온다. 날 사랑해줘. 날 사랑해줘. 날 사랑해줘.

애비 맥도널드, 『개릿 딜레이니 극복하기Getting Over Garrett Delaney』(2012)

열다섯 살 때 고등학교 생물 선생님이 각자 연구 주제를 정해 실험을 해보라는 숙제를 내준 적이 있다. 나는 살아 있는 개구리의 심장이 내는 전기 신호를 측정하기로 마음먹었다. 실험을 하기 위해서는 개구리의 가슴을 가르기 전 녀석을 마비시켜야 했고, 그러기 위해서는 아직 숨이 붙어 있는 녀석의 척수를 잘라야 했다. 나는 전류를 측정할 오실로스코프와 전압증폭기, 빨간색과 까만색 전극을 빌렸다. 크랜들 선생님은 고등학교 저학년인 나에게 그 실험이 강렬한 인상을 남길 거라고 말했다.

하지만 그러려면 우선 개구리를 채집해야 했다. 한 손으로는 물고기 그물을 들고 남은 한 손으로는 자전거 손잡이를 잡은 채, 나는 서던캘리포니아에 자리한 집 근처 숲을 향해 출발했다. 이른 봄날 금요일의 늦은 오후였다. 새들은 심통 난 아이처럼 노래하고 있었다. 길은 축축했다. 자전거 타이어가 자갈투성이 진흙길 위를 지나며 거칠게 긁히는 소리를 냈다.

내 목적지는 뒷마당의 수영장보다도 작은 연못이었다. 수면은 나뭇잎과 잠자리, 녹색 부유물로 뒤덮여 있었다. 둑을 따라 터벅터벅 걷자니 운동화 신은 발이 진흙 속으로 푹푹 빠져 들어갔다. 그러다 조류가 갈라진 틈새에서 쏜살같이 헤엄치는 올챙이와 힘차게 솟아오르는 청개구리의 경이로운 세계가 눈에 들어왔다. 나는 막대 끝에 달린 흰색 그물을 물속에 담갔다. 그러곤 질척한 바닥을 따라 끌고 다녔다. 그물을 들어 올리자 작고 노란 개구리 한 마리가 딸려 올라왔다. 나는 녀석을 (나뭇잎 몇 장과 함께) 쓰레기봉투 안에 떨어뜨려 담았다. 몇 번 더 그물을 휘저은 끝에 개구리를 몇 마리 더 잡을 수 있었다. 전부 해서 여섯 마리쯤 되었다. 나는 연필 끝으로 봉투를 몇 군데 찔러 작은 구멍을 낸 다음 위쪽을 묶었다. 그러고는 봉투를 배낭에 넣은 뒤 자전거를 타고 집으로 돌아갔다.

집 옆에 자전거를 눕혀두고 뒷마당으로 통하는 나무 문의 빗장을 열었다. 시멘트 길의 갈라진 틈새를 비집고 잡초가 고개를 내밀었다. 지붕 덮인 안뜰 옆에는 작은 레몬나무 한 그루가 있었다. 그 나무가 있어 우리 집 뒷마당은 나에게 실제보다 근사하고 자유로운 공간처럼 느껴졌다. 어느새 어둠이 다가와 노을빛 하늘을 물들이고 있었다. 부엌에서 어머니가 저녁을 차려놓고 나를 불렀다. 나는 개구리가 든 가방을 안뜰에 남겨둔 채 집 안으로 들어갔다. 어머니는 개구리들에게 먹이를 주겠느냐고 물었다. 나는 그럴 필요 없다고, 어차피 죽게 될 녀석들이라고 대답했다.

크랜들 선생님의 가르침에 따르면, 동물의 순환계는 수백만 년에 걸쳐 진화를 거듭해왔다. 연체동물과 벌레는 압력이 낮은 개방 순환계를 통해 영양분과 노폐물을 수송한다. 비교적 큰 동물들은 더 복잡한 펌프와 튜브형 혈관을 발달시켜 더 높은 압력으로 혈액을 순환시킴으로써 산소와 영양분을 더 먼 곳까지 실어 나른다. 물고기의 심장에는 두 개의 방이 존재한다. 개구리의 심장에는 세 개의 방이 존재한다. 사람의 심장은 그보다 더 복잡하다. 두 개의 심방(수집 공간)과 두 개의 심실(펌프), 합해서 네 개의 방이 존재한다. 개구리는 사람보다 더 적은 산소를 필요로 한다. 일정한 체온을 유지하려 애쓰지 않기 때문이다. 개구리는 냉혈동물이다. 하지만 녀석들을 해부하는 인간은, 냉혈동물이 아니다.

이튿날인 토요일, 나는 쓰레기봉투와 전기 실험 기구, 메스, 해부용 트레이를 챙겨 우리 집의 녹슬어가는 그네 밑 플라스틱 스툴에 앉았다. 1856년, 그러니까 나보다 127년 전에 해부학자 루돌프 폰 쾰리커와 하인리히 뮐러는 개구리의 심장이 박동할 때 나오는 전류의 세기를 측정하기 위해 전극을 자석에 연결시킨 뒤 전류를 통과시켰고, 자침의 방향이 틀어질 정도의 힘이 생성되는 것을 확인했다. 나는 그 실험을 몇 가지 현대 과학기술을 접목해 재현해볼 참이었다. 회로를 점검하기 위해 전극을 전압원에 연결하자 60헤르츠의 신호가 오실로스코프에서 명확하게 관측되었다. 전극 끝이 두껍고 뭉툭해서 개구리의 심장이 너무 작으면 접촉이 제대로 이뤄지지 않을 수도 있다는 불안감은 있었지만, 시기적으로 그 주말만큼 완벽한 타이밍도 없었던지라 나는 예정대로 실험을 감행하기로 했다.

가방 깊숙이 넣어두었던 개구리를 꺼내 손으로 꽉 붙잡고는 녀석의 등 쪽 베이지색 피부에 조심스럽게 메스를 댔다. 개구리는 거칠게 뒷발질을 하며 벗어나려고 안간힘을 썼다. 내가 얼떨결에 손을 펴자 녀석은 기다렸다는 듯 달아나 마른 풀밭 위에서 팔짝거렸다. 나는 녀석을 다시 집어 엉덩이와 뒷다리를 단단히 붙든 다음 저항이 멈추기를 기다렸다. 그러고는 아까의 시도를 반복했다. 가슴이 방망이질 쳤다. 심장이 가슴뼈 밖으로 튀어나올 것만 같았다. 메스를 몇 밀리미터쯤 밀어 넣었다. 칼날이 말랑한 대후두공을 지나 두개저에 닿았다. 개구리가 버둥거렸다. 메스를 더 힘껏 밀어 넣었다. 연골성 피질이 마지못해 길을 내주는 것이 느껴졌다. 숨을 참은 탓일까? 아니면 너무 깊게 들이쉰 탓일까? 이내 작고 검은 입자들이 눈앞에 어른거리기 시작했다. 칼날을 거칠게 앞뒤로 움직이다 하마터면 개구리의 목을 자를 뻔했다. 우여곡절 끝에 개구리를 해부 트레이에 올렸다. 녀석은 트레이 가장자리를 향해 힘겹게 나아갔다. 그러곤 힘없이 도약하는가 싶더니 이내 맥없이 몸을 늘어뜨렸다.

개구리의 가슴을 가르자 선명하고 끈적한 혈액이 흘러나왔다. 심장은 여전히 뛰고 있었다. 적어도 내가 보기에는 그랬다. 하지만 확실치는 않았다. 다른 흉부 구조물에 가려져 제대로 관찰하기가 어려웠다. 시야를 확보하기 위해 나는 심장을 가로막는 기관들을 손가락으로 뜯어냈다. 눈물이 주룩주룩 흘러내렸다. 전극 끝은 커도 너무 커서 개구리의 심장 크기에 맞먹을 정도였다. 그럼에도 나는 꿋꿋이 그 완두콩만 한 기관에 전극을 갖다 댔다. 하지만 너무 당황한 나머지 전극이 아직 배터리에 연결돼 있다는 사실을 까맣게 잊고 말았다. 전극이 닿자 치직 소리와 함께 스파크가 일었다. 개구리의 가슴이 그슬린 것이다. 냄새가 지독했다. 크랜들 선생님의 사물함에서 본, 포름알데히드 용액에 담긴 표본들은 저리 가라였다. 때마침 밖으로 나온 어머니가 엉엉 우는 나를 발견했다. 나는 가엾은 생명을 고문한 데다가 거기서 아무런 성과도 얻어내지 못했다. 어머니는 현장을 찬찬히 살피더니 평소처럼 포근한 말투로 나를 타일렀다. "다른 실험을 해보는 게 어떻겠니? 이런 실험을 하기엔 네 심장이 너무 작은 것 같구나."

이튿날 나는 실험을 다시 해보기로 마음을 굳게 다잡았다. 하지만 개구리를 꺼내러 갔을 때 가방은 비어 있었다. 개구리가 사라진 것이다. 녀석들이 어떻게 탈출했는지는 여전히 밝혀지지 않았다(어머니도 모른다고 했다). 결국 독창적인 실험 결과를 얻지 못한 채 나는 교과서에 적힌 숫자를 과제물에 써넣었다. 평점은 B였다. 실망해서 이유를 묻는 나에게 크랜들 선생님은 내가 거기서 새롭게 배운 내용이 없기 때문이라고 대답했다.

심장은 삶과 죽음을 부여하는 동시에, 은유를 부추긴다. 심장은 다양한 의미로 가득 채워진 그릇이다. 어머니가 내 부족한 용기를 작은 심장에 비유했다는 사실은 전혀 놀라운 일이 아니다. 사람들

은 언제나 심장을 담대함과 연결지었다. 르네상스 시대 문장紋章에 그려진 심장은 충정과 용기의 상징이었다. 심지어 '용기'를 뜻하는 영단어 'courage'의 어원은 '심장'을 뜻하는 라틴어 'cor'다. 쉽게 겁먹는 사람은 심장이 작은 사람이다. 낙담했거나 두려울 때 사람들은 '심장을 잃었다lose heart'는 표현을 사용한다.

은유의 관습은 문화를 초월한다. 할아버지가 돌아가신 뒤 아버지는 겨우 열네 살 나이에 칸푸르농업대학에 등록했다. 가문 최초로 고등교육기관에 진학한 것이다. 매일 아침 아버지는 6킬로미터를 걸어 학교에 다녔다. 집안 형편이 어려워 자전거를 살 수 없었기 때문이다. 빌린 책들이 담긴 가방을 들고 낑낑거리며 흙길을 걸어 집에 돌아오는 아버지를 할머니는 늘 같은 장소에 나가 기다렸다. 아버지가 피곤하거나 힘들다고 투정할 때면 할머니는 울상이 된 아들을 나무라며 말했다. "Dil himmauth kar." 심장을 챙기라고, 마음을 단단히 먹으라고 어린 아들을 다독인 것이다.

셰익스피어의 비극들은 이러한 모티프에 탐닉했다. 『안토니우스와 클레오파트라』에서 데르케타스는 전사 안토니우스의 자살을 묘사하며 "심장이 빌려준 용기로 바로 그 심장을 갈랐다"라는 표현을 사용했다. 안토니우스는 클레오파트라가 자신을 배신했다는 생각에 빠져 제정신이 아니었고, 셰익스피어는 심장에 부여된 또 다른 개념을 사용해 안토니우스의 비통한 심정을 묘사했다. 그에게 심장은 로맨틱한 사랑의 중심이었다. 안토니우스는 이렇게 선언한다. "나는 이집트와 여왕을 위해 이번 전쟁을 일으켰고, 내 심장이 그녀의 것이듯 그녀의 심장 또한 나의 것이라 생각했다." 비평가 조앤 로드 홀은 안토니우스가 심장이 은유하는 두 가지 판이한 개념 사이에서 갈등을 겪었다고 분석했다. 그러다 결국 전쟁 영웅이 되려는 열망이 열정을 채우려는 욕구를 압도하여 자기 파괴를 초래했다는 것이다.

풍부하고 폭넓은 감정은 인간을 다른 동물들과 극명하게 구분하는 요소일 것이다. 또한 예로부터 다양한 문화권에서 심장은 바로 그 감정이 거하는 장소로 여겨져왔다. '감정emotion'이라는 영어 낱말은 '동요시키다'라는 뜻의 프랑스어 동사 'émouvoir'에서 유래했다. 인간의 감정을 두근거리는 신체 기관과 연결짓는 것은 어쩌면 지극히 논리적인 발상일지 모른다. 심장이 감정의 중심이라는 발상은 아주 오래전, 고대로부터 시작되었다. 그리고 그 상징성은 세월의 흐름에도 퇴색되지 않았다.

사랑을 생각할 때 가장 먼저 떠오르는 이미지를 사람들에게 물으면 십중팔구는 하트 모양이라고 대답할 것이다. ♥ 모양, 즉 심장형cardioid은 자연에서 흔히 관찰된다. 다양한 식물의 잎과 꽃과 씨앗이 하트 모양을 띠는데, 특히 실피움silphium은 중세 초기에 피임약으로 사용되었다. 하트 모양이 섹스나 로맨틱한 사랑을 연상시키게 된 이유도 어쩌면 거기에 있을지 모른다. (단, 하트가 외음부와 닮은꼴이라는 점도 원인으로 작용했을 수 있다.) 이유가 무엇이건 간에 하트 모양은 13세기 연인들의 그림에 등장하기 시작했다. (처음에는 이러한 묘사가 귀족과 왕실 구성원 사이에서만 이뤄졌는데, 연인 간 교제를 뜻하는 영단어 'courtship'에 왕실을 뜻하는 'court'가 들어 있는 이유도 같은 맥락에서 이해할 수 있을 것이다.) 세월의 흐름과 더불어 그림 속 하트는 붉게 채색되기 시작했다. 빨강은 피의 색이자 열정의 상징이다. 이후에는 장

수 식물로 유명하고 묘비에서 주로 자라는 하트 모양 담쟁이가 영원한 사랑의 상징으로 자리 잡았다. 로마 가톨릭교회에서는 ♥ 모양이 성심聖心, 그러니까 예수의 신성한 심장으로 알려져 있다. 가시로 장식된 채 천상의 빛을 발하는 성심은 수도자적 사랑의 표지였다. 성심을 숭배하는 문화는 중세 유럽에서 최고조에 이르렀다. 예를 들어 14세기 초 도미니크회 수도사 하인리히 조이제는 종교적 황홀경에(그리고 섬뜩한 자해 충동에) 사로잡힌 나머지 심장에 예수의 이름을 새기려 자신의 가슴을 철필로 그었다. 조이제의 글을 읽어보자. "전능하신 하느님, 주님을 저의 심장 가운데 새겨 넣어야 하오니 오늘 저에게 힘을 주시어 부디 제 이 간절한 소망을 이루게 하소서." 이어 그는 그분의 진정한 사랑과 유일함을 가시적으로 맹세하는 데서 오는 지고의 행복이 그 같은 행동에 수반되는 고통을 "달콤한 환희"처럼 느끼게 만들었다고 덧붙였다. 상처가 아물었을 때 그 말랑한 조직에는 "폭이 옥수숫대만 하고 길이는 그의 새끼손가락 관절만 한" 글씨로 신성한 이름이 적혀 있었다고 한다. 심장과 다양한 유형의 사랑을 연관시키는 경향은 현대사회에도 꾸준히 이어졌다. 1982년 12월 1일 유타주 솔트레이크시티에서 말기 심부전 환자이자 은퇴한 치과의사인 바니 클라크가 인류 최초로 인공심장을 이식받았을 때, 그와 서른아홉 해를 함께한 부인은 의사에게 이렇게 물었다고 한다. "그이가 여전히 저를 사랑할까요?"

오늘날 우리는 감정이 거하는 장소가 심장이 아니라는 사실을 안다. 하지만 심장의 상징적 함의에는 여전히 자연스럽게 고개를 끄덕거린다. 심장과 관련된 갖가지 은유는 일상적 삶과 언어 속에서 쉽게 발견할 수 있다. '심장을 취하다take heart'는 용기를 갖는다는 뜻이다. '심장에서 말하다speak from the heart'는 진실하다는 뜻이다. '심장으로 배우다learn by heart'는 철저히 이해하거나 암기한다는 뜻이다. '무언가를 심장에 가져가다take something to heart'는 근심이나 슬픔을 뜻한다. '심장이 누군가에게 옮겨 가다heart goes out to someone'는 누군가의 문제에 공감한다는 뜻이다. 화해하거나 뉘우치기 위해서는 '심장의 변화change of heart'가 필요하다.

생물학적 심장과 마찬가지로 은유적 심장도 크기와 모양을 갖추고 있다. 심장이 큰bighearted 사람은 관대하다. 심장이 작은small-hearted 사람은 이기적이다(어머니는 동정심이 지나치다는 뜻으로 나에게 심장이 작다는 표현을 사용하셨겠지만). 은유적 심장은 물질적 존재이기도 하다. 금이나 돌은 물론이고 액체로도 만들어질 수 있다(가령 마음속을 털어놓을 때 우리는 '심장을 붓는다pour one's heart'는 표현을 사용한다). 또한 은유적 심장은 온도가 있다. 즉 따뜻할 수도, 차가울 수도, 뜨거울 수도 있다. 지리적인 특징도 있는데, 한 공간의 중심부란 그곳의 심장부를 의미한다. 햄릿이 허레이쇼에게 말한 "심장의 심장부heart of heart"란 가장 신성한 감정이 자리하는 공간이다. '심장부에 도달하다get to the heart'는 진정으로 중요한 무언가를 찾아낸다는 의미다. 도시의 심장부에 서 있는 조각상이나 기념비처럼 사람의 심장도 대개는 사랑이나 담대함, 용기와 관련이 있다.

———

환자를 제대로 치료하려면 그들의 정서와 스트레스, 걱정, 두려움을 이해하려고 (아니면 적어도 인식하려고) 노력해야 한다. 나는 수년 동안 그렇게 배웠다. 심장내과 의사로 의술을 펼치는 데 있어 그것만큼 중요한 덕목은 없다. 심장은, 비록 감정의 중추는 아니지만 다양한 감정에 매우 민감하게 반응하기 때문이다. 이런 의미에서 심장은 사실상 정서적 삶의 기록지다. 가령 두려움과 슬픔은 극심한 심근 손상을 야기할 수 있다. 심장박동과 같은 무의식적 과정을 조절하는 신경은 괴로움을 감지하여 비적응성 투쟁도피반응fight-or-flight response을 유발함으로써, 혈관에 수축 신호를 보내고 심장을 급속도로 뛰게 하고 혈압을 상승시켜, 궁극적으로는 손상을 초래할 수 있다.

달리 말해 생물학적 심장이 우리의 정서체계—은유적 심장—에 놀랍도록 민감하다는 것은 날이 갈수록 점점 분명해지고 있다.

20세기 초엽 생물통계학자 칼 피어슨은 공동묘지 묘비에 대한 연구를 진행하다가 기혼자들이 배우자가 사망하고 채 1년도 지나기 전에 사망하는 경향이 있다는 사실을 발견했다. 이 발견은 오늘날 우리가 정설로 받아들이는 하나의 가설, 즉 상심heartbreak이 심장마비를 유발할 수 있고 사랑 없는 결혼은 급성 및 만성 심장질환을 초래할 수 있다는 가설을 뒷받침한다. 2004년에 52개국 약 3만 명의 환자를 대상으로 실시한 연구 결과에 따르면, 우울증이나 스트레스 같은 심리사회적 요인은 심장마비를 유발하는 데 있어 고혈압 못지않게 강력하고 당뇨에 버금가게 중대한 위험인자였다. 심장은 일종의 펌프라고 할 수 있다. 하지만 확실히, 단순한 펌프는 아니다. 단언

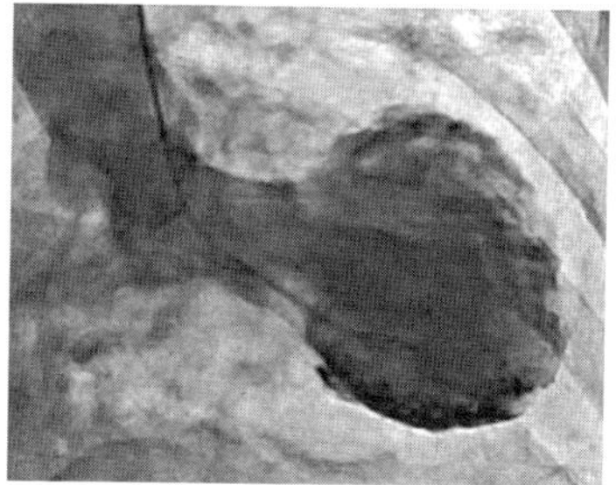

「다코쓰보심근증」(*International Journal of Cardiology* 209 [2016]: 196-205에서 발췌).

컨대 그것은 감정적인 펌프다.

다코쓰보심근증takotsubo cardiomyopathy은 약 20년 전 처음으로 발견된 심장 이상으로, 상심증후군broken-heart syndrome이라고도 불리며, 연인과의 이별이나 배우자와의 사별과 같은 극도의 스트레스나 슬픔에 반응하여 심장이 급격히 약해지는 현상을 일컫는다. (이유는 분명하지 않지만, 환자의 대부분이 여성이며) 증세는 심장마비와 유사하다. 환자들은 흉통을 호소하는가 하면 숨이 가빠지고 심부전이 나타나기도 한다. 심장초음파echocardiogram 검사에서는 기절심근myocardial stunning* 현상이 관찰되며, 대개는 다코쓰보라는 일본의 문어잡이 항아리처럼 바닥이 넓고 목이 좁은 형태로 심장이 부푸는 증상을 동반한다.

다코쓰보심근증의 정확한 원인은 밝혀지지 않았다. 하지만 그처럼 비정상적인 형태는 정상적 심장에 아드레날린 수용체가 분포하

* 혈류가 충분함에도 수축 기능이 둔화된 심근을 말하며, 일정 시간이 지나면 수축력을 저절로 회복한다. — 옮긴이

는 양상과 관계가 있는 듯하다. 아드레날린 수치가 높으면 심장 세포가 손상된다. 그러므로 (심첨心尖 apex of heart, 즉 심장의 아래쪽처럼) 아드레날린 수용체 밀도가 높은 부분일수록 감정의 영향에 취약하여 가장 심각한 손상을 입게 된다. 다코쓰보심근증은 대개 몇 주 이내에 치유되지만 급성기에는 심부전이나 치명적인 부정맥은 물론이고 심하면 사망까지 유발할 수 있다. 이와 같은 심장 이상에 대한 최초의 연구는 1980년대에 (강도나 살인미수와 같은) 정서적 혹은 신체적 외상을 당한 뒤 부상이 아닌 심장 관련 원인으로 사망했다고 추정되는 사람들을 대상으로 시행되었다. 그리고 부검 결과 심장 손상과 세포사를 입증하는 명백한 징후가 나타났다.

다코쓰보심근증은 감정과 신체의 상호작용으로 조절되는 질환의 전형이다. 다른 질환의 경우 생물학적 심장과 은유적 심장이 그렇게까지 밀접한 영향을 주고받지 않는다. 심지어 그러한 증상은 환자들이 자신의 슬픔을 의식하지 않는 상태에서도 나타날 수 있다. 가령 내가 치료하던 어느 나이 지긋한 여성 환자는 남편이 사망했을 때 슬퍼하는 와중에도 현실을 있는 그대로 받아들였다. 아니면 심지어 안도했는지도 모른다. 그녀의 남편은 아주 오래전부터 치매를 앓고 있었으니까. 하지만 장례식이 끝나고 일주일 뒤 그녀는 남편의 사진을 바라보다 눈물이 그렁그렁해지더니 돌연 가슴의 통증을 느꼈다. 더불어 숨이 가빠졌고, 목정맥이 팽창했으며, 이마에 땀이 맺히는가 하면, 의자에 가만히 앉아 있는 동안에도 눈에 띄게 숨을 헐떡거렸다. 모두 울혈성 심부전의 징후였다. 우리는 초음파 검사를 실시했고, 그녀의 심장은 정상 기능의 절반도 수행하지 못할 만큼 약해져 있었다. 하지만 다른 검사에서는 아무런 이상도 발견되지 않았다. 동맥경화의 징후는 어디서도 나타나지 않았다. 2주 뒤 그녀의 정서 상태는 정상으로 돌아왔고, 초음파 검사 결과 심장 역시 정상으로 확인되었다.

다코쓰보심근증은 스트레스를 유발하는 다양한 상황에서 발병한다고 알려져 있다. 대중 앞에서 연설할 때나 도박에서 돈을 잃었을 때, 가정에 불화가 있을 때는 물론이고, 심지어 깜짝 생일파티를 할 때도 사람들은 그런 증상을 경험하고는 했다. 다코쓰보심근증의 '발생'은 자연재해와 같은 급격한 대규모 사회 변화와도 관련이 있었다. 가령 2004년 10월 23일 일본 최대의 섬 혼슈에서 발생한 대지진의 사례를 보자. 리히터 규모 6.8을 기록한 그 지진은 니가타현을 완전히 쑥대밭으로 만들었다. 39명이 목숨을 잃었고, 3000여 명이 부상을 당했다. 산사태로 국도 두 곳이 폐쇄되었고, 전화 통신이 끊겼는가 하면, 전력과 물 공급이 중단되었다. 재난 직후 실시된 연구 결과에 따르면, 지진 발생 한 달 뒤 니가타 지역에서는 다코쓰보심근증 환자 수가 1년 전 같은 시기에 비해 24배나 증가했다. 발병 환자들의 거주지는 진동의 강도와 밀접한 관련이 있었다. 거의 모든 환자가 진원지 부근에 살고 있었다는 얘기다.

아칸소대 과학자들은 전국적 데이터베이스를 활용하여, 2011년 미국에서 다코쓰보심근증으로 진단된 환자 2만2000여 명의 신원을 확인했다. 가장 많은 환자가 발생한 지역은 버몬트주로, 전국 평균의 거의 세 배에 달했는데, 그해 일대를 휩쓸고 간 열대 폭풍이 근 한 세기를 통틀어 유례없이 심각한 피해를 입힌 곳이었다. 두 번째로 많은 환자가 발생한 지역은 미주리주로, 조플린에 불어 닥친 거대한 회오리바람이 최소 158명의 목숨을 앗아간 바 있었다. 물론 그해 자연재해가 발생한 지역이 비단 이 두 곳만은 아니었다. 하지만 연구자들은 이 지역 사람들이 재난에 대한 경험과 대비가 상대적으로 부족했을지 모른다는 사실, 또한 그런 이유로 재난에 뒤따르는 정신적 고통에 상대적으로 취약했을지 모른다는 사실에 주목했다.

오늘날의 관점에서 이는 그리 놀라운 발견이 아니다. 급성 심장사를 비롯한 심장 이상이 극심한 정서장애에 시달리는, 그러니까 은유적 심장에 문제가 있는 개인에게 발생했다는 보고는 오래전부터 있어왔다. 드문 유형의 정서장애일수록 더욱 극적인 영향을 발휘할 가능성이 있다. 일례로 저명한 심장전문의 버나드 론이 저서 『잃어버린 치유의 본질에 대하여』에 기술한 어느 죄수의 사례를 보자. 인도의 한 의학 학술지에 실린 사례 연구에서 문제의 죄수는 교수형을 선고받았다. 그런데 의사가 죄수를 설득하기 시작한다. 그를 목매달지 않고 피를 뽑아 죽이도록 허락해달라고, 과도한 출혈로 인한 죽음이 교수형으로 인한 죽음보다 고통이 덜하다고. 사형수는 눈가리개를 두른 채 병원 침대에 묶인다. 의사는 사형수의 팔다리를 긁어 그가 스스로 피를 흘리는 중이라고 믿도록 유도한다. 이어지는 론의 글을 읽어보자.

침대의 네 기둥에 물을 담은 병을 매달아 바닥에 놓인 통에 물이 떨어지게 장치했다. 죄수의 팔다리 피부를 긁은 후 물이 통으로 떨어지도록 했는데, 처음에는 빨리 떨어지다가 차츰 천천히 떨어지도록 했다. 사형

수는 차츰 약해져갔고, 의사가 낮은 목소리로 천천히 장송곡을 읊기 시작하자 사형수는 더욱 약해졌다. 마침내 물이 다 떨어졌을 때 의사의 장송곡도 멈췄다. 죄수는 젊고 건강한 남자였지만, 물이 다 떨어지고 실험이 끝난 순간 의식을 잃었다. 그리고 한 방울의 피도 흘리지 않은 채 사망했다.*

이런 유형의 '감정적' 죽음은 적어도 한 세기 동안 관찰되었다. 1942년 하버드대 생리학 교수 월터 캐넌은 「'부두' 죽음'Voodoo' Death」이라는 논문에서, 자신이 죽음의 주술사에 의해, 혹은 '금단의' 열매를 먹는 바람에 저주를 받았다고 믿은 원시인들이 두려움을 이기지 못하고 사망한 사례에 관해 다루었다. 인류학자 허버트 바제도는 1925년 출간된 저서 『호주의 원주민The Australian Aboriginal』에 이렇게 적었다.

적이 자신을 향해 뼈를 겨누었다는 사실을 알아챈 사람의 모습은 참으로 딱하기 그지없다.** 그는 아연실색하여 위험한 뼛조각을 뚫어져라 바라보며 두 손을 들어올린다. 상상 속에서 자신의 몸속으로 흘러드는 치명적 물질을 막아내기 위해서다. 그의 두 볼은 창백해지고 두 눈은 흐릿해지며 표정은 끔찍하게 일그러진다. 비명을 질러보려 하지만 목소리는 입안에서 맴돌 뿐이다. 사람들 눈에는 그의 입가에 이는 거품밖에 보이지 않는다. 그의 몸이 떨리기 시작한다. 근육은 제멋대로 경련한다. 몸

* 버나드 론, 『잃어버린 치유의 본질에 대하여』, 이희원 옮김, 책과함께, 2018, 65쪽. — 옮긴이

** 마오리족 사회에서 누군가를 향해 뼈를 겨누는 행위는 죽음의 저주를 의미한다. — 옮긴이

이 뒤로 넘어가는가 싶더니, 그대로 바닥에 고꾸라진다. 잠시 후, 그는 졸도한 사람처럼 보인다. 그러다 마침내 마음을 가라앉히고 자신의 오두막으로 돌아가지만, 결국 불안에 떨다가 죽음을 맞는다.

이러한 죽음의 공통점은 희생자의 절대적인 믿음에 있다. 그들은 외부의 힘이 자신을 죽게 할 수 있으며, 맞서 싸우기에는 스스로가 너무 무력하다고 확신한다. 이렇듯 자신의 힘만으로는 통제할 수 없다고 지각하는 현상은 생리적으로 지독한 반응을 초래한다고, 캐넌은 주장한다. 혈관이 빠르게 수축하면서 혈류량과 혈압이 급속도로 떨어지고 심장은 급격히 약화된다. 더불어 산소의 운반량이 줄어들면서 심각한 장기 손상이 유발된다. 캐넌은 이와 같은 부두 죽음이 "미신을 맹신하고 무지하기 짝이 없어 스스로를 적대적 세상 속에서 당혹해하는 이방인같이 여기는" 원시인에게만 제한적으로 발생한다고 믿었다. 하지만 세월이 흐르면서 이 같은 갑작스런 죽음이 비단 원시인뿐 아니라 온갖 현대인에게 나타난다는 사실이 밝혀졌다. 지금까지 알려진 돌연사 증후군만 해도 여러 종류가 있다. 이를테면 중년 남성의 (대개 심근경색 이후에 나타나는) 돌연사나 영아돌연사증후군, 야간돌연사증후군, 자연재해 중 돌연사, 기분전환 약물 남용과 관련된 돌연사, 야생동물 및 가축의 돌연사, 알코올 금단성 돌연사, 중대 손실 후 돌연사, 공황발작 중 돌연사, 전쟁 중 돌연사 등이 여기에 해당된다. 그리고 이런 죽음의 대부분은 심장의 급작스런 정지로 인해 발생한다.

우리 할아버지도 그런 사례였다. 할아버지의 갑작스런 죽음은 당신을 물었던 뱀을 보면서 느낀 극심한 공포가 원인인 듯했다. 그러나 스트레스는 급성 효과뿐 아니라 만성 효과도 일으킬 수 있다. 고로 나는 할아버지의 심장사를 초래한 정서 상태가 그보다 훨씬 앞선 인도의 격동기, 그러니까 1947년 여름에 발생했으리라고 생각한다. 할아버지는 오늘날 파키스탄 영토인 펀자브 지방에 살았다. 그곳에서 토지 관리 사업을 했는데, 인부들을 고용할 정도로 넓은 땅이었다. 1947년 8월 영국 식민지 시대가 막을 내리면서 펀자브에서는 인도 아대륙의 다른 모든 지방과 마찬가지로 힌두교도와 이슬람교도 사이의 해묵은 적대감이 폭발했다. 할아버지가 돌아가시기 6년 전인 그해 펀자브 지역은 종파를 중심으로 인도와 서파키스탄, 동파키스탄(현재의 방글라데시)으로 나뉘었고, 그로 인해 역사상 최대 규모의 인구 이동이 이뤄졌다. (할아버지의 가족을 포함해) 힌두교도 수백만 명이 먼 길을 걸어 인도령으로 들어갔다. 이슬람교도 수백만 명은 그들과 반대 방향으로 움직였다. 대량학살, 강간, 납치, 강제 개종 등 상상을 초월하는 폭력이 양쪽에서 난무했다. 희생자 중에는 우리 친가의 사제도 있었다. '알라후 아크바르Allahu akbar'*라고 말하길 거부한다는 이유로 그는 이슬람 폭력 조직의 손에 목이 잘렸다. "우리 쪽에선 옴**이라고들 하지." 이렇게 설명하며 아버지는 당신 손의 회색 문신을 가리켰다. "틀림없이 그들은 우리도 죽였을 거다."

할아버지와 가족들은 되는대로 짐을 꾸린 뒤 소달구지를 타고 바

* '신은 가장 위대하다'는 뜻으로 이슬람교에서 기도나 의식 중에 신도들이 외치는 감탄사. — 옮긴이

** 힌두교에서 모든 주문과 진언의 전후에 외는 신성한 음절로, '그렇게 되기를 바란다'는 뜻이 담겨 있다. — 옮긴이

퀸자국이 깊게 팬 길을 따라 국경으로 탈출했다. 가는 길에 끔찍한 유혈사태가 벌어졌다. 마을들은 불길에 휩싸였고, 상황이 워낙 급박했던지라 어린아이들은 가족을 따라가지 못하고 그곳에 남겨졌다. 인도 정부는 10대 소녀들을 보호할 목적으로 무장 호위 병력을 배치했지만, 일부 가정에서는 강간 위협에서 소녀들을 지켜낸다는 명분으로 딸들을 살해했다.

그해 나라가 쪼개지면서 100만 명 이상이 목숨을 잃었고 5000만 명의 힌두교도와 이슬람교도, 시크교도가 삶의 터전에서 내쫓겼다. 폭력의 진원지는 펀자브였다. 그러나 충격의 여파는 아대륙 전역으로 퍼져 나갔다. 할아버지의 가족은 살아남았다. 하지만 국경 지대에 천막을 치고 콜레라와 이질이 창궐하는 불결한 환경에서 수개월을 지내는 동안 할아버지는 당신의 어머니와 한 살배기 아들을 잃었다.

1947년 여름과 가을의 힘겨운 싸움과 극적인 변화는 분명 6년 후 할아버지의 때 이른 죽음에 어떻게든 영향을 미쳤을 것이다. 할아버지의 사업적 손실로 형편이 어려워진 가족들은 결국 지방 도시 칸푸르에 방 하나짜리 아파트를 마련했다. 가구도 전기도 수돗물도 없었다. 아버지는 가로등 불빛 아래서 숙제를 했고, 할머니는 화덕에 땔나무와 분변을 지펴 식사를 준비했다. 할아버지는 악착같이 돈을 모았다. 그리고 마침내 작은 가게를 열어 쌀이며 식료품을 팔았다. 그곳에서 할아버지는 사실상 깨어 있는 동안은 한시도 쉬지 않고 일을 했다. 세상을 떠나던 그날까지도.

공포나 두려움, 기쁨 등의 감정에 대한 심장의 생리적 반응을 통제하는 기관은 자율신경계다. 자율신경계는 심장박동이나 호흡과 같은 무의식적 운동을 조절한다. 자율신경계는 두 가지 계통으로 나뉜다. 먼저 '교감'신경계는 투쟁도피반응을 매개한다. 아드레날린을 사용해 심장박동을 촉진하고 혈압을 상승시키는 것이다. 다음으로 '부교감'신경계는 정반대의 효과를 유발한다. 호흡과 심장박동을 늦추고, 혈압을 낮추는 한편, 소화를 증진시키는 것이다. 교감신경과 부교감신경 모두 혈관을 따라 이동하며, 신경세포 말단은 심장에 분포하여 심장의 감정반응 조절에 기여한다.

그러나 자율신경계가 심장에 미치는 영향에 대해서는 여전히 많은 부분이 밝혀지지 않은 채로 남아 있다. 일례로 1957년 존스홉킨스대 소속 과학자 커트 릭터가 발표한 실험을 들여다보자. 그는 물이 가득 담긴 유리 항아리에 야생 쥐들을 빠뜨린 다음 구멍이 작은 분출장치로 물을 살포해 녀석들이 떠오르지 못하도록 방해했다. 말하자면 물고문을 가한 셈이다. 야생 쥐는 사납고 의심이 많은 동물로 어떤 식으로 통제하든 굉장히 부정적으로 반응한다. 쥐들의 반응은 예상을 크게 벗어나지 않았다. (80여 시간을 헤엄친 뒤에야 익사할 정도로 대단한 녀석들도 소수 있었지만) 대부분은 순식간에, 거의 수분 내에 익사했다.

릭터는 쥐들의 피하에 미리 전극을 삽입해, 익사하는 녀석들의 심박수를 측정했다. 그런데 놀라운 결과가 나타났다. 심박수가 빨라지지 않은 것이다. 교감신경 과다 활동에 관한 일반적 예측을 뒤집는 결과였다. "심전도검사 기록은 우리 예상을 빗나갔다. 죽음에 곧바로 굴복한 쥐들의 경우 심박수가 빨라지기는커녕 오히려 느려졌으니까." 이러한 설명과 더불어 릭터는 부교감신경이 활성화되었을 가능성을 제기했다. 그리고 부교감신경의 활동을 증진시키는 약물의 경우 이와 같은 죽음을 촉진한 반면, 부교감신경 활동을 차단하는 약물의 경우 이와 같은 죽음을 방해했다는 사실에 주목했다. 이를 근거로 릭터는 쥐들이 죽은 이유가 교감신경이 아닌 부교감신경의 과도한 활동에 있다고 결론지었다. "쥐들은 투쟁도피반응을 요하는 상황이 아니라 희망을 잃은 상황에 처한 것처럼 보인다. 누군가의 손아귀에 잡혔거나 물이 가득 찬 항아리에 갇힌 쥐들로서는 상황에 맞서 스스로를 지켜낼 방법이 요원하다." 이어서 릭터는 쥐들에게 상황이 그리 절망적이지 않다는 것을 가르치면—가령 일정한 시간 간격을 두고 항아리에서 내보내주면—녀석들이 다시 공격적으로 변해 탈출을 시도한다는 사실에 주목하는 한편, 원주민들이 부두 죽음에 굴복한 이유도 여기에 있다고 추측했다. 절망이 부교감신경의 활동을 촉진시켜 그런 죽음을 유발했다는 것이다.

캐넌과 릭터의 결론은 얼핏 상충하는 듯 보이지만 오늘날에는 둘 다 진실로 간주된다. 즉 치명적인 스트레스는 심장에 분포하는 자율신경계의 발작을 일으키는데, 이때 교감신경계와 부교감신경계가 모두 활성화되며, 두 메커니즘 모두 다코쓰보심근증과 관련이 있다. 어느 쪽의 활동이 두드러지는가는 대체로 스트레스 이후 얼마나 오랜 시간이 경과했는가에 달려 있다. 처음에는 교감신경계의 영향(심장부정맥, 혈압 상승)이 눈에 띄지만, 뒤로 갈수록 부교감신경계의 영향(심박수 감소, 혈압 저하)이 뚜렷해진다.

재미있는 사실은, 행복한 사건을 겪은 사람에게도 다코쓰보심근증이 발생하지만, 심장의 반응은 다르게—가령 심첨부가 아닌 가운데가 부푸는 식으로—나타난다는 점이다. 감정의 자극 요인이 달라지면 심장의 반응 양상도 달라지는 이유는 아직 과학적으로 밝혀지지 않았다. 그리고 알다시피, 감정이 거하는 장소는 심장이 아니다. 하지만 생물학적 심장과 은유적 심장은 다방면에서, 서로 놀랍고도 신비로운 방식으로 닮아 있다. 오늘날 우리는 이러한 생각을 자연스러운 사실로 받아들인다. 마치 현대를 사는 우리가 고대를 살았던 철학자들을 향해 고개를 끄덕이듯이.

2

원동기

여섯 개의 행성이 제 심장 주위를 돌듯 태양의 궤도를 돌고, 심장을 감돌며 안으로 파고드는 생명처럼 태양에 힘을 제공하며 태양에서 힘을 끌어낸다.

독일 신학자 야코프 뵈메, 『인간의 세 가지 삶The Threefold Life of Man』(1620)

세인트루이스에서 보낸 처음 며칠은 끔찍이도 무더웠다. 옷은 비닐 랩처럼 살갗에 달라붙었고, 공기는 잘 저은 달걀 거품처럼 걸쭉했다. 그래서일까. 의과대학의 해부학 실험실은 고마운 피난처였다. 서늘하고 건조한 데다 바닥에는 석회석이 깔려 있고 천장 높이는 3미터가 훌쩍 넘었다. 중앙에는 수도꼭지가 여러 개 달린 커다란 개수대가 놓여 있었다. 샘터에 모여든 동물처럼 우리는 매주 사흘씩 아침마다 녹색 수술복 차림으로 그 앞에 모여 손을 씻었다. 한쪽 구석에는 마치 기괴한 공포영화 속 소품 같은 인조 뼈대가 걸려 있었다. 멸균실의 차가운 공기에 해골의 이가 금방이라도 딱딱 맞부딪칠 것만 같았다.

이는 임상 실습을 위해 병원으로 들어가기 2년 전 해부학 실습실의 풍경이다. 오래지 않아 우리는 해부용 시체들을 해체하고, 몸속 중요 기관을 바닥에 놓인 포르말린 양동이에 담게 될 것이었다. 하지만 8월 새 학기가 열리고 처음 몇 주 동안은 아무도 그 시체들을 건드리지 않았다.

내가 해부할 시체는 붉은 액체가 얕게 고인 흰색 비닐 부대에 싸인 채 녹슨 바퀴가 달린 강철 침대 위에 놓여 있었다. 가슴은 움푹했고, 피부는 담갈색이었으며, 배가 볼록했다. 벌거벗은 그의 발을 작은 양말이 아기용 덧신처럼 감싸고 있었다. 얼굴을 가린 천이 이따금 스르르 벗겨질 때면 소름끼치도록 차분한 얼굴이 모습을 드러냈다. 나이는 80대 중반으로 보였고, 인간적인 모습이 어렴풋하게 남아 있었다. 벗겨지기 시작한 머리, 펀자브 사람 같은 매부리코, 주름진 가죽을 연상시키는 볼이 인상적이었다. 입 밖으로 살짝 내민 혀는 표정에 당혹한 기미를 부여했다. 앞니에 두껍게 낀 누르스름한 치태가 창백한 피부와 대비를 이루었다. 곰팡이처럼 생긴 딱지가 눈꺼풀을 파고들었다. 수축한 몸은 비닐 부대 안에서 부자연스럽게 덜컥거렸다.

'부검'이란 단어에는 '자기 눈으로 직접 확인한다'는 의미가 담겨 있다. 그리고 우리는 정확히 그 과정을 시작할 예정이었다. 하지만 우리가 시체의 피부에 메스를 대기 전에 해부학 교수님은 포니테일 스타일로 머리를 묶은 채 한 가지 연습을 제안했다. 각자 앞에 놓인 시체의 겉모습만 보고 추측되는 것들을 말해보라고 주문한 것이다. 그들은 어떻게 살았고 어떻게 죽었을까? 이 물음에 답하기 위해 쓸 만한 단서로는 무엇이 있을까? 내 앞의 시체에 관해 내가 가장 자신 있게 말할 수 있는 부분은 그가 늙어서 죽었다는 사실이었다. 몸에 남은 수술 자국들은 그가 의료 서비스를 받아왔다는 증거였다. 특히 가슴뼈 중앙을 길게 가로지르는 흉터는 심장 수술을 받은 흔적이 틀림없었다. 깨끗한 손발톱은 그가 적어도 자신을 (스스로든 인력을 고용해서든) 돌볼 만큼의 경제적 여유쯤은 갖췄음을 의미했다. 블루칼라 노동자였다면 손에 굳은살이 박였을 테지만, 내 앞에 놓인 시체의 두 손은 부드럽고 매끈했다. 위에 삽입된 영양보급관은 그의 마지막 나날이 순탄치 않았음을 암시했다. 모르긴 해도 그는 말년을 요양원이나 종일돌봄시설에서 보냈으리라. 다리의 부종은 울혈성 심부전의 증상이었다. 끝으로 배 속 불룩한 물건의 정체는 인공심박조율기일 거라고 나는 추측했다.

굉장히 흥미로운 시간이었다. 장차 의사가 될 사람으로서 자칫 지나칠 뻔했던 중요한 사실을, 그 시간을 통해 상기할 수 있었다. 해부용 시체가 어떻게 죽었는지 알아내는 과정도 중요하지만 그가 어떻게 살았을지를 생각해보는 과정도 중요했다. 그들의 몸을 절개하는 순간에도 우리는 그들의 삶에 관해 진지하게 사색해야 한다고, 교수님은 차분하게 일러주었다. 마음이 숙연해지는 시간이었다.

우리 조의 시체는 첫 만남부터 나를 당황시켰다. 그는 남아시아 사람이었다. 내가 자란 문화적 환경에서는 과학 연구용으로 자신의 몸을 기증하는 경우가 흔치 않았다. 고인의 몸은 유족의 것이었다. 그가 죽음 직전에 내린 이 마지막 결정은 가족의 바람을, 자녀는 물론 아내의 바람까지 저버리는 것이었으리라. 나는 그 이유가 궁금했다. 물론 이제 와서 알아낼 방법이라곤 없었지만, 어째서인지 나는 그 시체에 연대감 같은 것을 느꼈다. 해부용 시체들은 우리가 한때 알고 지내던 누군가를 떠올리게 할 수 있다고 해부학 교수님은 말했다. 그 누군가는 세상을 떠난 친척이나 가까운 친구일 수도 있고, 오래전부터 이야기로만 전해 듣던 할아버지일 수도 있었다.

그 학기에 나는 친할아버지와 어느 때보다 가까워진 기분을 느꼈다. 우리 조의 해부용 시체가 여러모로 할아버지를 연상시켰기 때문이다. 둘 다 인도 사람인 데다, 동시대에 태어나 같은 질환으로 사망한 듯 보였다. 하지만 적어도 한 가지 크게 다른 점이 있었다. 한 사람은 충분히 오래, 합리적 기대수명보다 긴 인생을 살았지만, 다른 한 사람은 가족들을 불안과 혼란 속에 남겨둔 채 갑작스런 죽음을 맞았다. 한 사람의 인생은 너무 일찍 끝이 났다. 할아버지는 당신의 아들이 대학을 졸업하고 성공한 식물유전학자로 입지를 다져나가는 모습을 지켜볼 기회조차 누리지 못했다. 반면 해부용 시체가 되어 내 앞에 누워 있는 다른 사람은 고령이 될 때까지 살아남았다. 부분적으로 여기에는 그가 미국이라는 과학 선진국에서 최첨단 의료기술의 혜택을 누리며 살았다는 점이 배경으로 작용했다. 어떤 의미에서 그의 인생은 아직도 진행 중이었다. 다음 세대 의사들을 위한 일종의 신체적 교과서로서 그는 또 하나의 족적을 남기려는 참이었다. 문득 그 이름 모를 시체의 가장 흥미로운 부분은 그가 어떻게 죽었느냐가 아니라 어떻게 그토록 오랜 세월을 죽지 않고 살아냈느냐에 있다는 생각이 들었다. 다른 이들은 너무도 갑작스레 끝내야 했던 그 여정을 그는 어떻게 그토록 오랫동안 이어갈 수 있었을까?

인정하기 부끄럽지만 처음 몇 주 동안 나는 실습 시간의 대부분을 다른 학생들이 해부하는 장면을 지켜보는 데 할애했다. 해부용 시체들을 보기만 해도 속이 울렁거렸다. 마치 법의학자처럼 시신을 꼼꼼히 살피며 조잘거리는 동기들의 모습은, 예의 그 개구리 실험 이후 내가 줄곧 짊어져온 심리적 고통을 조금도 덜어주지 못했다. 나는 멀찌감치 서서, 녹색 수술복을 입은 동기들의 어깨 너머로, 천장 조명을 받아 번들거리는 그 인도계 남성의 시신을 방관자처럼 흘끔거렸다. 색색의 핀들이 그의 다양한 신체 조직 안으로 꽂혀 들어갔다. 나는 그의 마지막을, 그가 병원에서 보냈을 힘겨운 날들을 상상했다. 부은 다리와 질퍽한 폐가 머릿속에 그려졌다. 임종이 가까운 울혈성 심부전 환자 특유의 가래 끓는 소리를 내며 그는 창밖을 응시했으리라. 상상 속 그가 입술을 오므린다. 약물이 첨가된 초콜릿 푸딩을 먹이려는 간호사를 어떻게든 막아보려는 몸짓이다. 영국 동인도회사를 다룬 다큐멘터리 한 편이 나지막이 배경음을 조성한다. 마침내 씁쓸하고도 달콤한 디저트가 입안에 들어왔을 때 그는 간호사들의 처사에 분개한 나머지, 금방이라도 부서질 듯한 몸으로 두 눈을 부라렸으리라. "당신들 아버지도 내가 지금 당한 것처럼 당해봐야 돼." 울부짖는 그의 목소리가 귓가에 들리는 듯했다.

이윽고 심장을 해부할 차례가 되었을 때 나는 마음을 굳게 먹고 앞으로 나섰다. 거의 평생을 기다려온 순간이 마침내 눈앞에 다가온 것이다. 해부 지침서의 설명은 간결했다. "작은 톱을 준비해 흉벽을 열어보자." 갈비뼈를 덮은 피부는 마치 젖은 가죽 같아서, 조원 모두가 힘을 보탠 덕분에 간신히 절개할 수 있었다. 가슴을 열었을 때 우리가 처음으로 맞닥뜨린 구조물은 심장이 아니었다. 심장은 폐라는 두툼한 장막에 가려져 있었다. 대칭으로 보이는 겉모습과 달리, 사실 인간의 몸은 대칭이 아니다. 폐만 보더라도 오른쪽은 3엽, 왼쪽은

2엽으로 나뉘어 있다. (왼쪽 폐의 중엽은 태아가 발달하는 과정에서 위축되는데, 심장이 빠르게 공간을 잠식하기 때문이다.) 우리가 해부한 시체는 양쪽 폐가 모두 검은 반점들로 얼룩덜룩했다. 십중팔구 흡연 또는 도시생활이 남긴 흔적이었다. 폐는 마치 물을 잔뜩 머금은 스펀지 같았다. 하지만 막상 쥐어짜보니 한 방울의 액체도 새어 나오지 않았다. 연골로 이뤄진 기도는 마치 닭 뼈의 끄트머리처럼 단단하면서도 유연했다.

심장의 크기는 맞잡은 두 손의 크기와 엇비슷했다. 흉골에서 시작해 뒤로는 척추까지, 아래로는 횡격막—흉부와 복부를 분리하는 근육—까지 흉강의 중앙부를 거의 가득 채울 정도였다. (우리가 숨을 들이쉴 때마다 심장은 횡격막 위에서 박동하며 아래로 살짝 이동한다.) 심장의 모양은 꼭대기가 잘린 타원체를 연상시켰다. 땅딸막한 화산이 한쪽으로 기운 형상 같기도 했다. 심근은 뻣뻣했다. 심장의 근육은 수축할 때가 아니라 이완할 때 에너지를 사용하므로 임종 당시 그의 심장은 사후경직 상태에 접어들었을 것이었다. 혈액을 받아들이는 공간인 두 심방은 심장의 위쪽, 심실보다 뒤쪽에 자리했다. 심실은 혈액을 내보내는 공간으로, 근육이 발달해 있었다. 우심실은 흉부의 맨 앞쪽에 자리했다. 좌심실은 초승달 모양으로, 겉면이 근섬유에 둘러싸여 있었다. 교수님 말씀에 따르면 언젠가 우리가 의사로서 흉수를 뽑아내기 위해 환자의 가슴에 바늘을 찔러 넣을 때, 바늘 끝이 가장 먼저 닿게 될 공간은 바로 우심실이었다.

몇 번의 가위질 끝에 우리는 심장을 베이지색 골격에서 분리해냈다. 조원 한 명이 그것을 꺼내 시체의 팔에 올리더니 이렇게 말했다.

"말 그대로 심장을 소매에 걸치셨군."* 나는 그 심장을 루빅큐브처럼 움켜쥔 채 벽이 얇은 중심정맥 안으로 손가락을 쑤셔 넣었다. 정신을 바짝 차리지 않으면 그것이 단지 고깃덩이나 고무 장난감에 불과하다는 착각에 빠질 것만 같았다. 좌심실 벽은 두꺼웠는데, 생전에 고혈압을 앓았다는 징후였다. 우심실 안쪽은 마치 늪지처럼 섬유조직이 촘촘하게 얽혀 있었다. 그렇게 뒤엉키기까지 구구절절한 사연이 존재할 법도 했지만 나로서는 별다른 병력을 유추해낼 수 없었다. 심장의 모든 방을 가르고 관찰이 끝난 부위를 파이용 팬 모양의 둥근 알루미늄 접시에 차곡차곡 쌓아놓으니 색깔과 질감이 흡사 익힌 소고기를 보는 듯했다.

그때까지도 우리는 시체의 정확한 사망 원인을 밝혀내지 못한 상태였다. 일부 조원들은 막대기처럼 가늘고 부실한 갈비뼈를 근거로 그가 결핵이나 암처럼 소모적이고 파괴적인 질환에 굴복했으리라고 추측했다. 하지만 심장을 절개했을 때 의문은 비로소 해소되었다. 대동맥, 그러니까 심장에서 몸으로 혈액을 운반하는 주요 동맥 곳곳이 두껍고 단단한 콜레스테롤 층으로 덮여 있었다. 좌관상동맥을 조심스레 절개하는데 모래알 같은 것이 칼날에 걸렸다. 혈관 안쪽을 들여다보니 길쭉한 암갈색 덩어리가 자리를 차지하고 있었다. 생전에 죽상경화판이 파열된 자리였다. 혈액을 응고시키는 혈소판들이 상처 부위로 마치 피라미 떼처럼 밀려들어 한데 뭉치면서 혈전증을 유발하여 동맥을 폐색시키고 심장마비와 세포사를 유발한 것

* 'wear one's heart on one's sleeve', 생각이나 감정을 숨김없이 드러낸다는 뜻의 영어 표현이다.—옮긴이

이다.* 우리 할아버지도 이런 메커니즘을 거쳐 돌아가셨을 가능성이 높았다. (그리고 나는 자우하르 가문에서 이런 메커니즘을 통해 목숨을 잃는 남자가 비단 할아버지만은 아닐 것 같다는 불길한 예감에 휩싸였다.) 생각건대 우리 조의 해부용 시체가 애석하게 세상을 떠난 이유는 동맥 속 그 단단하고 거친 불순물에 있는 듯했다.

해부용 시체의 흉부를 열어놓고 보니 포유동물의 생명을 유지시키는 기본적 체계가 다시금 머릿속에 떠올랐다. 산소를 소진한 혈액이 우심방으로 돌아와 삼첨판이라는 일종의 역류방지장치를 통과한 뒤 우심실로 들어가면, 우심실은 그 혈액을 폐로 내보낸다. 산소를 충전한 혈액은 다시 폐를 떠나 좌심방으로 들어가고, 그곳에서 또 다른 역류방지장치인 승모판—모양이 주교관, 즉 가톨릭 사제가 의식 집전 시 쓰는 모자를 닮은 데서 유래한 이름이다—을 통과한 뒤 좌심실로 들어갔다가 대동맥을 통해 전신으로 내보내진다. 마지막으로 혈액은 두 개의 대정맥, 그러니까 하대정맥과 상대정맥에 모여 우심방으로 돌아간다. 그곳에서 다시 삼첨판을 지나 우심실로 들어간다. 다시금 순환이 시작되는 것이다.

기본적으로 모든 포유류의 혈액순환이 이와 같은 체계로 이루어진다. 이러한 사실은 17세기 초반이 되어서야 비로소 확인되었다. 심장의 생물학적 기능은 인류 역사에서 오랜 세월 동안 풀리지 않은 수수께끼로 남아 있었다. 1만 년 전 유럽에 살던 크로마뇽인 사냥꾼들은 심장이 있다는 것은 알았지만—그들이 남긴 동굴벽화에는 심

* 이를테면 간처럼 중요성이 상대적으로 덜한 기관의 세포들과 달리 심장 세포는 한꺼번에 많은 양이 재생되지 않는다. 심장 세포가 죽으면, 대식세포라는 세포들에 잡아먹힌 다음 흉터 조직으로 대체된다.

장이 소용돌이 모양으로 새겨져 있다—심장이 무슨 일을 하는지에 대해서는 전혀 아는 바가 없었다. 7000년 후 고대 이집트인들은 심장의 용도에 관하여 놀랍도록 예지적인 이론을 고안해냈다. 물론 그들도 심장을 영혼의 거처라고 생각했다. 하지만 이집트인들은 거기서 그치지 않았다. 당시를 대표하는 문서 에베르스 파피루스를 보면, 심장은 주요 장기로 연결되는 혈관들과 더불어 혈액 공급의 중심이라고 묘사돼 있다. "팔의 활동이나 다리의 움직임을 비롯해 모든 신체 기관의 동작은 심장의 명령에 따라, 심장이 계획한 대로 진행된다." 3000년 후 고대 그리스인들은 심장을 거의 상징주의적 차원에서 이해했다. 그들은 심장이 신체의 중심에 위치한다는 사실은 곧 심장이 삶의 중심이자 도덕의 중심임을 의미한다고 생각했다. 플라톤이라고 해서 별다르지 않았다. 그는 심장이 보초병이라고 설명했는데, 불길한 기미를 알아채는 순간 혈액을 급파해 위험을 경고한다는 이유에서다. (참고로 플라톤은 인간의 영혼을 구성하는 가장 중요한 요소인 티모스thymos*가 가슴에 존재한다고 여겼다.) 재미있는 사실은 그의 이런 주장이 투쟁도피반응에 대한 제법 정확한 설명으로 여전히 유효하다는 점이다.

그리스인들은 주로 유추나 은유의 힘을 빌려 심장의 진짜 용도를 이해하려 들었다. 하지만 그들의 공상적 추측은, 로마제국 황제 마르쿠스 아우렐리우스의 주치의이자 3세기부터 17세기에 이르기

* 플라톤은 인간의 영혼을 구성하는 3요소를 욕망, 이성, 티모스로 정의했는데, 티모스는 용기나 기백, 분노처럼 전투와 같은 어려운 상황에 맞서 인간을 움직이고 변화하게 하는 힘 혹은 기운을 의미한다. 인간의 가슴샘을 칭하는 티모스라는 이름도 고대 그리스인의 이러한 생각에서 유래했다.—옮긴이

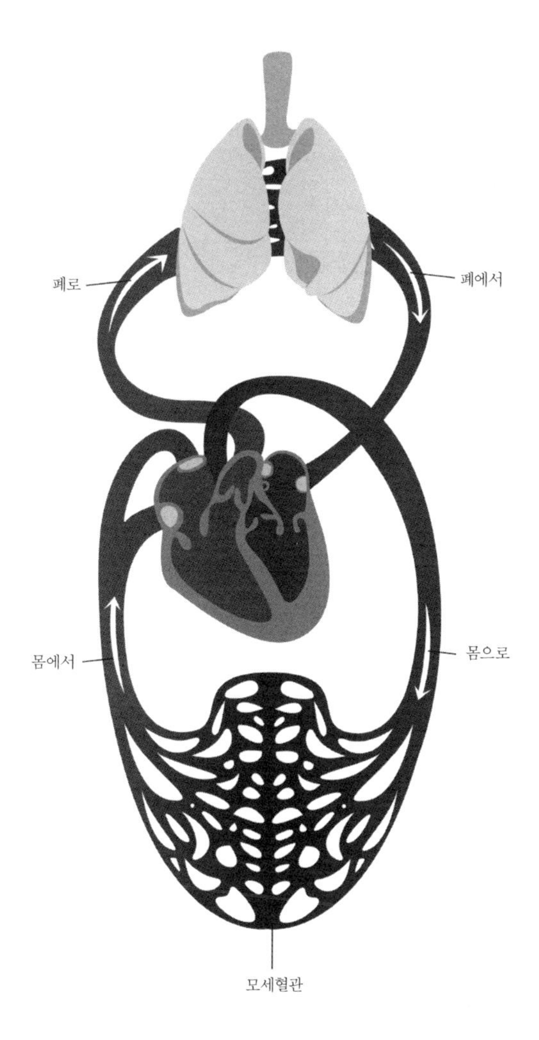

「포유류의 혈액 순환*Circulation Scheme in Mammals*」(Liam Eisenberg, Koyo Designs 제작).

까지 서구 의학계에서 최고의 자리를 지켜낸 갈레노스의 새로운 방식에 자리를 내주었다. 갈레노스는 혈액순환 문제를 연구하면서 관찰과 동물 해부라는 기본적이고 과학적인 방식을 적용했다. 고양이, 개, 양, 스라소니를 비롯해 수많은 동물을 대상으로 한 생체 해부뿐 아니라 부상당한 검투사들을 대상으로 한 외과적 수술—인체 해부는 불법이었다—을 근거로 갈레노스가 제시한 도식에 따르면, 인간이 섭취한 음식은 간에서 혈액으로 전환되어 전신으로 흡수되는데, 이때 혈액은 마치 용수로의 물처럼 한 방향으로만 흐르기 때문에 말단까지 퍼지고 나면 영원히 사라져 다시는 사용되지 못한다. 갈레노스의 도식을 보면 혈액은 간에서 우심실로 빨아들여진 다음, 중격—좌심실과 우심실을 분리하는 벽—에 난 구멍들을 통과해 좌심실로 이동한다. 좌심실에 진입한 혈액에는 '생명의 기운'이 더해지는데, 이때 좌심실은 보일러처럼 열을 발생시켜 두껍고 부드러운 도관을 통해 나머지 신체 부위로 혈액을 퍼뜨린다. "경도와 장력, 일반 강도, 상처 저항력 면에서 심장의 섬유 조직은 다른 모든 사물을 능가한다. 세상 그 어떤 기계도 그토록 끊임없이 고된 노동을 수행하지는 않는다." 갈레노스는 이렇게 적었다.

서구사회에서 갈레노스의 의학 이론은 비단 심혈관계 해부학뿐 아니라 사실상 모든 인체 해부학의 결정판으로 받아들여졌다. 중세 시대에 그의 저작은 가히 성서와도 같은 위상을 누리며 비판의 대상에서 제외되었다. 사람들은 갈레노스가 결론의 근거로 삼은 (대개는 빈약한) 관찰 결과들이 아니라, 그가 내린 결론에 초점을 맞추었다. 그의 추론은 종종 비논리적이고 유추적—밭에 대는 물에, 도관을 데우는 보일러라니—이었지만, 그때까지도 사람들은 과학적인 방식에, 신중한 측정을 통해 반증 가능한 제안들을 지지하거나 논박하는 과정에 무관심했다. 갈레노스의 의학적 견해와 상충하는 관찰 결과들은 주류에서 소외되거나 무시당했다.

심장에 대한 이해는 페르시아가 한 수 위였던 듯하다. 가령 1242년 페르시아 의사 이븐 알나피스가 저술한 『해부학 해설Commentary on Anatomy』을 보라. 이븐 알나피스는 시리아에서 태어나 다마스쿠스에서 의학 교육을 받은 뒤 카이로로 이주했다. 『해부학 해설』은 '이슬람 의학의 황금기'가 낳은 최고의 유산 중 하나다. 그 위대한 저서에서 이븐 알나피스는 심실들이 관상혈관들로부터 영양분을 공급받는다고 설명했는데, 이는 심실 내부의 혈액으로부터 공급받는다고 주장한 갈레노스의 의견에 배치된다. 또한 알나피스는 심장박동이 심장의 수축력에 기인한다고 적었는데, 이와 달리 갈레노스는 동맥 고유의 수축성 때문이라고 주장했다. 아마도 가장 중요한 차이는, 알나피스가 좌우 심실을 분리하는 중격에 구멍이 없다고 주장했다는 점일 것이다. "두 공간 사이에는 통로가 없다. 심장에서 이곳은 빈틈없이 단단해서 혈액을 이동시킬 만한 통로가 존재하지 않는다. 일부 사람들의 생각처럼 눈에 보이는 것이건 갈레노스의 주장처럼 눈에 보이지 않는 것이건."

근본적으로 이는 옳은 통찰이다. 그러나 알나피스의 이 묵직한 학술서는 유럽에서 거의 읽히지 않았고, 1924년 프로이센 주립도서관에서 대학원생들이 사본을 발견한 뒤에야 비로소 세상에 알려졌다. 사정이 그렇다 보니 심장의 작동 방식은 서구사회에서 여전히 수

수께끼였다. 이슬람 신비주의자 알가잘리의 표현을 빌리자면, "검은 밤 검은 바위에 찍힌 검은 개미의 발자국보다 더 교묘히 감춰져" 있었다고 할까.

다행히 르네상스 시대로 넘어오면서, 근대과학이 발생하기 이전에 유럽인의 생각을 지배하던 생기론vitalism은 탐구와 추론을 더 중시하는 시대적 흐름에 자리를 내주었다. 이 시절에 활동하던 사상가 중 심장 지식에 있어 가장 큰 진보를 이룩한 인물은 아마도 레오나르도 다빈치일 것이다. 그는 심장을 "절대적 존재가 발명한 경이로운 기구"라고 여겼다. 레오나르도 다빈치가 남긴 수백 점의 해부학 도해도 중 상당수가 심혈관계를 묘사한 그림이다. 그의 초기 연구는 돼지와 황소를 대상으로 이루어졌다. 하지만 그는 인체 해부도 마다하지 않았다. 유아부터 100세 노인에 이르기까지 대략 30구의 시체가 피렌체와 로마의 병원에서 수집되었다. 레오나르도 다빈치는 선배들과 마찬가지로 자연현상과 유추를 활용해 심장의 작동 방식을 설명했다. 예를 들어 그는 강물이 흐르며 강둑에 부딪히는 현상이 구불구불한 물길 때문이라고 생각했고, 이와 유사한 상황이 혈관에서도 벌어진다는 은유적 가설을 세웠다. 또한 그는 대동맥과 대동맥판막의 유리 모형을 제작한 뒤 염료 섞인 물을 사용해 혈류 역학을 연구했다.* 더불어 그는 해부를 통해 혈관질환의 핵심을 꿰뚫기도 했다. 가령 그는 "동맥과 정맥의 혈관벽이 너무 두꺼워지면서 혈액의 통로를 수축시켰다"고 썼는데, 이는 혈류를 방해하는 죽상경화판에 대한

* 대동맥판막 폐쇄에 있어 난류turbulent flow의 중요성을 처음 거론한 인물도 레오나르도 다빈치였는데, 그의 이 발상이 사실로 확인된 지는 불과 10년도 지나지 않았다.

제법 정확한 설명에 속한다. 하지만 천하의 다빈치도 지속적 순환이라는 혈류의 기본 개념만은 끝내 생각해내지 못했다.

그로부터 채 한 세기도 지나기 전에 소란스런 군중이 공개 해부를 참관하기 위해 파두아대학교에 모여들었다. 파두아대는 세계 최초로 관람석이 갖춰진 해부학 극장을 설립한 명실상부 유럽 해부학의 중심지이자, 역사상 가장 위대한 외과의사로 손꼽히는 안드레아스 베살리우스의 근무지였다. 내가 다니던 세인트루이스 워싱턴대의 해부학 실험실에는 베살리우스의 초상화가 걸려 있었다. 가뜩이나 눈에 띄는 위치에서 그는 주의 깊은 시선으로 우리의 해부 과정을 마치 대사제처럼 면밀히 지켜보았다. 약제사의 아들이었던 베살리우스는 10대 시절에 이미 쥐와 개를 해부했다. 학자의 길을 걷게 된 뒤에는 파두아에서 멀리 떨어진 무덤과 시체 안치소에서 시체를 훔쳐다가 연구를 시행했다. 그는 시체들을 코트 속에 감춘 채 몰래 집으로 가져와 (방부 처리도 하지 않은 상태로) 자신의 아파트에 수 주간 보관했다. 판사는 그의 편이었다. 베살리우스의 교수형 참관을 허용했을 뿐 아니라 집행 일자를 그에게 편한 시간대로 조정해주기까지 했으니 말이다. 세상 모든 해부학 교과서를 통틀어 가장 추앙받는다고 해도 과언이 아닌 저서 『인체의 구조에 관하여De humani corporis fabrica』(1543)에서 베살리우스는 심장에 관한 갈레노스의 수많은 오판을, 그중에서도 특히 좌심실과 우심실 사이에 다공성 중격이 존재한다는 잘못된 주장을 바로잡았다. 베살리우스는 혈액이 심장의 왼쪽으로 이동하려면 반드시 폐를 통과해야 한다고 추측했다. 하지만 그는 갈레노스가 내린 몇몇 잘못된 결론에 힘을 보태기도 했는데, 가령 혈액이 간에서 생산되고 체내에서 소모된다는 주장이나 심장이 보일러와 같다는 주장에 동조하는 경향을 보였다.

혈액순환에 관한 갈레노스의 이론을 완전히 끝장낸 인물은 영국의 뛰어난 해부학자 윌리엄 하비였다. 1578년 잉글랜드 켄트주에서 태어난 하비는 19세 때 케임브리지대에서 예술 전공으로 학위를 취득했고, 이후 20대 초반의 나이에 파두아대에 들어가 의학을 공부했다. 그러던 1615년 하비는 연구 중에 혈액순환의 메커니즘을 발견했다. 하지만 발표는 그로부터 13년을 기다린 뒤에야 비로소 이루어졌다. 신변의 안위가 염려되었기 때문이다. 당시에는 갈레노스파의 도그마에 도전하는 행위가 신성모독으로 간주되었다. 하비는 자신이 신학자 미카엘 세르베투스와 같은 운명을 겪게 될까 봐 두려워했다. 세르베투스는 42세의 나이에 제네바에서 화형에 처해졌는데, 혈액이 폐를 통과한다는 발상을 퍼뜨려 사람들을 선동했다는 것이 판결의 부분적 근거였다. 하비가 남긴 글을 읽어보자. "이러한 경로로 이동하는 혈액의 양이나 근원과 관련하여 아직 논의되지 않은 내용은 지나치게 새롭고 여태껏 들어본 적 없는 성질의 것이어서, 나는 소수의 질투로 인하여 스스로 받을 상처를 두려워했고, 혹여 인류 전체가 나를 적대시하지 않을까 하는 걱정에 마음 졸였다."*

1628년 출간된 72쪽짜리 라틴어 저작물 『동물의 심장과 혈액의 운동에 관한 해부학적 연구Exercitatio Anatomica de Motu Cordis et San-

* 전해지는 이야기에 따르면 늘그막에 하비는 한 친구에게 이렇게 말했다고 한다. "내 지난 연구가 일으킨 소동을 자네도 아주 잘 알고 있을 걸세. 때로는 말이지, 끝없는 노력을 기울여 축적한 지식을 세상에 발표해 여생 동안 평화와 고요함을 앗아갈 수도 있는 소동을 일으키기보다 편안하게 홀로 지혜를 쌓아가는 쪽이 현명하다네."

「윌리엄 하비의 초상Portrait of William Harvey」(Domenico Ribatti, "William Harvey and the Discovery of the Circulation of the Blood," *Journal of Angiogenesis Research* 1 [2009]: 3에서 발췌).

guinis in Animalibus』에서 당시 50세이던 하비는 "혈액순환에 관한 문제를 좀더 면밀히 들여다보고, 인간을 비롯한 여러 동물을 대상으로 동맥과 심장의 운동에 관해 숙고하는 일"을 자신의 과제로 설정했다. 책머리에서 그는 "이러한 과제가 정말 너무도 고된 작업이라고 판단한 나머지 (…) 심장의 운동을 이해할 수 있는 존재는 오직 하느님뿐이라고 생각해버리고 싶은 충동을 강하게 느꼈다"고 고백했다. 하비는 먼저 물고기와 개구리의 심장부터 연구하기로 했다. 심장의 수축 속도가 분석 가능할 정도로 느린 동물들을 우선적으로 선정한 것이다. 또한 그는 산 사람과 죽은 사람에 대해서도 실험을 진행했다. 실험 방법은 간단하면서도 기발했다. 사람의 팔을 천으로 묶어 혈류를 차단한 다음, 상대적으로 압력이 높은 동맥혈은 통과하고 압력이 낮은 정맥혈은 통과할 수 없도록 압박 띠를 느슨하게 조정했다. 묶인 팔은 순식간에 부어올랐다. 하비는 이것이 동맥을 따라 흐르던 혈액이 정맥을 거쳐 심장으로 돌아가기 전에 모종의 보이지 않는 연결부를 통과하기 때문이라고 추측했다. 하지만 문제의 연결부가 본질적으로 무엇인지에 대해서는 끝내 밝혀내지 못했다—오늘날 우리는 그것을 모세혈관이라고 부른다.* 하지만 이러한 어려움에도 불구하고 하비는 다음과 같은 기본적 결론을 도출해냈다. 내용인즉, 심장은 일종의 펌프이고, 혈액은 마치 닫힌 회로를 흐르는 전류처럼 동맥에서 출발해 정맥을 거쳐 심장으로 돌아가는 순환 과정을 끊임없이 반복한다는 설명이었다.

하비의 저작물은 갈레노스의 연구를 참조한 내용으로 가득하지만, 과학이란 세계가 흔히 그렇듯 제자는 스승을 능가했다. 하비가 동맥 일부를 결찰結紮용 실 두 가닥으로 묶고 절개했을 때 안쪽에는 오로지 혈액만이 존재했다. 갈레노스가 존재를 주장했고 하비가 경멸하듯 "거무스름한 수증기"라고 일컬은 공기나 기운 같은 건 발견되지 않았다. 혈액을 좌심실에서 우심실로 이동시키는 경로라고 갈레노스가 주장한 심실중격 내 작은 구멍들도 없기는 매한가지였다. 하비의 글에 따르면 "구멍도, 그런 구멍의 실재를 입증할 근거도 존재하지 않았다."** 이러한 연구 결과와 몇몇 선학의 주장을 바탕으로 하비는 혈류가 필연적으로 폐를 통과한다는 올바른 추론에 도달

* 모세혈관은 그로부터 30년이 지난 1661년 마르첼로 말피기가 개구리의 폐 단면을 현미경으로 관찰하는 과정에서 발견되었다. 말피기는 개구리를 "자연의 현미경"이라고 일컬었는데, 상대적으로 큰 동물에게서는 보이지 않던 구조물이 개구리를 관찰할 때는 보인다는 이유에서였다. 그는 자연이 "상대적으로 낮은 수준에서 일련의 시도를 해본 뒤에야 비로소 고차원의 작업에 착수하는 일, 불완전한 동물들을 통해 완전한 동물들에 관한 계획을 세우는 일에" 익숙하다고 썼다. 그러면서 덧붙이기를, "그 매듭들을 느슨하게 하기 위해 나는 거의 모든 종의 개구리를 희생시켰다"라고 적었다.

** 하비는 폐동맥을 결찰한 뒤 우심실에 물을 주입하면 단 한 방울의 액체도 중격을 통과해 좌심실로 이동하지 않는다는 사실을 실험을 통해 입증했다.

했다. 하비의 계산에 따르면, 일반 성인의 심장이 1분에 72회씩 박동하고 1회 박동할 때마다 2온스(약 57그램)의 혈액을 방출—이는 대체로 사실이다—하며 혈액은 영양분으로 소비된다고 가정할 경우, 간은 시간당 500파운드(약 227그램)의 혈액을 음식 섭취로 생산해야 하는데, 이는 명백히 불가능했다. 그러므로 하비가 생각할 때 혈액은 영양분을 운송하는 수단이지 그 자체로 영양분은 아니었다. 갈레노스를 위시한 선배 자연철학자들과 마찬가지로 하비도 은유적 추론을 즐겼다. 가령 그는 "태양이 세상의 심장이라면, 심장은 생명의 중심이자, 인간이라는 소우주의 태양"이라고 주장했다. 하지만 하비의 은유—행성들의 원운동, 지구상에서 물의 재순환—는 선배들의 그것에 비해 혈액순환을 매우 그럴듯하게 설명하고 있었다.*

아쉽게도 하비는 수천 년 동안 철학자들을 괴롭혀온 질문에 해답을 제시하지는 못했다. 하지만 생각건대 그의 가장 위대한 공로는 가설의 사실 여부를 확인하는 실험의 위력을 입증했다는 데 있었다. 캐나다 의사 윌리엄 오슬러 경은 1906년 왕립의사협회Royal College of Physicians에서 주최한 '하비에 관한 연설Harveian Oration'에서 『동물의 심장과 혈액의 운동에 관한 해부학적 연구』에 관해 이렇게 말했다. "마침내 손의 시대가 왔습니다. 사고하고 고안하고 계획하는 손,

* 하비의 비유 영역은 국가로까지 확장되었다. 『동물의 심장과 혈액의 운동에 관한 해부학적 연구』 「서문」에서 그는 찰스 1세에게 이런 편지를 띄웠다. "심장의 운동에 관한 이 글을 제가 폐하께 현시대의 관습에 따라 더욱 대담하게 소개하는 이유는, 인간사의 대부분이 인간의 전례에 따라 행해지고 왕에게 있어 많은 일이 심장의 패턴을 따른다는 데 있습니다. 그러므로 인간의 심장에 관한 지식은 왕의 직분을 깨닫게 하는 일종의 훌륭한 본보기로서 왕자에게 쓸모없지 않을 것입니다—게다가 작은 것들을 큰 것들과 비교하는 작업은 인간이 늘 해오던 일입니다. 자, 각설하고, 왕자 중의 왕자여, 최고의 자리에서 인간 만사를 다스리는 분이여, 부디 졸작으로 인간의 몸속 원동기와 폐하께서 보유하신 왕권의 상징에 관해 동시에 숙고해보심은 어떠할는지요."

정신의 도구로 사용되는 손의 시대가. 한 편의 작고 소소한 논문이 그 손을 다시 세상에 들여왔고, 실험의학의 새로운 장을 열어젖혔습니다." 하지만 이렇게 근본적인 사실들을 밝혀냈으면서도 하비는 혈액순환의 목적을 조금도 이해하지 못했다. 혈액순환의 방식을 알아냈지만 이유는 알아내지 못한 것이다. 저서에서 그는 혈액이 "그것의 원천인 심장, 즉 몸 안의 사원으로 돌아가 스스로의 가치를 회복한다"고 적었다. 하지만 그 '가치'란 도대체 무엇일까? 왜 정맥혈은 자주색이고 동맥혈은 선홍색일까? 이 두 질문에 대한 대답은 물론 동일하다. 그러나 하비와 제자들은 적혈구가 산소를 운반한다는 사실은커녕 산소 자체에 대해서도 무지했다. 이러한 발견은 그로부터 100년이 지난 뒤에야 이루어졌다.

오늘날 우리는 우심실이 혈액을 폐로 내보내면 산소가 미세한 기낭을 통해 폐의 모세혈관 속 적혈구와 결합한다는 사실을 알고 있다. 폐에서 산소를 충전한 혈액은 폐정맥을 지나 왼쪽 심장으로 이동하고, 그곳에서 대동맥으로 내보내진 뒤에는 점점 더 작은 동맥들을 통과하면서 몸속 여기저기로 퍼져나가 신체의 대사 요구량을 충족한다. 산소 운반을 끝마친 혈액은 모세혈관을 지나 정맥으로 흘러들고, 마지막으로 상대정맥과 하대정맥을 거쳐 오른쪽 심장으로 되돌아간다. 새로운 순환이 시작되는 것이다. 우리 몸 안에 그물처럼 얽혀 있는 모세혈관은 끝과 끝을 잇대면 지구를 둘러쌀 수도 있을 정도로 길이가 어마어마하다. 게다가 총 단면적은 축구장 몇 곳을 덮을 수 있을 정도다. 정맥의 압력이 낮다고 하지만 오른쪽 심장보다는 높아서 혈액을 다시 심장으로 들여보내는 데는 전혀 무리가 없다.

근육질의 심실은 전기 자극에 대한 반응으로 근섬유를 수축시켜 혈액을 내보낸다. 각각의 근섬유는 단백질 필라멘트로 구성되는데, 단백질 필라멘트는 전류 자극으로 활성화되어 서로를 미끄러지듯 지나침으로써 심장이 압착과 이완, 비움과 채움을 반복할 수 있게 한다. 인간의 심장은 일생 동안 이런 과정을 수십억 번 되풀이한다. 심장이 발생시키는 압력은 모든 기관을 통틀어 가장 높아서 혈액이, 마치 나뭇가지처럼 수많은 가닥으로 갈라지는 동맥을 굵은 혈관에서 가는 혈관순으로 차례차례 통과하여 체내의 모든 세포에 영양분을 공급하는 것을 가능케 한다.

혈액은 오직 한 방향으로만 순환한다. 역류는 일방향성 판막에 의해 방지된다. 판막이 제대로 닫히지 않으면 혈액이 반대 방향으로 흘러 에너지를 허비하게 된다. 반대로 판막이 제대로 열리지 않으면 혈액의 정상적 흐름이 저해된다. 어떤 경우든 혈액의 순환에 차질이 발생하는 것이다. 학창시절 해부학 교수님이 들려준 주옥같은 말씀 중에 잊을 수 없는 한 가지는, 심장 기형이 또 다른 기형을 불완전하게나마 상쇄한다는 이야기다. 가령 판막이 열리지 않으면 혈액은 폐쇄 지점을 피해 돌아가는 경로를 찾아내야 하는데, 이러한 우회로—심방 및 심실 사이에 난 구멍이나 기형적 연결부 따위—는 치명적인 결과를 초래할 수 있다. 그러니까, 정상적인 심장에서는 말이다. 하지만 병든 심장에서는 오히려 그 우회로가 병세를 완화할 수도 있다. 인간의 심장에서는 두 가지 결함이 불완전한 무결함으로 이어질 수도 있다고, 그 시절 교수님은 말했다.

의과대학 첫 학기가 끝나갈 무렵 몹시도 춥던 1월의 어느 저녁에 우리는 학교의 전통에 따라 병원 12층에서 해부용 시체를 위한 추도식을 열었다. (시신은 식이 끝나면 화장될 예정이었다.) 나무 의자가 기다란 네 줄로 빼곡하게 놓여 있었다. 어둑해진 조명 아래 촛불이 빛나기 시작했다. 의식은 행사의 무게에 걸맞게 절차에 따라 엄숙히 진행되었다. 사람들이 앞으로 나와 자작시를 낭송했다. 사제의 추도 연설이 있었다. 학생 몇 명이 노래를 불렀고 일부는 기타를 연주했다. 해부학 교수님도 그때만큼은 라텍스 장갑과 파란색 실험복을 벗고 빳빳하게 다린 감색 정장 차림으로 단상에 올라 추도사를 낭독했다. "여러분의 기증자는 누구입니까?" 교수님은 우리에게 다시금 질문을 던졌다. 생전에 그들이 어떤 삶을 살았는지 잠시라도 생각해 본 적이 있었던가? 이제 그들의 몸은 대부분이 갈라지고 해체됐지만, 그들의 마지막 행동은 우리 각자의 마음속에 영원히 살아 있을 것이었다. 그 마지막 선물이 가치 있는 일에 쓰였음을 보장하는 것이야말로 우리에게 주어진 책임이라고, 그날 교수님은 단상에서 이야기했다.

마음 한편으로는 나도 단상에 올라가 우리 조의 해부용 시체에 관해 내가 상상해낸 이야기를 들려주고 싶었다. 그는 대학원 진학을 위해 미국에 왔다. 제2차 세계대전 이후로 시작된 남아시아 이민자의 물결에 가장 먼저 동참한 용기 있는 이들 중 한 명이었다. 그전까지는 나라 밖으로 나가본 적이 없었다. 그가 아는 세계라고는 펀자브에 위치한 자신의 회색 집과 옥상의 흰 울타리, 배기가스와 배설물의 유독한 증기에 에워싸인 채 가축들이 어슬렁거리는 혼잡한 거리가 전부였다. 그가 미국 대학에 합격했을 때, 아버지는 미국식 교육을 받아보라며 아들을 독려했던 지난날의 행동을 틀림없이 후회했으리라. 아들이 길을 잃어 집으로 돌아오는 방법을 잊어버릴 거라고, 아니면 아예 돌아오기를 원하지 않을지도 모른다고 생각하며.

나는 심장이 고장 난 어느 이민자의 이야기를 학우들에게 들려주고 싶었다. 그날 저녁의 분위기와도 제법 어울릴 듯했다. 하지만 결국은 마음을 바꾸고 자리를 지켰다.

스물일곱 살 때 나는 이름 모를 한 남자를 알게 되었다. 나는 그의 몸을 다루었고, 절개했으며, 다시 원래의 모습으로 조립했다. 그때를 기점으로 병원에서 내가 저지를 수 있는 모든 실수는 그에 대한 모욕이 될 것이고 내가 이룰 수 있는 모든 성공은 그에게, 내 첫 번째 환자에게 바치는 헌사가 될 것이라고 나는 생각했다. 그는 자신의 몸을 성심誠心껏 내어주었고, 나는 이제 그 몸을 주인에게 돌려주어야 했다. 비로소 그가 평화롭게 안식을 취할 수 있도록.

2부

기계

3

클러치

사람은 고장 난 심장을 갖고는 살 수 없다.

16세기 해부학자 가브리엘 팔로피오

내가 심장내과 펠로 과정을 시작할 무렵에는 심장을 생각하는 방식이 한쪽으로 굳어져 있었다. 이런저런 은유가 존재했지만 병든 심장을 가장 잘 이해하는 방식은 심장이라는 기관을 복잡한 펌프에 비유하는 것이었다. 오리엔테이션이 있던 2001년 7월 1일 나를 비롯해 열 명 남짓의 펠로는 흰 가운을 걸친 채 뉴욕 시 벨뷰병원의 넓은 강당 안으로 뿔뿔이 흩어졌다. 그해 우리가 배울 수많은 과정에 대해 교수들의 설명을 듣기 위해서였다. 심장초음파 담당 주임교수 아이작 에이브럼슨은 심장초음파의 다양한 적용법에 대한 자랑을 늘어놓았다. 예전에는 몸을 뚫어야만 진단이 가능했던 질환들을 이제는 심장초음파 덕분에 상처 없이 진단하게 되었다는 것이다. 칙칙한 트위드재킷 차림의 에이브럼슨 교수는 이스라엘 사람으로, 심지어 그쪽 세계의 기준에서도 고루하고 괴팍하고 심술궂고 퉁명스러운 성격의 소유자였다. 무엇보다 그는 1970년대에 이뤄진 심장초음파 기술의 결정적 발전을 주도했고, 그 과정에서 수년에 걸쳐 명성을 차곡차곡 쌓아나갔다. 언젠가 그는 내게 이런 말을 한 적이 있다. "샌디프, 나는 펠로들이 스스로를 굉장히 보잘것없는 존재라고 여기길 바라네. 내가 이름을 기억해주는 것조차 황송해할 정도로 말이지." 그날 에이브럼슨 교수는 자신이 특히 좋아하는 좌우명 하나를 들려주었다. "모든 것은 압력 차에 달려 있다." 그는 우리가 혈류와 폐울혈은 물론이고 인간사에 대해서도 그런 관점에서 생각하기를 바랐다.

그의 옆자리에는 동료 교수들이 앉아 있었다. 데이비드 애시는 심장초음파 담당 조교수로 예의와 격식을 중시하는 인물이었다. 그는 에이브럼슨 못지않게 자존감이 대단했는데, 대가와 함께 일하며 그의 후광을 누리다 보니 자신 또한 조금은 대단한 인물이라고 생각하게 된 듯했다. 신디 펠드먼은 그 자리에 있던 유일한 여자 교수로, 짓궂은 유머와 새파란 아이라이너가 비범한 임상적 능력과 묘한 대비를 이루었다. 부교수 리처드 벨킨은 결벽증적 성격의 소유자였다. 그는 우리가 그에게, 혹은 그의 직무 수행에 악영향을 미칠 때를 제외하고는 펠로들에게 도통 관심을 두지 않았다.

두 줄 뒤에는 전기생리학자들이 앉아 있었다. 주임교수 로버트 드레스너는 의사보다 랍비에 가까운 인상이었다. 전기처럼 강렬한 존재감을 뽐내며 그는 고주파전극도자절제술radio-frequency ablation의 경이로움에 대해 설파했다. 고주파전극도자절제술은 열을 방출하는 카테터를 정맥을 통해 심장에 삽입하여 우리가 흔히 알고 있는 다양한 심박 장애를 치료하는 방법이다. 그의 옆자리에는 조교수 미치 셔피로가 앉아 있었다. 선이 날카롭고 한눈에도 저속해 보이는 그는 깔끔하게 정돈한 염소수염에 어렴풋이 개를 연상시키는 얼굴을 하고는 솔직함을 빙자해 차마 입에 담기 민망한 발언들을 거침없이 내뱉곤 했다(가령 말말이 '빌어먹을'을 붙인다든가). 태도로 보나 행동거지로 보나 셔피로는 복서견이었다. 그들의 동료 짐 하우드는 연구원 자격으로 한쪽에 앉아 있긴 했지만 생각은 온통, 다년간 자신을 괴롭혀왔고 어느 누구도—어쩌면 하우드 자신마저도—이해하지 못한 세포의 이온 통로 연구에 쏠려 있는 듯했다.

마지막 발언자는 심장카테터실cardiac catheterization 주임교수 시드 푹스였다. 그가 괴짜라는 소문은 병원에 파다했다. 듣기로 그의 원룸 아파트는 거대한 장난감 기차에 공간을 완전히 내주었다고 했다. 둥근 눈썹과 가늘게 뜬 두 눈은 배우 아트 카니가 턱수염을 기른 모습을 연상시켰다. 모든 교수가 발언을 마친 뒤 그는 우리를 향해 이렇게 말했다. "여기 교수들 말은 하나도 신경 쓸 것 없어요. 결국 심장내과는 대체로 배관의 문제니까."

저마다 어떤 괴벽이 있건, 내게 그 의사들은 하늘과 같은 존재였다. 그들과 나 사이에 얼마만큼의 공통점이 있는지는 확실치 않았지만, 본질적으로 나는 내가 그들처럼 되기를 원한다는 사실을 알고 있었다. 나는 할아버지가 무엇 때문에 어떻게 돌아가셨는지, 그분의 이른 죽음이 아버지와 우리 형제들에게 어떤 의미를 갖는지 이해하고 싶었고, 내가 심장내과 전공을 결심하게 된 근본적 이유도 대체로 거기에 있었다. 또한 이쪽 분야는 마치 꾸준히 박동하는 심장처럼 흐름이 빠르고 흥미진진했다. 못지않게 중요한 사실은, 심장내과 의사들이 임상적 발전에도 상당한 노력을 기울여 환자가 이론

발전의 혜택을 피부로 느낄 만큼 학문적 균형을 이루었다는 점이었다. 가령 신경과 의사들은 진단의로서는 훌륭했지만 임상의로서는 안타깝게도 별다른 성과를 보여주지 못했다. 반면에 심장내과 의사들은 지난 반세기 동안 기술적 혁신에 앞장서왔다. 황금기라는 표현이 아깝지 않을 정도로, 이 기간 동안 심장내과는 관상동맥우회술coronary bypass surgery과 관상동맥스텐트coronary stent, 이식형 심박조율기implantable pacemaker, 제세동기를 비롯한 생명 연장 의술에 있어 가히 폭발적인 진보를 이루어냈다. 이 분야의 기술적 복잡성은 실로 아찔할 정도여서 대부분의 의사는 심장질환을 다루는 일에 막연한 불안감을 느낀다. 당뇨나 신장병, 빈혈 환자는 부담 없이 치료하는 의사들도 심전도에서 비정상적인 징후가 조금이라도 발견되면 곧바로 심장 전문의에게 자문을 구한다. 심장은 아무런 경고도 없이 순식간에, 그 어떤 기관보다도 빠른 속도로 사람의 목숨을 앗아갈 수 있다. 그리고 이러한 사실은 가장 숙련된 의사마저도 심장을 두려워하게 만든다. 그러므로 심장내과 펠로가 된다는 것은, 나를 절대로 받아들이지 않을 듯한 어느 배타적 조직의 회원 자격을 얻는 것이나 마찬가지였다.

당연히 나는 긴장했다. 새로 의사가 된 사람은 누구나 그럴 것이다. 심장내과 의사는 응급 상황을 전문으로 다뤄야 한다. 압박감을 느낄 수밖에 없는 문화다. 신경과학에는 반사궁reflex arc이라는 개념이 존재한다. 위협적인 자극은 뇌의 인식을 거치지 않고도 반응을 유발할 수 있다. 가령 앞에서 질주하던 자동차의 미등이 빨갛게 빛을 내는 순간 이를 본 뒤차 운전자의 발은 자동적으로 브레이크 페달을 향해 움직인다. 이제부터 나는 심장내과 수련의로서 새로운 반사궁을 갖춰야 할 것이었다. 두렵긴 해도 거쳐야 하는 과정이었다.

2001년의 여름, 펠로가 되고 처음 몇 달 동안 나는 긴급 호출을 기다리는 밤이면 심장 관련 주요 응급 상황에 대처하는 구체적 절차를 암기하며 겨드랑이가 땀에 젖은 채, 마침 에어컨까지 고장 난 거실을 서성이곤 했다. 그럴 바엔 차라리 병원에 있는 편이 나을 정도였다. 나는 종종 의대생 시절, 그러니까 세인트루이스 워싱턴대 의과대학 3학년 새 학기에 내과학 임상 실습을 돌다 겪었던 일을 회상했다. 당시 우리 내과학 실습 담당의는 데이비드라는 스타 레지던트였다. 심장내과 소속인 그는 자신감이면 자신감, 능력이면 능력, 속도면 속도, 어느 하나 빠지는 것이 없었다. 그는 압박을 훌륭하게 이겨내고 있었다.

어느 오후 우리 조는 심장집중치료실로부터 호출을 받았다. 극심한 가슴 통증으로 갓 입원한 제임스 애벗이라는 환자 때문이었다. 통증은 입원하기 몇 시간 전에 시작되었다. 나이는 50대 초반이었고, 문신이 거의 온몸을 뒤덮고 있었다. 밤에 혼자 주차장에서 절대 마주치고 싶지 않은, 거친 인상의 소유자였다. 하지만 그때만큼은 그 남자도 흐느끼고 있었다. 그는 마치 가슴의 통증을 쓸어내보려는 듯 흉골을 연신 위아래로 어루만졌다. 심장마비 환자의 전형적인 증상이었다. 그는 대표적 위험인자를 두루 갖추고 있었다. 혈압과 콜레스테롤 수치가 높은 데다 흡연 이력도 있었다. 심전도와 혈액 검사에서는 심장근육에 공급되는 혈액량이 부족할 때 관찰되는 특징적 징후가 나타났다. 신체검사를 시행한 기억은 가물가물하다. 하지만 이처럼 가장 일반적인 심장 관련 응급 상황을 진단하는 데 있어 신체 검사로 얻을 만한 정보는 어차피 거의 없었다.

몇 시간 뒤 우리는 다시 심장집중치료실로부터 호출을 받았다. 그 무렵 애벗은 온몸을 비틀며 통증으로 괴로워했고, 혈압은 떨어지고 있었다. 데이비드 선생님은 간호사에게 심전도 검사를 다시 해보라고 지시했다. 인턴에게는 요골동맥에 카테터를 삽입할 준비를 하라고 주문했다. 그런 다음에는 인공호흡기를 장착하기 위해 기관 내 삽관용 트레이를 요청했다. 나에게는 "혈압을 확인하라"는 지시가 떨어졌다.

의대생이었던 나는 동기들의 혈압을 몇 번 측정해본 게 다였다. 나는 애벗의 왼팔에 조심스레 혈압계 커프를 두른 뒤 공기를 주입하여 부풀렸다. 그러고는 서서히 압력을 내리며 팔꿈치 관절에 청진기를 댄 채 귀를 기울이다가는 이렇게 소리쳤다. "100에 60입니다."

"다른 팔도 재주겠나." 데이비드 선생님이 지시했다. 이때쯤 그는 애벗의 팔을 요오드 비누로 닦아내고 있었다. 동맥 라인을 잡기 위한 준비 작업이었다. 웬 소란인가 싶어 더 많은 사람이 모여들었다. 나는 혈압계 커프를 환자의 오른팔에 두른 뒤 재빨리 공기를 주입했다. 하지만 이번에는 압력을 아무리 내려도 맥박 소리가 들리지 않았다. 뭔가 잘못된 것이 틀림없었다. 밀치는 사람들의 틈바구니에서 다시금 측정을 시도했지만 결과는 마찬가지였다. 아무래도 소음 탓이지 싶어 나는 어깨를 한 번 으쓱하고는 측정을 포기해버렸다. 데이비드 선생님에게 부탁해볼까도 잠시 생각했지만, 그는 더 중요한 일을 하느라 분주했다. 그래서 나는 다른 사람들을 배려해 옆으로 비켜섰고, 순식간에 바깥쪽으로 밀려났다.

이튿날 아침 회진을 돌기 전 데이비드 선생님이 나를 붙잡더니 파리한 얼굴로 문제의 환자에게서 '대동맥박리aortic dissection'가 발견됐다는 소식을 전해주었다. CT 스캔을 해보니 복부 대동맥에서 심장으로 이어지는 혈관벽이 나선형으로 파열돼 있더라는 것이다. "야간 당직 레지던트가 발견했지. 팔에서 맥박결손이 나타났다더군. 오른팔에서 혈압이 측정되지 않더래."

나는 잠자코 듣고 있었다. 맥박결손은 대동맥박리의 전형적 징후였다. 하지만 지난 오후의 왁자지껄한 소동 속에서 나는 어째서인지 그 명백한 징후를 무시해버렸다. 혈압을 측정할 때 있었던 일을 데이비드 선생님에게 말해야 할지 고민했지만, 결국 나는 말하지 않았다. 외과의사들의 견해에 따르면, 애벗의 대동맥박리는 이미 심각하게 진행되어 수술을 받아도 회복이 불가능한 상태였다. 그는 8시간 후에 사망했다.

몇 주 동안 나는 애벗의 죽음에 죄책감 같은 것을 느꼈다. 만약 전날 우리가 대동맥박리를 알아챘더라면 그를 살려낼 가능성이 희박하게나마 존재하지 않았을까. 나는 그 죽음이 전적으로 내 탓은 아니라고 스스로를 설득했고 결국은 성공했지만, 이후로도 심장병 환자에 대한 두려움은 조금도 가시지 않았다.

심장내과 펠로 1년 차가 한밤중에 호출되는 가장 주된 이유는 심

장초음파 촬영 때문이다. 심장초음파는 초음파 탐촉자를 사용해 심장을 촬영하는 검사법으로, 레지던트 때는 배우지 않는 기술이다. 심장초음파를 긴급히 촬영하는 이유는 다양하지만, 가장 일반적으로는 심장눌림증cardiac tamponade의 발생 여부를 확인하기 위해서다. 심장눌림증이란 심낭心囊 pericardiaum, 즉 심장을 주머니처럼 감싸고 있는 막에 액체가 축적되어 심장을 압박함으로써 심장이 혈액을 가득 채우지 못하도록 방해하는 현상이다. 심장눌림증은 생명을 위협하는 질환이다. 심낭액이나 혈액의 급격한 축적은 순식간에 심정지를 야기할 수 있다. 심장을 채우고 비우는 과정이 제대로 이뤄지지 않으면 혈류와 혈압이 급격히 떨어지면서 쇼크 상태를 유발할 수 있다. (그리스도 역시 십자가에 못 박혔을 때 로마 군인의 창에 심장이 찢긴 뒤 심장눌림증으로 사망했을 가능성이 농후하다.)

1761년 이탈리아 해부학자 조반니 바티스타 모르가니는 심낭 내 출혈로 인한 심장 압박이 얼마나 위험한지에 대해 논한 바 있다. 그는 심장 겉면에 위치한 관상동맥이 찔려 상처가 나면 혈액이 심낭 안으로 흘러들어 심장의 모든 방을 압박하게 될 수도 있다는 사실을 알아냈다. 상태의 위중도는 혈액이 축적되는 속도에 따라 달라진다. 심낭은 풍선과 유사하다. 풍선을 불어 부풀리려면 고무의 장력을 이기기에 충분한 압력을 발생시켜야 한다. 두 번째부터는 더 쉬워진다. 고무가 이미 늘어나 있기 때문이다. 심낭도 마찬가지다. 액체가 천천히 고이면 심낭이 늘어나 얇고 흐물흐물해지면서 심장 주위의 압력이 낮게 유지된다. 반면에 액체가 빠르게 고이면 심낭이 미처 늘어나기도 전에 내부 공간이 채워지면서 심장 주위의 압력이 급

상승하여 심방과 심실을 누르고 비정상적으로 수축시킴으로써 혈액의 정상적 흐름을 방해할 수 있다. 그런 상태에 이르면 의사는 환자의 가슴에 바늘을 찔러 넣어 심낭을 뚫고 액체를 빼내야 한다. 하지만 당시 나는 그런 시술을 해본 경험이 전혀 없었다.* 2001년의 어느 여름 밤 혹시 모를 긴급 호출을 기다리며 이런저런 생각 속에 거실을 서성이던 나는 문득 내 어설픈 모습이 심장눌림증과 신기하리만치 닮아 있다는 사실을 깨달았다. 시간이 지나면 나도 응급 상황에 대한 내성을 갖게 되리라는 생각, 조금씩 경험이 쌓이면 결국은 나도 자신감과 용기를 갖추게 되리라는 생각이 불현듯 머릿속에 떠오른 것이다. 하지만 그런 날이 올 때까지는, 혹시 내가 맡은 환자가 손쓸 수 없는 지경으로 잘못될지도 모른다는 두려움을 오롯이 감당해야 했다.

선배 펠로들은, 빈약한 근거로 심장초음파를 의뢰하는 외과의들을 조심하라고 미리 주의를 주었다. 가령 수술이 끝난 환자의 혈압이 조금이라도 낮아지면 외과의들은 심장눌림증의 가능성을 배제할 목적으로 심장초음파를 의뢰하곤 했다. 간 효소 수치가 조금이라도 상승하면 외과 펠로는 황당하게도 간정맥 울혈을 들먹이며 심장눌림증의 가능성을 배제하려 들었다. 가끔은 심박수와 혈압 등의 활력징후가 정상인 환자들까지 의뢰했는데, 이유를 따져 물으면 외과 펠로는 긴급 호출과 스트레스에 지칠 대로 지친 모습으로 자신은 만일

* 심장눌림증의 치료는 '마지막 한 방울'이 중요하다. 심낭 안쪽 공간에 필요 이상의 액체가 소량만 존재해도 급격한 혈압 강하를 초래할 수 있기 때문이다. 하지만 다행히 '처음 한 방울'도 못지않게 중요하다. 소량의 액체만 빼내도 혈류량을 회복해 목숨을 되살릴 수 있기 때문이다.

의 사태에 대비한 것뿐이라고 멋쩍은 듯 변명을 늘어놓았다. 그럴 때면 선배들은 일단 저항하고 의심하고 회유하라며 우리를 다그쳤다. 이를테면 아침까지 기다려보는 건 어떻겠느냐고 물음부터 던져보라는 것이다. 해고를 자초할 정도로 단호한 거절만 아니라면 무슨 짓이든 해보라는 것이 선배들의 조언이었다.

그 무렵 나는 거의 모든 밤을 뜬눈으로 지새웠다. 호출기가 언제 울릴지 모른다는 생각만으로도 쉽사리 잠을 이룰 수 없었다. 나는 침대에 누워 초조하게 두 발을 문지르며 피할 수 없는 호출을 기다렸다. 그러다가 의식이 희미한 어둠 속으로 사라지기 시작할 때쯤이면 기다렸다는 듯 날카로운 신호음이 들려왔다. 호출기가 언제부터 울렸는지는 알 수 없었다. 알 수 있는 것이라곤 문제의 밤이 마침내 시작되었다는 사실뿐이었다. 나는 아내 소니아를 깨우지 않도록 조심조심 몸을 일으킨 다음, 흩어진 의식의 조각들을 서둘러 다시 조립했다. 그러고는 살금살금 거실로 걸어가 호출에 응답하는 것이었다.

내가 살면서 처음으로 받은 호출은 갑작스런 숨 가쁨을 호소하는 여성 유방암 환자의 심장초음파를 촬영해달라는 내용이었다. 선배들의 가르침대로 나는 의뢰가 과연 정당한지부터 따져보았다. 환자의 활력 징후를 확인했고, 혈압은 언제부터 낮아졌느냐고 캐물었다. 하지만 외과 펠로의 말투에서 느껴지는 묘한 분위기는 내게 닥치고 어서 들어오기나 하라고 말하고 있었다. 나는 급히 수술복을 걸치고 청진기를 집어 들었다. 그러곤 20달러짜리 지폐와 볼펜, 병원 신분증을 조끼 주머니에 대충 쑤셔 넣은 뒤 시내로 가는 택시를 잡기 위해 서둘러 거리로 나섰다.

우리 동네에서 새벽 3시는 쥐들이 출몰하는 시간대였다. 그 징그러운 생명체가 보도의 쓰레기통에서 갑자기 튀어나올지도 모른다는 생각에, 나는 신경을 곤두세운 채 텅 빈 도로 한가운데 서 있었다. 상점의 불빛은 드문드문 반짝이는 몇몇 창문을 제외하고는 거의 다 꺼져 있었다. 속도를 내던 택시가 끽 소리를 내며 내 앞에 멈췄다. 택시는 다리 밑을 지나고 터널을 통과해가며 마치 롤러코스터처럼 FDR 드라이브를 질주했다. 콘크리트 벽들이 나를 향해 돌진하는 동안, 대도시의 그림자가 한천 배지의 콜로니集落처럼 계기판에 증식하듯 퍼져나갔다. 멀리 루스벨트아일랜드에서는 노란 불빛이 고층건물에 농포처럼 점무늬를 그렸다. 그 너머로 브루클린브리지와 로어이스트사이드의 높다란 굴뚝들이 시야에 들어왔다. 이튿날 아침 에이브럼슨 박사에게 보일 각색의 초음파 사진들이 머릿속을 어지럽혔다. 주파수 필터와 스위프 속도를 어떻게 조절했더라? 심장초음파를 총괄하는 에이브럼슨 교수는 결코 만만한 상대가 아니었다. 언젠가 그는 이른 아침 회의에서 무자비한 질문을 퍼부어 1년차 펠로 한 명을 어지럼증으로 쓰러지게 만든 전력이 있었다.

택시 기사는 나를 벨뷰병원 뒤쪽에 내려주었다. 우리 동네 쥐들보다 훨씬 큰 녀석들이 돌풍에 흩날리는 나뭇잎처럼 쏘다니고 있었다. 병원은 마치 고딕 양식으로 지은 호텔처럼 맑은 하늘을 찌를 듯 우뚝 솟아 있었다. 나는 병원 건물을 올려다보았다. 그리고 과연 어떤 생사의 드라마가 나를 기다리고 있을지 상상했다. 입구 쪽 보도에 범상치 않아 보이는 젊은이들이 검은 가죽 재킷을 입고 입술을 뚫은 채 사지를 뻗고 드러누워 있었다. 로비의 공기는 퀴퀴하고 조금 탁했다. 나는 얼른 신분증을 꺼내 건장한 보안요원에게 내보였다. 그러곤 2층의 심장초음파실로 뛰어가 아쿠아소닉 사의 초음파 젤과 지멘스 사의 초음파 기기를 챙긴 다음 그 육중한 장비를 끌며 좁고도 황량한 복도를 지나 외과 집중치료실로 들어갔다.

새벽 3시 30분은 깨어나기에 부자연스러운 시간이다. 밤과 낮이 연결되는 그 시간에 사물은 느리게 움직여야 마땅하고 속도를 높이려는 시도는 이치를 거스르는 행위처럼 느껴진다. 나는 이중문을 밀고 외과 병동으로 들어섰다. 마치 카지노에 입장하는 기분이었다. 환한 조명과 울리는 종소리에 취해 영혼들은 길을 잃었다. 가족들은 복도에서 배회하거나 침대 옆에 앉아 밤새도록 환자를 보살폈다. 소독약과 탤컴파우더의 쾌적한 냄새가 복도를 타고 은은하게 퍼져 나갔다. 나는 외과 펠로를 찾아서 회의실 안으로 머리를 들이밀었다. 이런저런 인쇄물과 방사선 사진, 전날 먹은 저녁 식사의 잔해가 어지럽게 흩어져 있었다. 펠로는 그곳에 없었다. 나는 간호사실로 터벅터벅 발길을 옮겼다. 젊은 간호사가 컴퓨터에 자료를 입력하고 있었다. 그녀는 내 쪽은 쳐다보지도 않은 채 병동 구석의 방 하나를 가리켰다.

나는 심장초음파 장비를 요리조리 움직여 환자의 침상과 구슬프게 울리는 모니터 기기 사이의 비좁은 공간에 들여놓았다. 환자의 표정은 완고했다. 당황한 기색을 감추려 애쓰는 듯했다. 하지만 애석하게도 그녀는 당황한 기색이 역력했다. 짧고 듬성듬성한 머리카락은 싹트기 시작한 잔디를 연상시켰다. 불안하게 흔들리는 시선은, 심지어 환자 본인이 괜찮다고 주장하는 와중에도 겁에 질린 아이의 눈빛을 보는 듯했다. 혈압은 침대 위 모니터에 표시된 대로라면 낮아도 정말이지 너무 낮았다.

혈압이 급격히 떨어지면 (이른바 쇼크 상태가 발생하고) 우리 몸은 다양한 메커니즘을 통해 보완을 시도한다. 자율신경계는 교감신경 활동을 늘리고 부교감신경 활동을 억제하여 심박수를 높이고 심박출량을 증가시킨다. 신장은 염분과 물을 재흡수한다. 가느다란 말초 동맥들은 피부나 골격근처럼 비교적 중요성이 덜한 부위로 향하는 혈액의 흐름을 심장이나 신장, 뇌처럼 생명 유지에 필수적인 기관 쪽으로 돌리기 위해 수축한다. 폐의 가스 교환이 저해되면서 혈액의 산성도와 호흡수가 증가한다.

내 환자에게선 이 모든 변화가 동시에 일어난 듯 보였다. 황달 탓인지 얼굴은 누르스름하면서도 창백했다. 심장박동 소리는 달리는 말의 발굽 소리를 닮아 있었다. 내내 이어지는 침묵은 그녀가 말을 할 수도 숨을 쉴 수도 없다는 방증이었다. 그녀의 가슴에는 붕대가 둘러져 있었다. 유선종양을 절제한 자리였다. 나는 바로 그 가슴에 심장초음파기 탐촉자를 갖다 댔다. 나 같은 초심자의 눈에도 확연히 관찰될 만큼 어마어마한 양의 혈액이 심낭에 축적돼 있었다. 심장은 마치 좁은 웅덩이에 빠진 작은 동물처럼 보였다. 릭터의 실험에서 물을 채운 항아리에 빠져 허우적거리던 쥐들의 모습처럼 말이다. 우심실은 마치 팬케이크처럼 눌려 있었다. 한때 두려워하던 대상을 마침내 마주하고 있다는 사실에 나는 오히려 안도감 같은 것을 느꼈다. 나는 달려 나가 외과 펠로에게 검사 결과를 전했고, 그는 곧바로 멸균 가운을 입더니 나에게 비켜달라고 요청했다. 나는 너무 멀지 않게 뒤로 물러났다. 환자의 가슴에 배액용 바늘을 삽입할 때, 초음파기 탐촉자를 움직여 위치를 잡아주어야 했기 때문이다.

간호사가 재빨리 환자의 몸에 담요를 덮었다. 외과 펠로는 수술용구가 담긴 멸균백을 뜯어 열었다. 환자는 멸균된 포목에 덮인 채 더는 움직이지 않았다. 그녀가 의료진에 지극히 협조적이거나, 쇼크 상태에 접어들었다는 뜻이었다. 외과 펠로가 그녀의 흉골 아래쪽 피부를 마취했다. 이어서 그는 내가 촬영 중인 초음파 이미지를 참고해가며 6인치 길이 주삿바늘을 심장 방향으로 정확히 찔러 넣었다. 흉강의 맨 앞쪽에는 우심실이 자리했고, 보호벽이라고는 오로지 심낭과 얇은 지방층뿐이었다. 문득 해부학 교수님의 말이 떠올랐다. 만약 우리가 언젠가 흉벽 안으로 바늘을 찔러 넣게 된다면, 그때 가장 먼저 건드리게 될 구조물은 우심실일 것이었다. 바늘 끝이 심낭을 뚫고 들어가는 순간, 심장초음파기 모니터에서는 캄캄하고 안개 자욱한 바다에서 떠오르는 은빛 태양처럼 새하얀 빛이 주변을 둥글게 감싸고 있었다. 주사기의 밀대를 당기자 플라스틱 겉통이 순식간에 밤색 액체로 가득 찼다. 외과 펠로가 바늘만 남긴 채 주사기를 제거하자 핏빛 삼출액이 흘러나왔다. 그는 카테터를 바늘에 끼운 뒤 배액용 주머니에 부착하고는 재빨리 봉합했다. 몇 분 후 멸균 포목이 걷히고 환자는, 적어도 내 판단으로는 본래의 안색을 되찾았다. 혈압 역시 고약한 핏빛 액체가 배액 주머니로 빠져나오며 거의 정상으로 돌아와 있었다.

몇 분이라도 늦었더라면, 가령 외과 펠로와 언쟁이 길어지거나 택시가 오랫동안 잡히지 않았더라면, 환자는 틀림없이 목숨을 잃었을 것이다. 유쾌한 인도계 남자인 그 외과 펠로는 나에게 고마움을 표했다. 알고 보니 그도 어린 시절에 심장 수술을 받은 경험이 있었다. (그는 수술복의 브이넥을 끌어내려 흉골 위 피부에 남은 희뜩하고 흐릿한 흉터를 내게 보여주었다.) 그날 밤 이후 우리는 가까워졌다. 함께 끔찍한 상황에 맞서 싸운 경험이 우리 사이에 일종의 연대감을 불러일으킨 것이다. 대학병원에서는 흔히 있는 일이었다. 그날 생애 처음으로 나는 살아 박동하는 심장의 응급 상황과 맞닥뜨렸다. 그리고 이후로 적어도 몇 달 동안은 심장초음파 의뢰에 어깃장을 놓지 않았다.

심장내과 전문의 잉에 에들레르와 물리학자 카를 헬무트 헤르츠는 1950년대 초 스웨덴의 룬드대학교에서 심장초음파검사를 고안해냈다. 그들은 조선소에 찾아가 수중 음파탐지기를 살펴보다 획기적인 구상을 하게 되었다. 초음파를 이용해 500미터 떨어진 곳의 배를 볼 수 있다면, 초음파를 이용해 심장을 볼 수도 있지 않을까 하는 생각을 떠올린 것이다. 단, 침투 깊이를 바꿀 수 있다면 말이다. 그들은 먼저 탐촉자 견본을 제작해 에들레르의 가슴에 대보았다. 처음에 두 사람은 자신들이 보는 것이 무엇인지 알지 못했다. 하지만 이내 그것이 박동하는 심장이라는 사실을 깨달았다. 1954년 그들은 심장초음파에 관한 첫 논문을 발표했다. 제목은 「심장벽의 움직임을 연속적으로 기록하기 위한 초음파 반사경의 사용The Use of Ultrasonic Reflectoscope for the Continuous Recording of the Movements of Heart Walls」

이었다. 1960년대 중반 하비 파이겐바움은 세계 최초로 초음파를 사용해 심낭액 축적을 연구했다. 오래지 않아 심장초음파검사는 액체가 고인 위치를 신속하게 찾아내고 외과의사들이 배액용 바늘을 정확한 방향으로 삽입하도록 유도할 목적으로 널리 쓰이게 되었다. 초음파는 심장눌림증 치료를 마치 의례적인 시술처럼 보이게 만들었다. 실제로 나도 펠로 생활을 몇 달 하고부터는 심장눌림증이 그리 심각한 병으로 느껴지지 않았다.

그러나 초기 수술실에서는 심장눌림증이 굉장히 심각하게 다뤄졌고, 심장 손상은 큰일 중의 큰일이었다. 그러던 1893년의 어느 여름날 가히 혁명적인 사건이 일어났다. 시카고 프로비던트병원 외과 전문의 대니얼 헤일 윌리엄스 박사가 그 당시 사람들이 최초의 심장 수술이라고 믿었던 모종의 과정을 통해 외상 환자의 심낭에서 삼출액을 제거한 것이다. 문제의 환자는 24세의 청년 제임스 코니시로, 술집에서 실랑이를 벌이다 가슴에 칼을 맞았다. 그는 구급 마차에 실린 채 피를 철철 흘리며 병원에 도착했다. 청진기 말고는 그 어떤 진단 장비도 없이—엑스레이는 그로부터 5년 뒤에야 발견되었다—윌리엄스는 그를 검사했다. 찔린 상처는 흉골의 조금 왼쪽, 우심실 바로 위쪽에 자리했다. 처음에 윌리엄스는 상처가 깊지 않다고 생각했지만, 코니시가 심장눌림증과 쇼크의 징후인 기면과 탈력, 저혈압 증세를 보이기 시작했을 때 윌리엄스는 무언가 적극적인 조치가 필요하다는 사실을 깨달았다.

윌리엄스의 삶은 궁핍했다. 장차 역사에 한 획을 긋는 인물이 되리라고는 기대하기 어려운 환경이었다. 이발사였던 아버지는 윌리엄스가 겨우 열 살일 때 결핵으로 사망했다. 윌리엄스는 볼티모어에 사는 가족의 지인들에게 보내졌다. 그는 뜻밖의 직업들을 두루 거쳤다. 대부분 독학을 통해서였는데, 한때는 제화공의 도제였고, 한때는 이발사였으며, 한때는 호수의 선상에서 연주하는 기타리스트였다. 그러다가 마지막으로 의사직에 종사하기로 결심했다. 시카고에 정착한 그는 (노스웨스턴의과대학의 전신인) 시카고의과대학에서 외과 실습생으로 지내다 수련까지 끝마쳤다. 이후 사우스사이드에 병원을 개업했고, 고아원에서 의사로 근무했으며, 흑인으로서는 최초로 시카고 철도회사에 외과 주치의로 고용되었다. 노예의 후손으로서 그는 남부 재건을 비롯해 다양한 이슈와 관련하여 왕성한 활동을 벌이던 흑인 공민권 단체 평등권연맹Equal RIghts League에도 몸을 담았다. 1891년에는 프로비던트병원을 설립했다. 쿡카운티에 세워진 그 3층짜리 빨간 벽돌 건물에서 젊은 흑인 의사와 간호사들은 미국 최초로 인종차별을 받지 않고 일할 수 있었다. 프로비던트병원은 개혁가 프레더릭 더글러스의 비호 아래, 그간 북적거리는 자선병원 외에는 마땅히 치료받을 곳이 없던 시카고의 흑인들에게 새로운 대안으로 자리 잡았다.

1893년의 그 여름날 이전에는 외과에서 살아 있는 인간의 심장을 대상으로 뭔가를 시도한 사례가 없다시피 했다.* 외과적 심장 치료가 특히 부각되는 오늘날 의료계의 상황을 놓고 보면 당연히 이해

* 전쟁터에서 산발적으로 시도된 사례의 기록은 존재한다. 하지만 결과는 그리 성공적이었을 듯싶지 않다. 세인트루이스의대의 그다지 유명하지 않은 외과의사 헨리 돌턴은 1891년 칼에 찔린 환자의 심낭을 최초로 봉합한 인물로 종종 인구에 회자되지만, 그의 업적은 세상에 널리 알려지지 않았다.

하기 어렵겠지만, 20세기가 시작될 무렵까지만 해도 본질적으로 심장은 의사들에게 출입이 금지된 영역이었다. 뇌를 포함하여 인간의 모든 주요 기관은 수술의 대상이었지만, 심장만은 별개였다. 심장을 둘러싼 역사적이고 문화적인 금기의 벽은 그것을 물리적으로 감싸는 심낭보다 훨씬 더 두터웠다. 심장 수술은 동물을 대상으로 시행되었다. 1651년에는 윌리엄 하비가 인간의 시체를 대상으로 하대정맥에 카테터를 삽입했다. 하지만 살아 있는 사람의 움직이는 기관을 봉합하는 일은 가능성의 영역을 넘어서는 행위로 간주되었다. "모든 장기 중에 오직 심장만은 상처를 견뎌내지 못한다"는 아리스토텔레스의 말에는, 심장의 상처는 치료가 불가능하다는 믿음이 드러나 있다. 심장은 혈액으로 가득하니 출혈이 급속도로 진행될 테고 심장을 세심하게 봉합하려면 혈류를 충분히 차단해야 하지만, 그럴 방법이란 존재하지 않는 듯했다. 갈레노스의 글에 따르면, 검투사들에게 심장의 상처는 언제나 치명적이었다. "상처가 심실을 관통하면 검투사들은 그 자리에서 사망했다. 주된 원인은 혈액 상실이었다. 좌심실을 다쳤을 때는 죽음이 더 빠르게 찾아왔다." 사정이 이렇다 보니 비교적 최근인 19세기까지도 심장의 상처로 인해 물이 고이고 심장눌림증이 발생한 환자에게 내리는 처방이라곤 절대적 안정과 거머리 요법이 고작이었고, 그 과정에서 환자의 90퍼센트 이상이 목숨을 잃었다.* 그러나 이토록 무시무시한 사망률에도 불구하고 비엔나의 저명한 교수이자 외과의사 테오도어 빌로트는 1875년에도 여전히 "사

* 1868년 게오르크 피셔는 심장에 상처를 입은 환자 452명의 사례를 분석했는데, 결과적으로 환자들의 생존율은 겨우 10퍼센트에 불과했다.

견이지만, 심낭의 배액은 일부 외과의들이 외과적 행위를 남용하는 행태를 비롯해 광기라고 일컬을 법한 유형의 개입에 매우 가까운 수술"이라고 적었다. 비록 "다음 세대는 생각이 다를지 모른다"는 문장을 덧붙이기는 했지만.

변화는 빌로트의 예상보다 빠르게 진행되었다. 19세기 말 무렵, 그러니까 빌로트의 발언이 있은 지 한 세기도 지나기 전에 이미 심장 수술을 금기시하는 분위기는 흐릿해지고 있었다. 1881년 브루클린 해부학 및 외과 협회Anatomical and Surgical Society of Brooklyn에서 외과 의사 존 빙엄 로버츠는 "이제 상처 입은 심장을 치료하기 위해 심장을 절개하여 혈전을 제거하고, 심근을 봉합할 수도 있는 시대가 도래할 것"이라고 선언했다. 1882년 독일 의사 M. 블로크는 직접 토끼의 심장에 관통상을 내어 봉합한 다음, 그 과정에서 살아남은 토끼들의 사례를 발표하는 한편, 유사한 기법이 인간의 심장에도 적용될 가능성이 있음을 시사했다. 뉴욕에서는 찰스 앨버트 엘즈버그라는 외과의사가 자신의 동물 실험 결과를 토대로 "포유류의 심장은 지금까지의 추측보다 훨씬 더 많은 조작을 견뎌낼 수 있을 것"이라고 예상했다.

대니얼 윌리엄스도 그런 이들 중 한 사람이었다. 과시적인 외과의사였던 그는 겸양을 발휘했더라면 불가능했을 성과를 두둑한 배짱과 뛰어난 기술을 바탕으로 이루어냈다. 외과의로서 경력이 쌓여 하워드대학교에 재직하던 시절에는 일요일 오후마다 병원에 대중을 불러들여 수술 장면을 관람하게 하는 의사로 유명해져 있었다. 인류학자 윌리엄 몬터규 코브의 표현을 빌리자면, "당시의 깜둥이 사회는 깜둥이 의사들과 그들을 전적으로 신뢰하는 문화에 익숙해지지 않은 상태"였다. 더구나 "병원은 어떤 병원이건 간에 그런 이들의 태반이 들어서기를 두려워하는 곳"이었다. "이렇듯 불합리한 두려움에 맞서기 위해 윌리엄 박사는 할 수 있는 가장 대담하고 가장 철저한 조치를 취했다. 일주일에 한 번씩 자신의 수술실 문을 활짝 열어젖힌 것이다. 그와 같은 조치는 사실상 대중에게 '와서 우리가 일하는 모습을 지켜보시죠. 환경을 살펴보고 조금도 두려워할 필요가 없다는 것을 눈으로 직접 확인하십시오'라고 말하는 것이나 다름없었다."

하지만 제임스 코니시는 공개 수술을 목적으로 엄선된 환자가 아니었다. 1893년의 그 무더운 여름날 6인치의 절개선을 그어 코니시의 가슴을 열 때까지만 해도 윌리엄스는 자신이 무엇을 발견할지에 대해 전혀 아는 바가 없었다. 환자의 갈비뼈 안쪽 표면을 지나는 동맥이 찢어져 피가 흘러나오고 있었다. 윌리엄스는 장선腸線으로 상처를 봉합했다. 수술실은 사우나를 방불케 했다. 수술보조자들은 윌리엄스의 이마에 흐르는 땀을 연신 닦아냈다. 이윽고 윌리엄스는 가슴을 닫을 준비에 돌입했다. 하지만 바로 그때 환자의 심낭에서 직경 0.1인치가량의 구멍을 발견했다. 칼에 찔린 상처가 생각보다 깊었던 것이다. 이것저것 궁리해볼 겨를도 없이 그는 다시 장선과 바늘을 받아들고 심낭의 상처를 봉합하기 시작했다. 심장박동에 맞춰 바늘을 신중하게 움직이는 모습이 탱고를 추는 무희의 몸짓을 연상시켰다. 이어서 그는 우심실의 얇은 벽, 그러니까 심장 근육 자체에서도 작은 상처를 발견했지만 건드리지 않기로 결정했다. 표면에 거무스름한 혈전이 형성되어 출혈은 이미 멎은 상태였기 때문이다.

며칠 후 코니시의 상처에서 다시 피가 흘러나오기 시작했다. 윌리엄스는 그를 다시 수술실로 데려가 더 많은 양의 혈전을 제거했다. 결국 상처는 치유되었고 코니시는 패혈증의 위기에서 벗어났다. 그 시절 패혈증은 수술 후 사망의 주된 원인이었다. 8월 30일, 그러니까 칼에 찔린 지 거의 2개월 만에 코니시는 병원에서 퇴원했다. 술집에서 몇 번 더 싸움에 휘말렸다는 부분을 제외하면 코니시는 무난한 삶을 이어나갔고, 심지어 자신을 수술한 의사보다 12년을 더 살았다.

사실 윌리엄스의 수술이 인류 최초의 심낭 수술은 아니었다. 비록 널리 알려지지는 않았지만 짐작건대 세 건의 수술이 그보다 앞선 10년에 걸쳐 시행되었다. 환자의 대부분은 수술 직후 곧바로 사망했으며, 짐작건대 윌리엄스는 이러한 사실들을 몰랐을 것이다. 윌리엄스 자신이 주장한 것처럼 "성패 여부와 관련 없이 기록으로 남은 최초의 심낭 봉합 사례에서" 심낭에 바늘을 꽂아 넣음으로써 윌리엄스는 심장의 신비성을 벗겨내고 그것이 수선 가능한 기계라는 개념을 제시하는 데 역사 속 그 어느 의사 못지않게 혁혁한 공을 세웠다. 덕분에 그는 범세계적인 칭송을 받았다. 짐크로법Jim Crow law* 의 시대를 산 흑인 남성이라는 사실은 그의 업적을 더욱 위대하게 만들었다. 1894년 윌리엄스는 워싱턴으로 이주했고, 그로버 클리블랜드 대통령은 그를 프리드먼병원의 외과 과장으로 임명했다. 프리드먼병원은 과거에 노예였던 이들에게 의료 서비스를 제공하는 기

* 1876년 제정돼 1965년까지 시행됐던 미국의 주법으로 공공장소에서 흑인과 백인의 분리 및 차별을 규정했다. — 옮긴이

관이었다. 하지만 말년에 그는 시카고로 돌아갔다. 그리고 1931년, 자신에게 명예로운 경력을 쌓게 해준 그 도시에서 심장마비 합병증으로 사망했다.

윌리엄스는 기록으로 남은 심장 수술을 최초로 시행한 인물로 인구에 종종 회자된다. 하지만 사실 그는 심장을 절개하지 않았다. 그는 단지 심낭, 그러니까 심장을 감싸는 주머니를 봉합했을 뿐이다. 정작 최초로 심근을 봉합해 환자를 살린 인물로 추앙받아야 할 사람은 따로 있다. 독일의 외과의사 루트비히 렌은 1896년 9월 9일, 그러니까 코니시가 프로비던트병원에서 퇴원한 날로부터 거의 정확히 3년 뒤에 우심실의 2센티미터 열상을 봉합했다. 환자는 프랑크푸르트의 정원사 빌헬름 유스투스였다. 당시 22세였던 그는 공원에서 일하던 중 가슴을 칼에 찔려 옷이 피에 흠뻑 젖은 채 의식을 잃고 쓰러진 상태로 경찰에게 발견되었다. 새벽의 어둠을 뚫고 그는 프랑크푸르트주립병원으로 이송되었다. 상처 자국이 우심실 방향을 가리켰음에도 불구하고 의사들은 일단 그를 입원시켜 상태를 관찰하기로 했다. 모르긴 해도 심장 수술을 한들 좋은 결과를 기대하기 어렵다는 판단이 중요한 근거로 작용했을 것이다. 하지만 오래지 않아 환자의 흉부에 혈액이 빠르게 축적되고 있다는 징후들이 나타나기 시작했다. 유스투스는 갑작스런 고열에 시달렸고, 호흡수가 (정상보다 여섯 배나 빠른) 분당 68회까지 치솟았다. 각성제인 캠퍼와 얼음주머니를 써봐도 상태는 오히려 악화될 뿐이었다. 그날 저녁 그는 피부가 퍼래지는가 싶더니 맥박이 약해지면서 숨쉬기조차 힘겨워했다. 그제야 렌은 그를 수술실로 옮겼다.

루트비히 렌이 세계 최초로 심장 수술에 성공했던 독일 프랑크푸르트의 병원(*The Journal of Medical Biography* 20, no. 1[2012]의 허락으로 재수록).

렌은 1849년 독일의 알렌슈타인에서 태어났다. 그의 아버지는 의사였다. 윌리엄스처럼 그도 어린 시절 아버지를 여읜 뒤 친척들에게 맡겨졌다. 하지만 윌리엄스와 달리 렌은 심근의 상처를 봉합할 기회가 주어졌을 때 그 기회를 붙잡았다. 렌은 유스투스의 4번 갈비뼈와 5번 갈비뼈 사이 공간을 유두선을 따라 14센티미터가량 절개했다. 그러고는 수술 공간을 확보하기 위해 5번 갈비뼈를 흉골에서 분리되지 않을 만큼만 잘라 위로 구부렸다. 안을 들여다보니 우심실에 난 1인치 길이의 상처에서 피가 뿜어져 나오고 있었다. 심장이 수축할 때마다 혈액이 격렬하게 솟구쳤다. 렌의 글에 따르면 "개방된 심낭에서 심장이 박동하는 광경은 그야말로 장관이었다". 그는 "손가락으로 출혈 부위를 압박했지만, 빠르게 박동하는 심장 위에서 손가락은 미끄러지기 일쑤였다." 그는 손가락 하나를 상처에 밀어 넣은 다음, 가는 실크사로 문제의 구멍을 세 바늘 꿰맸다. "바늘이 지나갈 때면 심장은 박동을 멈추었고 그때마다 불안감이 밀려들었다." 하지만 이내 심장은 "예전처럼 다시 힘차게 수축하기 시작했다". 봉합을 끝마치자 맥박이 뚜렷해졌다. 렌은 갈비뼈를 원위치에 내려놓고 피부와 연조직을 재배치한 다음 환자의 가슴에 붕대를 감았다.

본질적으로 그 시대는 멸균법이 보편화되기 이전이었다. 이런 시대에 죽음의 신은 주로 큰 낫 대신 체온계를 손에 들고 나타났다. 수술하고 열흘이 지났을 때 유스투스의 체온이 갑자기 섭씨 40도로 상승했다. 가슴의 상처에서는 고름이 새어 나왔다. 패혈증이 발생한 것이다. 렌은 다시 그를 수술실로 데려가 감염 부위의 배농을 실시했다. 다행히도 열은 금세 내렸고, 유스투스의 상태는 호전되었다. 그는 일주일 뒤에 퇴원해 집으로 돌아갔다.

그로부터 6개월이 지난 1897년 4월 22일 렌은 베를린에서 열린 한 외과 학회에서 문제의 수술에 대해 설명하며 "심장을 고치는 일이 가능하다는 점에 대해서는 더 이상 의심의 여지가 없다"고 힘주어 말했다. 또한 "이 사례가 단순히 호기심을 유발하는 데 그치지 않고, 오히려 심장 수술 분야의 연구를 더욱 활성화하는 계기가 될 것임을 확신한다"고 주장하는 한편, "이전 같으면 가망이 없다고 여겨졌을 많은 목숨을 이제는 구할 수 있을 것"이라고 덧붙였다. 렌은 예의 그 수술에 관해 자세히 설명하는 글을 한 외과 학술지에 기고했다. 그는 단어 선택에 신중을 기했는데, 조금은 방어적이라고까지 느껴질 정도였다. 불과 10년 전에 위대한 빌로트는 "심장에 난 상처의 봉합을 시도하는 외과의는 동료들의 신망을 잃게 될 것"이라고 단언했다. 역사의 무게에 그만 압도당하고 만 것일까? 렌은 자신의 글에 다음과 같은 해명을 곁들였다. "나는 어쩔 수 없이 수술을 감행했다. 눈앞에서 환자가 피를 흘리며 죽어가는 상황에서, 수술 말고는 달리 선택할 방법이 없었기 때문이다."

렌과 윌리엄스의 수술은 의학계에 새로운 시대를 열어젖혔다. 인체에서 가장 유명하고 신비로운 기관에 직접 메스를 대는 시대가 마침내 도래한 것이다. 의사들은 두 사람이 이룩한 결과에 지대한 관심을 드러냈다. 1899년 독일의 외과의사 자니타츠라트 파겐슈테처는 "비록 지금까지 펼쳐온 노력들이 매우 좋은 결과로 나타나기는 했지만, 나는 심장 수술이 의사라면 누구나 시행하는 일반적 처치로 자리매김해야 바람직하다고는 결코 생각지 않는다"고 썼다.

1902년 9월 14일 앨라배마주 몽고메리에 위치한 슬럼가의 어느 판잣집 식탁에서 석유 램프 두 개의 명멸하는 불빛 아래 루서 힐은 심장의 상처를 봉합한, 정확히는 칼에 다섯 번 찔린 13세 소년의 좌심실에 난 상처를 성공적으로 봉합한 미국 최초의 외과의가 되었다. 1907년의 어느 학회에서 렌은 전 세계에서 실시된 120건의 심장 수술을 분석한 결과를 발표했는데, 그중 40퍼센트가 성공적이었고, 이는 수술이 보편화되지 않은 시대와 비교할 때 사망률 면에 있어서 4배가량 개선된 수치였다. 몇 년 후 독일의 외과의사 루돌프 해커는 "고대 이래로 심장은 '감히 손댈 수 없는 대상'으로 간주되어왔지만, 심장 수술이 가능해지면서, 인체의 마지막 성역이던 그 기관도 이제는 외과의의 손안에 떨어졌다"라고 적었다.

하지만 심장 수술의 새벽은 길었고, 환한 대낮은 수십 년 동안 찾아오지 않았다. 비슷하게 치명적인 심장의 상처들을 고치려는 갖가지 시도는 체념 섞인 동의와 더불어 용인되는 분위기였지만, 병든 판막이나 구멍 난 벽, 잘못 위치된 혈관처럼 서서히 목숨을 빼앗는 증상을 손볼 목적으로 심장을 절개하는 행위는 여전히 철저하게 거부당했다. 방해 요인은 다양했지만, 주요한 장애물은 시간 부족이었다. G. 웨인 밀러가 자전적 저서 『심장의 왕King of Hearts』에 쓴 것처럼 "살아 있는 심장을 절개하는 행위는 1분 안에 말라버리는 피의 강에서 목숨을 빼앗는 짓이나 마찬가지였다". 출혈을 막으려면 심장을 절개하기 전에 혈액순환을 차단하고 움직임을 멈춰야 했다. 하지만 심장이 2분 넘게 뛰지 않으면 뇌를 비롯한 기관의 손상이 초래될 것이었다. 심장박동을 차단하면, 혈액과 산소는 또 어떻게 몸속을 순환한단 말인가? 이전까지 의료계는 이렇듯 대대적인 도전을 마주한 경험이 단 한 번도 없었다. 과연 심장이라는, 자연이 빚어낸 궁극의 기계는 인간이 만들어낸 펌프로 대체될 수 있을까?

4

다이너모

"그거 알아요? 애틀랜타에는 칼로 사람의 심장을 가르는 의사가 있다는 거?" 이렇게 말하고 그는 몸을 앞으로 기울이며 아까의 이야기를 반복했다. "사람의 심장을 가슴에서 꺼내 손으로 받쳐드는 거예요." 그는 자신의 손을 손바닥이 위로 향하도록, 인간의 심장이 실려 있어 조금 무겁다는 시늉을 해가며 앞으로 내밀었다. (…) "심장에 대해 당신이나 나보다 더 많이 아는 것도 아니면서."

플래너리 오코너, 『당신이 구하는 생명은 당신 자신의 생명인지도 모른다The Life You Save May Be Your Own』

2001년 크리스마스이브의 파고. 부모님 집 거실에서 바라보는 풍경은 평화로웠다. 흰 눈이 드문드문 덮인 나뭇가지들이 마치 수상돌기* 처럼 회색빛 하늘 위로 갈라졌다. 집 안쪽 현관 입구에는 눈신이 차곡차곡 포개져 있었다. 손님들은 남녀가 따로 앉아 활발하게 담소를 나누었다. 노스다코타의 부모님 댁에서 명절 모임이 있을 때면 한결같이 펼쳐지는 풍경이었다. 우리 부모님은 아버지가 유전학 교수직을 맡게 되면서, 내가 의대에 진학하기 전에 이곳으로 이사했다. 심

* 신경 세포에서 세포질이 나뭇가지처럼 뻗은 것. — 옮긴이

장외과 의사이자 우리 가족의 친구 비니 샤가 주방에 있던 나를 발견했다. 직전에 그는 심내막염 환자의 수술 문제로 병원에서 호출을 받은 상황이었다. 심내막염은 좌심방과 좌심실을 분리하는 승모판의 감염증이다. 급성 감염성 심내막염은 치사률이 굉장히 높다. 환자에 따라서는 약 20퍼센트로 시작한 사망 위험률이 매시간 1~2퍼센트씩 치솟기도 한다. 캐나다의 저명한 의사 윌리엄 오슬러 경은 존스홉킨스병원에 재직하며 미국에서 처음으로 레지던트 과정의 기초를 세운 인물이다. 그의 발언에 의하면 "드물지만 유독 다루기 어려운 질환들이 존재하고 그중 절반은 환자가 죽은 뒤에야 진단이 이루어진다". 접시를 내려놓으며 샤는 펠로 1년 차인 나에게 같이 가서 참관할 생각이 있느냐고 물었다. 하지만 생각할 시간 같은 건 애당초 존재하지 않았다.

바깥공기는 얼음장처럼 차가웠다. 입김이 연기처럼 피어올랐다. 우리는 소금기 머금은 도로를 미끄러지듯, 아니 미끄러질 듯 달려 병원에 도착했다. 황량하고 새하얀 풍경 속에 직사각형의 납작한 독채들이 옹기종기 모여 있었다. 주차장의 눈은 치워졌지만, 드문드문 서 있는 차들 위로 흰 눈이 소복하게 쌓여 있었다. 차들의 와이퍼는 마치 투항하는 군인의 두 팔처럼 하늘을 향해 들려 있었다. 우리는 입구를 향해 걸어갔다. 얼어붙은 땅을 디딜 때마다 발밑에서 뽀드득 소리가 났다. 휴일이라 문을 닫은 선물 가게 앞에서 수술복에 스노 재킷을 걸친 젊은 남자가 담배를 피우고 있었다. 수술 기사였다. 그는 조용히 우리를 따라 안으로 들어왔다.

2층의 수술실은 묘하게 급조된 분위기였다. 마치 누구도 그날 밤 그곳에 있게 되리라고는 생각하지 못했던 것처럼. 기구들은 여기저기 흩어져 있고 테이블은 삐뚜름했다. 공기 중에 희미하게 배어 있는 약품 냄새 때문에 마치 사진사의 암실에 온 듯한 기분이 들었다. 직원들은 토요일 밤의 월마트를 방불케 할 정도로 묵묵하면서도 일사불란하게 움직였다. 수술실 간호사가 소독포 위에 놓인 메스와 설압자 수를 확인했다. 마취과 의사가 스톱콕과 주사기를 만지작거렸다. 수술보조자는 카테터 삽입을 준비했다. 개중에 색다른 인물은 체격이 우람한 체외순환사였다. 그는 인공심폐장치 옆 스툴에 앉아 잡지를 읽고 있었다.

환자는 수술실 구석에 놓인 벤치에 누워 수술받을 준비에 한창이었다. 그는 멍하고 무기력해 보였다. 몇 주 동안 식은땀을 흘렸고 피로로 심신이 쇠약해진 상태였다. 가까이에서 살펴보니 머리는 히피처럼 길게 기른 백발에, 두 눈은 짙은 먹빛이었다. 앙상한 가슴 위로 갈비뼈가 바큇살처럼 도드라졌다. 야윈 그의 관자놀이 위로 울혈이 생긴 정맥이 물결무늬를 그렸다. 고령의 환자들이 대개 그렇듯 피부는 보랏빛 반점들로 얼룩덜룩했다. 정맥주사로 피를 뽑은 자국이었다. 심장초음파 사진에서는 승모판의 두 첨판이 감염성 물질의 지저분한 덩어리인 우종vegetation으로 덮인 채, 바람에 나부끼는 깃발처럼 팔락거렸다. 첨판의 아래쪽은 마치 갉아먹은 듯 갈라져 있었다. 이 틈을 통해 혈액은 다시 좌심방으로, 그리고 더 멀게는 폐까지 흘러 들어가 폐포를 공기가 아닌 액체로 채움으로써 환자를 그야말로 서서히 익사시켰다. 환자의 호흡이 고르지 않은 이유도 바로 여기에 있었다.

샤와 내가 인사를 건네자 남자는 천천히 우리를 향해 고개를 돌렸다. 하지만 실제로 우리를 보고 있지는 않았다. "이제 북망산에 갈 일만 남은 건가?" 그가 말했다.

탈의실의 밝은 불빛 아래 나는 슬랙스를 벗어 개켜놓은 다음, 로커에 옷을 걸고 녹색 수술복으로 갈아입었다. 6년 전 세인트루이스 워싱턴대 해부학 실습실에서 입었던 것과 같은 종류였다. 금속 재질의 세면기 앞에서 샤와 나는 갈색 요오드 비누로 손과 팔을 팔꿈치까지 문질러 씻어냈다. 샤는 알루미늄 판을 발로 차 수도꼭지를 잠그며 어딘지 모르게 은근한 말투로, 그러니까 명백하기 그지없는 이야기 이면에 숨겨진 사연의 존재를 암시하듯 짐짓 심각한 어조로 이렇게 말했다. "이 남자는 아파. 오늘 밤 수술을 받지 않으면 죽을 정도로." 나는 말없이 듣고만 있었다. 나에게는 첫 심장 수술이었다. 무슨 말을 하고 어떤 행동을 해야 할지 갈피를 잡을 수 없었다. 질문을 하며 뭐든 배우려고 노력해야 할까? 아니면 입을 다물고 물러서서 지켜봐야 할까?

수술실로 돌아온 우리는 멸균된 가운과 글러브, 푸른 마스크를 착용했다. 강렬한 색감의 수술 모자를 제외하고는 방 안의 모든 것이 회색이나 베이지색, 푸른색이었다. 샤는 보석세공사들의 안경처럼 생긴 작은 쌍안경을 썼다. 그는 잘생긴 남자였다. 큰 키와 호리호리한 체형, 공들여 매만진 새까만 머리를 페이즐리 무늬 베레모로 살짝 덮은 모습이 발리우드 배우를 연상시켰다. 그는 나를 옆에 세우며 "아무것도 건드려서는 안 된다"는 단서를 달았다. 그런 다음 멸균된 비닐 덮개가 씌워진 천장 전등을 잡고는 조명을 세심하게 조절했다. 그 무렵 환자는 마취와 기관 내 삽관을 마치고 흡사 해부용 시체 같은 모습으로 누워 있었다. 온갖 튜브와 와이어가 테이블을 가로질러 환자를 향해 늘어져 있는 광경은 실로 위협적이었다. 수술을 시작할 준비가 끝난 것이다.

샤는 메스를 들고 흉골 위 피부를 절개했다. 순식간에 목둘레로 암적색 핏방울이 송골송골 맺혔다. 샤는 둥글납작한 회전 톱으로 흉골 전체를 세로로 길게 절단했다. 수술보조자가 작은 혈관의 출혈 부위에 날렵하게 소작기를 들이댈 때마다 단백성 연기가 몽실몽실 피어올랐다. 수술 팀이 스테인리스스틸 견인기를 사용해 흉골을 양쪽으로 분리하자 분홍색과 노란색을 띤 흉강이 시야에 들어왔다. 샤는 겸자와 메스를 들고 은빛 심낭을 절개했다. 심장이 난폭하게 춤추고 있었다. 보면서도 믿기지 않는 광경이었다. 세인트루이스에서 보낸 예의 그 무더운 여름이 떠올랐다. 하지만 내가 바라보는 이 심장은 이름 모를 해부용 시체의 건조한 갈색 심장과는 너무도 달랐다. 여기 이 심장은 익히지 않은 닭고기처럼 분홍빛이었다. 그리고 잠깐이지만 그 수술실에서, 움직이는 유일한 존재로 보이기도 했다. 곧이어 플라스틱 카테터가 우심방과 대동맥에 연결되었다. 수술 중 환자의 생명을 유지시켜줄 인공심폐기의 순환로를 조성하기 위한 작업이었다.

인공심폐기는 각종 다이얼과 튜브가 어지러이 달린, 소형 냉장고 크기의 베이지색 상자였다. 내부의 공기는 식염수로 미리 제거해두었다. 샤는 인공심폐기를 흉강 내 카테터에 호스로 연결한 뒤 체외순환사에게 전원을 켜라고 지시했다. 그러자 놀라운 광경이 펼쳐졌다. 생명의 액체 혈액이 방향을 틀어 플라스틱과 금속 재질의 인공 심폐기 안으로 흘러 들어가면서 환자의 심장이 오그라들기 시작한 것이다. 그럼에도 심장은, 비록 힘이 약해지고 속도가 느려지기는 했지만, 여전히 박동하고 있었다. 인생의 대부분을 나는 심장이 언제든 멈출 수 있고 사람의 목숨은 언젠가 소멸된다는 두려움을 안고 살아왔다. 그리고 여기, 구멍 난 풍선처럼 오그라지는 심장이 있었다. 온몸에 전율이 일었다. 삶과 죽음을 가르는 경계선이 그토록 얇게 느껴진 것은 그때가 처음이었다.

샤가 금속 클램프로 대동맥을 압박했다. 심장에서 나가는 혈액의 흐름을 차단함으로써 심장을 고립시킨 것이다. 이어서 그는 얼음처럼 차가운 칼륨 용액을 심장의 주요 정맥에 주입했다. 농축된 칼륨은 사형 집행 시 심장을 멈추는 약물이다. 이를 증명하듯 환자의 심전도 그래프가 곧바로 일직선을 그리며 가로누웠다. 샤는 차갑게 식힌 식염수를 심장에 부었다. 심장은 격리되었고, 인공심폐기가 환자의 혈액순환과 산소공급을 조절하고 있었다. 이윽고 샤는 그 병든 기관을 가르기 시작했다.

그 크리스마스 전야의 수술은 다양한 획기적 발견들 덕분에 가능했다(그리고 이 발견들의 대부분은 미국에서 이루어졌다). 특히 인공심폐기의 공로가 컸다. 의사이자 작가인 제임스 르 파누는 인공심폐기를 "인간의 정신이 이룩한 가장 대담하고 가장 성공적인 위업"이라고 칭

송했다. 장치를 고안한 인물은 필라델피아의 외과의사 존 기번이었다. 아이디어를 떠올린 시기는 1930년이지만 실제로 개발하기까지는 거의 25년이 걸렸다. 이렇게 미뤄진 데는 여러 사정이 있었다. 대공황으로 경기가 침체된 탓도 있고, 제2차 세계대전이 발발한 탓도 있었다. 뿐만 아니라 그릇된 문화적 편견도 연구의 진전을 방해했다. 인공신장이 개발되었을 때는 분위기가 비교적 차분했다. 하지만 심장은 대중의 상상 속에서 특별한 위치를 점유했다. 인간이 만든 기계로 영혼이 깃든 기관을 대체한다니, 어떻게 그런 일이 가능하단 말인가?

인공심폐기가 없던 시절에는 심장외과 의사가 할 수 있는 일에 제약이 많았다. 절개수술을 위해 심장을 정지시키는 순간, 타이머가 째깍거리기 시작한다. 심장으로부터 산소가 풍부한 혈액의 공급이 중단되면, 뇌를 비롯한 중요 기관들은 3분에서 5분 이내에 비가역적인 손상을 입게 된다. 하지만 선천적 심장기형을 고치기 위해서는 대체로 10분 이상 혈액의 순환을 멈춰야 한다. 뇌손상을 피하기에는 지나치게 긴 시간이다. 그런고로 외과의사의 대부분은 이 결정적인 몇 분 동안 심폐 기능을 대체할 기계가 만들어지기 전에는 그러한 수술이 결단코 불가능하다고 믿었다.

의사들 중에는 대안이 존재한다고 믿는 사람도 있었다. 이른바 20세기가 낳은 가장 혁신적인 외과의사 클래런스 월턴 릴러하이가 바로 그 주인공이다. 미니애폴리스에서 나고 자란 그는 어릴 때부터 어설픈 솜씨로 기계를 고치고 망가뜨리는 데 일가견이 있었다. 10대 시절 오토바이를 사달라는 부탁을 부모님이 거절했을 때 그는 예비 부품을 구해다가 손수 오토바이를 조립했다. 공학자적인 정신세계는 그의 외과적 연구에도 고스란히 반영되었다. 미네소타대학교 밀러드홀의 다락에 자리한 그의 작은 연구실에 갖춰진 시설이라곤 수술대 두 개와 개수대 하나, 산소통 몇 개가 전부였다. 하지만 그곳에서 릴러하이는 미네소타대 외과학교실을 외과적 발명의 중심지로 탈바꿈시키라는 주임교수 오언 웨인진스틴의 지시를 마음에 새긴 채 조절교차순환controlled cross-circulation이라는, 외과 역사상 가장 기이하다고 해도 과언이 아닌 기법을 고안해냈다.

릴러하이의 아이디어들은 포유동물인 어머니와 태아 사이에서 이뤄지는 혈액순환으로부터 영감을 얻어 탄생했다. 포유동물의 태아는 양수에 몸을 담근 채 자라난다. 따라서 호흡을 통한 산소 공급이 불가능하다. 태아의 혈액은 어머니의 몸으로 흘러 들어가 그곳에서 산소를 공급받고 노폐물을 씻어낸 다음 다시 태아에게로 돌아간다. 이 사실을 토대로 릴러하이는 같은 원리를 심장 수술에도 적용해볼 생각을 품게 되었다. 한 동물('수용자')의 혈액을 다른 동물('공여자')의 몸에 들여보내 정화하고 산소를 공급한 다음 그 혈액을 다시 수용자에게 돌려보내면, 수용자의 심장이 정지되고 혈액순환이 차단돼 있는 동안에도 몸에 영양분을 공급할 수 있지 않겠는가. 얼핏 매우 단순해 보이는 이 발상은 기계의 필요성을 우회할 묘책으로 보였다. 초기 실험에서 릴러하이는 마취된 개 두 마리 사이에 착유기를 설치하고 맥주 호스를 이용해 그것을 녀석들의 순환계에 연결시킴으로써 동일한 양의 혈액이 기포의 유입 없이 양쪽으로 보내지도록 만들었다. 수용견의 흉부는 열어두었다. 그 상태에서 심장에 드나드는 모든 통로를 클램프로 조이자 폐의 정상적 순환이 차단되면서 푸르스름한 정맥혈이 착유기를 통과해 공여견의 몸속으로 흘러 들어갔다. 산소를 공급받아 붉어진 혈액이 공여견의 몸을 빠져나와 흉부 동맥을 통해 수용견의 몸으로 되돌아갔다. 이런 방법으로 공여견은 수용견의 심장이 정지되고 혈액이 빠져나가 있는 동안 심장과 폐의 역할을 대신할 수 있었다.

처음에 릴러하이 연구팀은 순환로를 연결하는 복잡한 과정에서 실수를 범했고, 개들은 뇌손상을 입었다. 하지만 몇 번의 시도 끝에 그들은 실험을 성공적으로 수행할 수 있었다. 수용견와 공여견이 모두 무사히 깨어난 것이다. 실험에 사용된 개들은 유기견 보호소에서 데려왔다. 실험을 마치고 연구팀은 개들을 안락사한 뒤 현미경으로 각종 장기를 검사했다. 그 결과 교차순환이 장기 손상을 유발했다는 증거는 어느 쪽에서도 나타나지 않았다. 수용견은 신체의 기본 기능을 유지하기에 충분한 혈액과 산소를 공급받았고, 공여견의 혈액순환에도 기능적 문제가 발생하지 않았다. 몇 달 뒤 릴러하이는, 이번엔 훈련된 개들을 대상으로 실험을 실시했다. 실험견 중에는 심장내과 동료 의사가 기르는 순종 골든리트리버도 있었다. 교차순환법을 시작하고 무려 30분이 지나도록 녀석들은 명령을 알아들었을 뿐 아니라 평상시처럼 재주를 부리기까지 했다.

1954년 릴러하이 연구팀은 교차순환법을 인간에게도 적용해보고자 하는 의욕에 불타올랐다. 이미 그들은 수년에 걸쳐 약 200마리의 개를 대상으로 실험을 진행해본 상태였다. 그들의 관심사는 선천성 심장 결함을 바로잡는 일이었다. 당시 미국에서는 매년 5만여 명의 아기가 그와 같은 기형을 가진 채 태어났다. (심지어 오늘날에도 미국에서는 15분당 한 명꼴로 심장 결함을 가진 아기가 태어난다.) 대개 심장 결함은 심방 혹은 심실 사이 벽에 뚫린 동전 크기의 구멍을 가리킨다. 이렇게 구멍이 있으면 산소가 풍부한 혈액과 산소가 부족한 혈액이 섞이게 된다. 또한 성장을 저해하고 산소 부족을 야기하며 실신은 물론 심한 경우 돌연사까지 초래할 수 있다. 1950년대에 '선천적 심장병 환자'는 병실에서 일종의 붙박이 같은 존재였다. 종종 그들은 침대 가장자리에 앉아 숨을 고르기 위해 몸을 앞으로 기울였고, 푸석하게 부어오른 다리 피부에서는 (선천적 심장부전의 결과물인) 담황색 액체가 새어나와 타일 바닥의 파인 자리로 고여 들었다. 안면 기형이 있는 환자들도 적지 않았다. 왜냐하면 심장 결함은 종종 다운증후군과 같은 기형을 동반하기 때문이다. 치명적인 감염증으로부터도 자유롭지 않아서, 환자의 절반은 스무 살도 되기 전에 사망했다. 요컨대 그들은 심장 불구자였고, 불운한 존재였다. 선천성 심장질환의 예후는 소아암의 그것보다 더 나쁜 경우가 태반이었다. 일부 심장기형의 경우 "배관공이 파이프 위치를 바꾸는 식으로" 치료하면 된다고 어느 선도적인 외과의사는 주장했지만, 그런 수술을 하려면 엄청나게 긴 시간이 필요했다.

절박한 현실에도 불구하고 한 인간을 다른 인간의 살아 있는 회로로 사용한다는 릴러하이의 제안은, 듣기에 따라 부도덕하다고도 느껴질 만큼 충격적이었다. 그도 그럴 것이 만일 잘못되면 수술로 인해 두 사람이 죽게 될 수도 있었다. 이는 인류 역사상 유례가 없는 일이었다. 한 인간의 심장이 정지된 상태에서 절개되고 고쳐지는 동안, 다른 정상적인 인간을 수술실에 데려다 마취시켜 생명유지장치로 이용한다는 발상은 의사라면 쉽사리 용납할 수 없는, 그들의 가장 기본적인 선서에 위배되는 행위였다. 하지만 인공심폐기도 없고 동료들의 반대마저 극심한 상황에서 릴러하이는 자신의 생각을 밀어붙였다.

릴러하이는 의사로서는 독특한 이력을 보유하고 있었다. 스스로 암을 이겨낸 경험이 있었던 것이다. 레지던트 마지막 연차에 그는 목에 림프육종이 생겼다는 진단을 받았다. 림프육종은 치사율이 높은 암이었다. 주임교수 웨인진스틴이 직접 메스를 들었다. 그리고 장장 10시간 30분에 걸쳐 수술을 시행했다. 사실 릴러하이의 생검 결과는 몇 달 전에 이미 나와 있었다. 하지만 웨인진스틴은 제자에게 이 사실을 곧바로 알리지 않았다. 앞길이 창창한 릴러하이가 외과 레지던트 과정을 무사히 마칠 수 있도록 졸업하기 며칠 전까지 기다린 것이다. 수술 과정에서 웨인진스틴과 수술팀은 종양과 림프절뿐 아니라 릴러하이의 가슴과 목을 둘러싼 연조직의 많은 부분을 절제했다. 그리고 몇 달 뒤 탐색 수술을 실시했을 때 암의 흔적은 발견되지 않았다.

이렇듯 저승의 문턱에서 가까스로 살아 돌아온 경험 덕분에 릴러하이는 일반적인 외과의사에 비해 죽음을 덜 두려워하며 더 잘 알게 된 듯했다. 환자로서 그의 5년 생존율은 25퍼센트였다. 그래서 외과 전문의로 경력을 쌓기 시작할 무렵 그는 거의 언제나 벼랑 끝을 달리는 기분으로 살았다. 언젠가 발이 미끄러져 나락으로 떨어질, 피할 수 없는 그날을 기다리며. 자신의 삶을 스스로 통제하기 힘든 현실은 오히려 그에게 무모함에 가까운 용기를 불어넣었다. 그는 자신에게 남은 시간이 길든 짧든 그 소중한 나날을 심장절개수술이라는 난제를 푸는 데 바치기로 마음먹었다. 당장은 고생스럽더라도 새로운 것들, 성공 가능성이 희박한 실험적인 방법들을 시도해보고 싶었다. 웨인진스틴은 웨인진스틴대로 릴러하이가 특유의 혁신적 연구를 마음껏 진행할 수 있도록 시간과 자원을 아낌없이 제공했다. 웨인진스틴은 마치 허약한 아이를 보호하는 아버지처럼 릴러하이를 감싸고 들었다. 또한 그는 제자 중에 릴러하이가 노벨상을 탈 가능성이 가장 높다고 확신했다.

인공심폐기의 대안은, 적어도 간단한 심장 수술과 관련해서는 교차순환법 말고도 하나가 더 있었다. 몸을 동결 온도보다 더 차갑게 식혀 대사 속도를 늦춤으로써 산소의 필요성을 감소시키는 저체온법이 바로 그것이다. 체온이 섭씨 5.5도가량 떨어지면 세포 대사를 비롯해 대부분의 화학반응 속도가 반감된다. 덕분에 인간은 얼어붙은 호수에 잠수한 상태에서 최대 40분까지 생존할 수 있다. 이러한 지식을 바탕으로 수술에 저체온법을 도입한 첫 번째 인물은 캐나다 외과의사 윌프레드 비글로였다. 1950년 덴버 학회에서 발표한 내용에 따르면, 비글로는 실험용 개들을 마취시킨 뒤 얼음물에 담가 몸을 식힌 상태에서 흉부를 절개한 다음 클램프로 심장의 혈류를 차단했다가 클램프를 제거하고 봉합을 마친 뒤 몸을 따뜻하게 한 상태에서 다시 깨웠는데, 영구적 뇌손상을 입은 개는 단 한 마리도 없었다. 원숭이 실험의 결과는 훨씬 더 고무적이었다. 원숭이들은 체온을 섭씨 20도로 낮추고 혈액순환을 거의 20분 동안 정지시킨 상태에서도 뇌 기능의 손상 없이 버텨낼 수 있었다.*

비글로의 '얼어붙은 호수' 전략을 인간의 수술에 적용하여 최초로 성공을 거둔 인물은 릴러하이의 미네소타대 선배이자 동료인 존 루이스 박사였다. 그는 1952년 9월 2일, 그러니까 루트비히 렌이 최초의 심근 봉합을 실시하고 반세기도 넘게 지난 시점에 재클린 존슨이라는 5세 여아의 '심방중격결손ASD'을 치료할 목적으로 저체온법을 사용했다. 심방중격결손이란 좌심방과 우심방을 분리하는 벽에 구멍이 있는 상태를 일컫는다. 확대된 심장이 무색하게도 소녀는 허약한 데다가 저체중이었다. 거의 매일같이 재발성 폐렴을 달고 살았고, 의사들의 예측대로라면 길어야 몇 년밖에 살지 못할 운명이었다. 암울한 예후를 마주한 소녀의 부모는 루이스와 그의 팀에게 수술을 허락했다.

루이스는 차가운 알코올 용액이 도는 고무 담요를 사용해 재클린의 몸속 체온을 수 시간 동안 서서히 떨어뜨렸다. 체온계의 눈금은 정상 체온인 섭씨 37도 부근에서 출발해 26도를 향해 꾸준히 내려갔다. 루이스는 주요 정맥과 동맥을 지혈대로 재빨리 조여 심장에 드나드는 혈액의 흐름을 차단함으로써 심장을 거의 무혈 상태로 만들었다. 이때를 기점으로 소녀의 차디찬 몸속에서는 혈액이 더 이상 순환하지 않았다. 루이스가 메스로 우심방 벽을 절개하기 시작했다. 그는 관상동맥이나 중요한 전기적 구조물을 건드리지 않도록 주의를 기울였다. 3분쯤 지났을까. 10센트 동전만 한 구멍 하나가 그의

* 이 밖에도 저체온법은 전이성 암과 백혈병, 조현병, 약물중독의 치료에 적용된 적이 있지만, 결과는 기대를 저버렸다.

눈앞에 나타났다. 그는 채 2분도 지나지 않아 봉합을 완료했다. 수술이 제대로 되었는지 살펴보기 위해 그는 심장에 소금물을 주입했다. 혹여 새는 부분이 있는지 확인하려는 의도였다. 구멍은 완전히 막힌 듯 보였다. 주요 혈관을 조이던 클램프를 풀자 심장이 느릿느릿 박동하기 시작했다. 루이스는 환자의 개방된 흉강에 두 손을 넣어 심장을 마사지했다. 심장이 제대로 뛰게 하려는 조치였다. 몇 분도 지나지 않아 심장은 속도를 내기 시작했다. 그리고 몇 분 뒤 루이스는 시어스로벅앤드컴퍼니에서 구입한 여물통에 어린 소녀를 누인 다음 실온의 물을 채워 몸을 덥혔다. 수술 후 자잘한 타박상이 발견되긴 했지만, 재클린은 무사히 회복되었다. 수술 11일 뒤에는 집으로 돌아갔고, 같은 달 말엽에는 여느 소녀들처럼 학교에 다니게 되었다.

웨인진스틴과 동료들에 대한 찬사가 곳곳에서 이어졌다. 『뉴욕타임스』는 「'동결' 심장 소녀, 빠르게 회복하다」라는 헤드라인을 뽑았고, 『미니애폴리스트리뷴』은 문제의 수술이 "외과의사들의 오랜 숙원인, 살아 있는 인간의 심장을 직접 보면서 그것에 칼을 댈 묘안을 제시한 듯하다"며 흥분을 감추지 못했다. 한 신문 논설위원은 그런 기법을 발전시키는 과정에서 희생된 수많은 개를 언급하며, "개 열네 마리의 목숨으로 아이 한 명의 목숨을 산 셈이니 굉장한 이득"이라고 썼다. 비록 동물 실험에 반대하는 많은 이가 경악을 금치 못했지만 말이다.

하지만 저체온법은 모든 선천적 심장 결함의 포괄적인 해결책이 아니었다. 저체온법은 외과의사에게 필요한 시간의 극히 일부만을 보장할 뿐이었다. 왜냐하면 관류를 시행하지 않는 한, 뇌를 보호하는 시간이 아쉽게도 비교적 짧았기 때문이다. 가령 심방중격결손처럼 단순한 병소를 고칠 시간은 5분이면 충분했지만, 심실중격결손VSD처럼 더 복잡한 결함을 고치려면 더 긴 시간이, 적어도 10분의 시간이 필요했다. 이런 이유로 심실중격결손 환자에게는 여전히 '수술 불가능' 꼬리표가 붙어 있었다. 심실중격결손은 가장 흔한 유형의 선천적 심장기형으로, 좌심실과 우심실을 분리하는 벽에 난 구멍들로 인한 혈액의 비정상적인 흐름이 특징이다.

릴러하이는 심실중격결손에 걸린 어린이들을 치료하는 데 교차순환법을 적용하자고 제안했다. 그는 주임교수 웨인진스틴에게 전폭적인 지지를 호소했지만, 기대와 달리 허락은 떨어지지 않았다. 웨인진스틴이 보기에 교차순환은 지나치게 참신한 기법이었다. 병약한 어린이에게 적용하기에는 위험 부담이 너무 컸다. 또한 당연하게도 그는 죽음이 임박하지 않은 어린아이나 혈액 공여자가 수술대 위에서 사망할 경우 광포한 소동이 벌어질 것을 염려했다. 하지만 릴러하이는 물러서지 않았다. 그는 저체온법을 사용해 심실중격결손을 치료한 실험적 사례들의 결과가 부정적이었음을 입증하는 자료들을 찾아내 웨인진스틴에게 보여주었다. 하지만 웨인진스틴은 꿈쩍도 하지 않았다. 오히려 그는 릴러하이의 경쟁자인 루이스의 손을 들어주었다. 저체온법을 이용한 심실중격결손 수술을 허락한 것이다. 하지만 루이스의 처음 두 환자가 거의 곧바로 목숨을 잃으면서 웨인진스틴의 기세는 누그러졌고 마침내 릴러하이에게도 고대하던 기회가 찾아왔다.

릴러하이의 첫 환자는 심실중격결손이 있는 13개월 남자아이로,

이름은 그레고리 글리든이었다. 그레고리는 부모님 그리고 여덟 형제와 함께 미네소타의 북쪽 숲, 미니애폴리스에서 100마일쯤 떨어진 곳에 살고 있었다. 아버지 라이먼은 광산 노동자였고 어머니 프랜시스는 슬픈 가족사로 인해 선천적 심장질환에 익숙했다. 그레고리의 누나 역시 심실중격결손을 갖고 태어나 3년 반 전에 잠을 자다가 갑자기 사망했으니까(프랜시스는 침대에 누운 채 죽어 있는 딸을 아침에 발견했다). 누나와 마찬가지로 어린 그레고리도 삶의 거의 모든 나날을 병원에서 보냈다. 처음으로 말을 하고 첫걸음마를 뗀 장소 역시 쓸쓸하게도 병실이었다. 1953년 12월 그레고리의 소아과 주치의는 미네소타대학병원에 긴급 의뢰를 실시했다. 아이가 빈번한 고열에 시달리는 데다가 숨을 쉬는 것조차 버거워했기 때문이다. 아이의 몸무게는 겨우 5킬로그램 정도로, 평소에 갖고 놀던 동물 봉제 인형들보다도 가벼웠다. 심장 또한 급속도로 비대해지고 있었다. 아이의 심장은 정상 크기의 두 배 이상으로 확대됐는데, 이는 순환부전이 임박했다는 징후였다.

미니애폴리스의 심장내과 의사들은 그레고리를 미네소타대 버라이어티클럽 심장병원에 입원시켰다. 심실중격결손 여부를 확진하기 위한 몇 가지 검사를 시행한 뒤 그들은 릴러하이에게 자문을 구하기로 했다. 밀러드홀 다락에서 그가 진행 중이던 혁신적인 연구에 관해 다들 들어본 적이 있었기 때문이다. 어쩌면 그 이단아야말로 이 지긋지긋한 심실중격결손을 마침내 정복하고 또 다른 아기의 죽음을 막아줄 주인공인지도 몰랐다. 그레고리를 살펴본 릴러하이는 수술을 제안했다. 교차순환법을 이용해 아이의 심실중격결손을 고치겠다는 것이었다. 공여자는 라이먼 글리든, 그레고리의 아버지였다. 그는 아들과 혈액형이 같았다. 릴러하이는 자신이 교차순환법을 적용해본 대상이 개들뿐이라는 사실을 글리든 가족에게 확실히 전하면서도, 만약 자신의 아이가 심장 수술을 받아야 한다면, 망설임 없이 그 기법을 사용하겠노라고 덧붙이는 것을 잊지 않았다. 글리든 가족은 지푸라기라도 잡는 심정으로 제안을 받아들였다. 1954년 3월 그들이 서명한 수술동의서에는 단 한 문장만이 쓰여 있었다. "나, 서명인은 이로써 수술을 비롯해 이 대학 의료진이 내 아들에게 필요하다고 판단하는 모든 과정이 시행되는 것에 동의합니다."

오늘날의 병원에서는 환자의 자율성과 공동 의사 결정을 일종의 불문율처럼, 선행을 포함하여 다른 모든 덕목을 대체하는 윤리적 규범처럼 여긴다. 그러나 1950년대에는 상황이 한참 달랐다. 의사들은 오늘날 우리가 '충분히 고지받은 상태에서의 사전 동의'라고 간주하는 절차를 생략한 채 행동부터 취하는 데 더 익숙했다. 이른바 의료 가부장주의medical paternalism가 만연했지만, 릴러하이를 권위주의적이라고 섣불리 단정해서는 안 될 것이다. 사람들의 이야기에 따르면 그는 보기 드물게 자상한 의사였다. 스스로도 환자였던 그는 병에 걸린 사람들의 취약한 사정을 그들의 입장에서 이해했다. 환자로서 그는 담당 의사가 자신을 올바른 길로 인도하고 보호하리라고 기대하는 환자들의 심정을 마음으로 헤아렸다. 하지만 동시에 외과의사로서 그는 자신의 어린 환자들이 정상적 삶을 누릴 가망이 전혀 없고 그들을 도울 만한 방법이 달리 존재하지 않는다는 사실 또한 이해했다. 절체절명의 환자들은 선택지 자체가 존재하지 않는다는 이야기를 듣고 싶어하지 않았다. 그들은 의사가 무엇이라도 시도해주기를 바랐다.

한 사람의 아버지로서 나는 글리든의 괴로운 심정을 겨우 상상만 할 수 있을 뿐이다. 그 겨울 아픈 아이를 데리고 미네소타의 황량한 풍경을 가로질러 달리는 그들의 모습을, 지평선을 향해 곧게 뻗어 나가는 도로 위를 황급히 달리는 희고 작은 형체들을 머릿속으로 그려본다. 딸을 잃은 슬픔은 여전히 그들의 가슴에 응어리져 있었다. 그들은 자신들이 일군 가정에서 또 하나의 어린 생명이 죽음을 맞는 일만큼은 어떻게든 피하고 싶었다. 가슴은 두려움으로, 그것도 사랑하는 사람을 눈앞에서 빼앗길지도 모른다는 최악의 두려움으로 가득했다. 하지만 그 안에는 용기도 있었다. 앞서 나아가려는 용기, 어린 아들이 평범한 삶을 살게 될지도 모른다는 실낱같은 희망에 의지한 채, 그리고 어쩌면 과학의 발전을 위해 자신들의 소중한 아들을 검증되지 않은 실험의 대상으로 내놓을 수 있는 용기가 그들 부부의 가슴에 자리했다.

릴러하이의 실험들은 의학계의 혁신과 전문 지식이 환자들의 희생을 발판으로 이뤄졌다는 사실, 그리고 유감스럽게도 모든 배움에는 언제나 우여곡절이 존재한다는 사실을 고통스럽게 상기시켰다. 의사들이 새로운 지식을 배워나가는 과정에서 환자들을 어떻게 보호할 것인가 하는 문제는 여전히 모든 의학 분야가 직면한 고민거리다. 예를 들어 1990년대 초 잉글랜드 브리스틀 소재의 한 병원에서는 대혈관전위라는 선천성 심장기형을 안고 태어난 아기들을 치료하는 혁신적 수술법을 하나 소개했다. 그전까지 이 같은 질환을 앓는 신생아의 치료는 고통을 일시적으로 완화시키는, 그러니까 장기적 효과는 기대하기 어려운 방식으로 이뤄져왔다. 결과적으로 병원의 아이들은 그 혁신적 치료의 혜택을 누렸다. 하지만 그런 결과를 얻기까지 혹독한 대가를 치러야 했다. 문제의 수술법이 시행되고 처음 몇 해 동안은 영아 사망률이 일시적 완화 요법을 취했을 때보다 몇 배나 더 높았다. 이렇듯 참담한 결과에 대해 어느 소아외과 의사는 "처음 얼마 동안은 실망스런 결과들이 도출되게 마련"이라고 논평했다.

하지만 지켜보는 이들은 경악했고, 해당 수술법의 일시적 중지를 요구했다. 외과의사들이 어린이들의 목숨을 담보로 자기 역량을 넘어서는 일에 덤벼들지 말아야 한다는 것이 그들의 주장이었다. 이에 외과의사들은, 그렇다면 도대체 어떻게 혁신을 이룩할 수 있겠느냐고 반문했다. 새로운 기술에는 리허설의 기회가 존재하지 않았다. 환자에게 이로운 혁신을 기대한다면 반드시 첫 번째 시도가 필요하다는 사실을 인정해야만 했다.

한편 릴러하이는 별다른 심적 부담을 느끼지 않는 듯했다. 아이들의 목숨을 담보로 지식을 쌓아가는 입장이면서도 그들을 보호할 방법을 면밀히 탐구하는 모습과는 거리가 있어 보였다. 그들이 어차피 죽을 운명이라는 사실을 근거로 릴러하이는 수술의 위험성을 정당화했다. 하지만 세상은 그의 안일한 생각을 가벼이 보아 넘기지 않았다. 병원에서조차 반대의 목소리가 나올 정도였다. 수술을 앞둔 오후 내과 주임교수 세실 왓슨과 소아과 주임교수 어빈 매쿼리는 병원장에게 서한을 보내 문제의 수술 계획을 철회할 것을 요구했다. 그대로 밀어붙이기에는 잃을 것이 너무나 많았다. 어린 남자아이와 건강한 아버지의 목숨은 물론이고, 그간 미국 최고의 심장 전문 의료기관으로서 병원이 쌓아온 평판까지 위태로워질 판이었다. 이토록 탄탄한 명성을 얻기까지 수년의 시간이 걸렸는데, 건방진 풋내기 외과의사가 자신들의 발목을 붙잡도록 내버려둘 수는 없었다. 그러나 병원장 레이 앰버그는 두 사람의 요구를 거절했다. 치료 문제에는 개입하지 않겠다는 입장을 밝힘으로써 사실상 릴러하이에게 힘을 실어준 것이다.

늦은 3월의 아침, 수술실은 구경꾼으로 만원이었다. 그레고리는 테디베어 인형을 부둥켜안은 채 수술대 위에 누워 있었다. 티오펜탈 나트륨을 주사하자 아이는 의식을 잃었다. 인공호흡기 튜브를 삽입한 뒤 릴러하이의 손놀림이 빨라졌다. 그는 아이의 작은 가슴을 절개한 다음 연약한 흉골을 분리했다. 호두만 한 심장이 모습을 드러냈을 때 그는 아이 아버지를 불러들였다. 라이먼은 이동식 침상에 실려 들어와 아들에게서 90여 센티미터 떨어진 자리에 눕혀졌다. 그에게도 재빨리 진정제가 투여됐지만, 용량은 최소한으로 조절되었다. 아버지의 혈류를 타고 들어간 약물이 행여 아이의 목숨을 해칠까 염려되었기 때문이다. 릴러하이는 두 사람을 바라보았다. 만에 하나 자신의 수술법이 실패할 경우 이들 부자는 지금처럼 나란히 누워 땅에 묻히게 될 가능성이 높다는 사실을 그는 잘 알고 있었다.

릴러하이가 플라스틱 카테터를 그레고리의 몸에 삽입하는 동안, 수술보조자는 별개의 카테터를 라이먼의 몸에 삽입했다. 그런 다음에는 아이의 정맥과 아버지의 정맥, 아이의 동맥과 아버지의 동맥을 시그마모터Sigmamotor 사의 착유기를 거쳐 맥주 호스로 연결했다. 수술 팀은 한시도 긴장의 끈을 놓을 수 없었다. 펌프를 통과하는 혈액량이 지나치게 적을 경우 그레고리의 몸속 각 기관에 산소결핍이 초래될 수 있었다. 반대로 지나치게 많을 경우에는 뇌 종창과 조직 부종을 유발할 수 있었다. 착유기를 켜고 새는 부분이 없는지 꼼꼼히 확인한 뒤 릴러하이는 그레고리의 심장으로 드나드는 모든 통로를 묶어 심장의 혈액순환을 차단했다. 이제 라이먼 글리든의 심장과 폐는 아버지와 아들의 생명을 동시에 지키고 있었다. 어머니의 심장과 폐가 배 속 아기와 자신의 생명을 동시에 지키는 것처럼.

13분 30초 동안, 그러니까 저체온법으로 버틸 수 있는 시간을 훌쩍 넘겨가며 릴러하이는 서양자두처럼 생긴 그 푸르스름한 덩어리를 수술했다. 그가 심장 외벽을 갈랐다. 비교적 출혈이 없는 환경 덕분에 시야는 훌륭했다. 병소는 거의 곧바로 발견되었다. 심실중격결손은 다양한 형태로 나타날 수 있었다. 작은 구멍이나 찢어진 틈일 수도, 팔락거리는 판막이나 스위스 치즈 모양일 수도 있었다. 하지만 (릴러하이와 환자 모두에게) 다행스럽게도 그레고리의 병소는 심실중격 위쪽에 뚫린 10센트 동전 크기의 구멍이었다. 릴러하이는 봉합사로 열두 바늘을 꿰매 문제의 구멍을 폐쇄했다.

릴러하이가 봉합을 마치자 수술보조자들은 그레고리의 대정맥을 묶었던 지혈대를 풀어 심장에 다시 피가 돌게 했다. 그러자 마치 기다렸다는 듯 아이의 심장이 힘차게 뛰기 시작했다. 모든 사람이 놀라워했고, 릴러하이도 더하면 더했지 예외는 아니었다. 의료진은 착유기를 끄고 아버지와 아들을 재빨리 분리한 뒤 상처를 봉합했다.

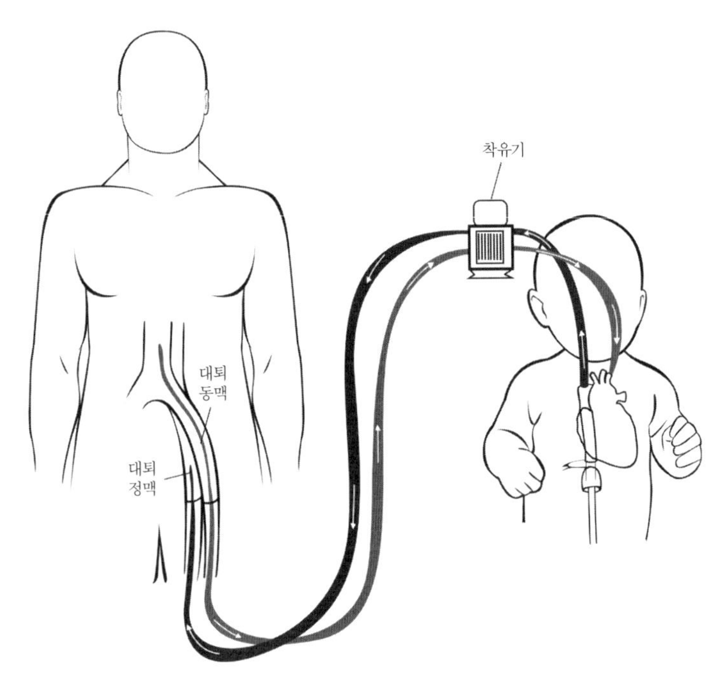

릴러하이의 첫 교차순환법에 사용된 순환 방식(Liam Eisenberg, Koyo Designs 제작).

릴러하이는 아이 너머로 손을 뻗어 비로소 마음을 놓은 수술보조자와 악수를 나누었다. 아버지와 아들은 각기 다른 회복실로 보내졌다. 몇 시간 후 릴러하이는 프랜시스에게 남편과 아들이 무사히 깨어났다는 소식을 알렸다.

처음 며칠 동안 그레고리의 수술 후 경과는 양호했다. 진통제의 영향으로 비틀거리기는 했지만 아이는 우유를 마셨고 수란과 크림오브휘트 사의 곡물 죽도 몇 입 받아먹었다. 하지만 오슬러 경의 표현을 빌리자면 "늙은 인간의 가장 친한 친구"인 폐렴이 아이를 찾아왔다. 그레고리의 입술은 파랗게 변했고 호흡이 빨라졌다. 기관氣管에서는 혈액 섞인 점액이 빨아내도 빨아내도 계속 흘러나왔다. 강력한 항생제를 투여해봤지만 아이의 상태는 악화되었다. 마지막 무렵에는 마취과 의사들이 백에 담긴 산소를 아이의 폐에 직접 짜 넣어야 했다. 그리고 1954년 4월 6일 아침, 역사적인 수술을 받고 11일이 지난 뒤 그레고리 글리든의 심장은 결국 정지되었다. 부검 결과 사망 원인은 흉부 감염으로 밝혀졌다. 심실중격결손은 여전히 폐쇄된 상태였다.

이 같은 좌절에도 불구하고 릴러하이는 2주 뒤 심실중격결손 수술을 다시금 실시하기로 마음먹었다. 이번 환자는 패멀라 슈밋이라는 4세 여자아이로, 거의 1년을 산소텐트 안에서 지내고 있었다. 릴러하이와 처음 만났을 때 소녀는 폐렴과 싸우는 중이었고, 그는 페니실린이 제 역할을 해낼 때까지 기다려야 했다. 장장 4시간 30분에 걸친 수술이 진행되는 동안 슈밋의 심장은 거의 14분 동안 자신의 순환계로부터 분리돼 있었다. 하지만 릴러하이의 이번 환자는 수술 후에도 살아남았다. 또한 공여자인 아버지도 별 탈 없이 회복되었다.

1954년 4월 30일 릴러하이는 미니애폴리스에서 기자회견을 열고 자신의 교차순환법에 대해 발표했다. 그는 슬라이드 여러 장을 보여주며 심실중격결손의 병리학적 특징을 설명하는가 하면, 결국 실패로 끝난 첫 시도, 그러니까 그레고리 글리든의 사례에 관해서도 이야기했다. 이어서 그는 패멀라를 소개했다. 그러자 갈색 머리의 예쁘장한 소녀가 다른 사람이 미는 휠체어를 타고 나타나 무대를 가로질렀다. 기자들은 흥분을 감추지 못했고, 릴러하이의 수술은 전 세계적으로 센세이션을 불러일으켰다. 그의 수술을 두고 『타임』 지는 "대담하다"고 묘사했고, 『뉴욕타임스』는 "불가능하다"고 보았다. 런던의 『데일리미러』 지는 그 수술이 "싸구려 과학 스릴러에 등장하는 그 어떤 이야기보다 기발하고 환상적"이라고 주장했다. 패멀라는 전국적인 유명 인사가 되었다. 텔레비전에 출연했고, 『코즈모폴리턴』 지에는 6쪽에 걸쳐 사진이 실렸다. 미국심장협회American Heart Association는 소녀에게 '심장의 여왕'이라는 별명을 붙여주었다.

하지만 릴러하이는 라이먼 글리든과 프랜시스 글리든 부부에게 일어난 비극을 결코 잊지 않았다. 바로 몇 주 전에 그들 부부는 묘석을 마련할 돈이 없어 그레고리를 누나 곁에 묘비도 없이 묻어야 했다. 5월 4일 릴러하이는 두 사람에게 편지를 부쳤다. 거기에는 이런 내용이 적혀 있었다. "제 마음속에 아직 그 일이 쓰디쓴 좌절로 남아 있습니다. 매우 잘되었다고 여긴 수술이었음에도 이후 회복 기간에 그레고리를 지켜내지 못했습니다. 다시 한번 두 분께 말씀드립니다. 그레고리를 수술한 경험을 통해 얻은 용기가 없었더라면, 우리는 앞으로 나아갈 엄두를 내지 못했을 것입니다. (…) 두 분께 심심한 사의를 표합니다." 모르긴 해도 세상 사람들 또한 그와 같은 마음이었으리라.

1954년 봄과 여름 동안 릴러하이는 고도의 심장절개수술을 시행하는, 지구상에서 유일무이한 인물이었다. 수술을 참관한 적이 있는 영국의 심장외과 의사 도널드 로스의 말에 따르면, 릴러하이의 수술실은 "마치 서커스 공연장 같았다. 안에는 대략 50명의 인원을 수용할 수 있는 관람석이 있었다. 사람들은 물결처럼 몰려들었다가 빠져나갔다. (…) 수술실 곳곳에는 파이프와 튜브들이 어지럽게 널려 있었다". 하지만 환자들은 이런 환경을 훌륭하게 극복해냈다.

그러나 그해 가을 릴러하이는 기이한 불운을 연거푸 맞닥뜨렸다. 교차순환법으로 수술한 환자 7명 중 6명이 끝내 사망한 것이다. 10월에 시행한 수술에선 마취과 의사가 정맥주사선에 공기를 주입하는 바람에 공여자였던 어머니가 심각한 뇌 손상을 입었다. 신경이 날카로워진 동료들은 릴러하이를 가리켜 '살인자'라며 쑥덕거렸다. 어린아이들이 죽어나가는 장면을 보고도 태연할 사람은 아마 없을 테니까. 기록에 따르면, 이에 대해 릴러하이는 "황무지에 뛰어드는 사람이 포장도로 찾기를 기대하지는 않는 법"이라는 말로 응수했다고 한다.

릴러하이는 이후로도 몇 년 더 교차순환법에 매달렸고, 선천성 심장 결함의 더 복잡한 케이스들을 점진적으로 치료해나갔다. 그는 다소 뜻밖의 장소에서 자발적 공여자를 물색하곤 했는데, 주 교도

소도 그런 곳들 중 하나였다. 한번은 인간의 혈액에 산소를 공급할 목적으로 개의 폐를 사용한 적도 있었다. 백인 수감자들이 흑인 남성을 위한 공여자가 되기를 거부했기 때문이었다. 환자는 수술대 위에서 거의 곧바로 숨을 거두었다.

보기 드문 성공 사례들이 엄연히 존재함에도 불구하고 교차순환법은 차츰 사람들의 신망을 잃어갔다. "환자 이외에 건강한 사람을 관여시키지 않고도 가능한 수술이 (…) 더 좋은 수술이라고 우리는 여전히 확신한다"라고, 인공심폐기 연구에 20년을 바친 필라델피아의 외과 교수 존 기번은 힘주어 말했다. 릴러하이는 1950년대 말엽에야 비로소 교차순환법을 내려놓았다. 그는 교차순환법을 사용해 45차례 수술을 시행했고, 이 가운데 장기 생존자는 28명이었으며, 사망률은 40퍼센트였다. 말하자면 선천적 심장 결함을 수술 없이 지켜본 사례보다 예후가 훨씬 더 좋았던 셈이다. 결국 역사는 그의 연구를 성공적이었다고 평가했다.

1950년대 중엽에는 인공심폐기의 원형이 구축되어 인간의 치료에 사용될 준비를 마친 상태였다. 1951년 저명한 외과의사 클로드 벡은 클리블랜드에 있는 케이스웨스턴리저브대학교에서 인공심폐기에 대해 "수술 시행 부위를 건조하게 유지시킴으로써 외과의사로 하여금 그들의 가장 소중한 자산인 두 손과 두 눈을 가장 완전하게 사용하도록 만들어주는 역사상 최초의 기기"라고 소개했다. 인공심폐기는 기술적으로 엄청난 도약이었다. 하지만 그만큼의 도약을 이뤄내기까지는 개념적으로도 딱 그만큼의 도약이 필요했다. 혈액이 한낱 기계에 의지해 순환하고 산소를 공급할 수 있다는 개념, 결국 인간의 심장이 근본적으로 조금도 특별하지 않다는 개념을 갑자기 별일 아닌 듯 받아들여야 했으니까.

5

펌프

우리가 지나온 길고 고단한 시간들은, 아이들에게 일어나는 가장 기적적인 변화를 보는 것에서, 그리고 자신들의 자녀가 여느 아이들처럼 행복하고 활기차게 달리는 모습을 보며 기뻐하고 안도하는 부모들을 바라보는 것에서 크나큰 보상을 받는다.

로드 브록 · 런던 가이스병원 심장외과 의사

1950년대에 심장질환은 미국 의학계를 임상적으로나 정치적으로나 지배한 질환이라는 점에서 1980년대의 에이즈와 비슷한 무게로 여겨졌다. 해마다 60만 명 이상의 미국인이 심장질환으로 목숨을 잃었다. 1945년 미국 국립보건원National Institutes of Health이 의학 연구를 위해 배정한 예산은 18만 달러였지만, 5년 뒤에는 4600만 달러로 증가했다. 예산의 대부분은 심장 관련 연구에 쓰였는데, 여기에는 미국심장협회를 비롯한 여러 압력 단체의 정치적 지지 표명이 부분적인 이유로 작용했다. 1950년 대통령 해리 트루먼은 심장질환에 대해 경고하며 "이 위협을 극복할 대책 수립이야말로 우리 모두가 당면한 중대 과제"라는 표현을 사용했는데, 이는 그가 유럽 전역에 걸쳐 분포하던 철의 장막에 대해 경고하며 했던 말과 거의 같았다.

지금 생각해도 놀라운 사실은, 심장 치료 분야의 눈부신 발전이 대부분 우리 할아버지가 돌아가신 직후 10여 년 사이에 이뤄졌고, 그러한 발전의 대부분이 예의 그 크리스마스 새벽 내가 샤 박사와 함께 수술실에 서 있던 파고의 병원에서 차로 겨우 몇 시간 거리에 위치한 미네소타에서 이뤄졌다는 점이다. 환자의 개방된 흉강 테두리로는 멸균된 면포가 둘려 있었다. 피에 물든 파란 천이 붉은 과실주에 물든 푸른 커튼을 연상시켰다. 샤의 손가락들은 흡사 빨간 줄무늬를 그려놓은 듯했고, 마치 잘 짜인 대본대로 연기하는 배우처럼 각각이 확실하고도 정확하게 움직였다. 수술을 시작한 지 15분쯤 되었을까, 샤가 불규칙하게 떨고 있는 심장 근육에 메스를 대고 좌심방을 절개했다. 메스가 지나간 틈으로 피가 눈물처럼 흘러내렸다. 그는 심장 내부로 손을 넣어 환자의 감염된 승모판을 봉합하기 시작했다. 그의 손이 들어갔다 나올 때마다 나는 더 가까이 다가가 더 자세히 보고픈 충동을 느꼈다. 그 여린 판막 위에 증식한 감염성 물질은 아기의 젖니처럼 작고 희어 겉으로는 조금도 해로워 보이지 않았다. 고작 그런 것들이 사람의 목숨을 앗아갈 뻔했다는 사실이 좀처럼 믿기지 않을 정도였다.

그날 샤가 보여준 여유 있는 모습을 나는 죽는 날까지 머리에서 지우지 못할 것이다. 그는 파고라는 소도시와 날씨, 내 부모님과의 우정, 레지던트 수련 과정에 대해서는 물론이고, 나이 든 환자들이 젊은 환자들에 비해 살아갈 시간은 적지만 살려는 의지는 오히려 더 강하다는 개인적 믿음에 대해서도 들려주었다. 샤는 자신이 하는 일을 설명할 수 있는 기회는 조금도 놓치지 않았다. 소중한 크리스마스 휴가를 쪼개 이곳에 오기로 한 내 결정이 헛수고로 끝나지 않게 하려는 그의 세심한 배려였으리라. 환자의 흉부가 개방된 뒤에도 나는 걱정과 달리 공포에 잠식당하지 않았다. 어느 순간 샤는 피가 나오는 구멍에 손가락을 집어넣더니 마치 플랫폼에서 기차를 기다리는 사람처럼 나를 향해 고개를 돌렸다. "인공판막으로는 조직판막을 쓸 거야. 기계판막을 써서 항응고제를 장기 복용하게 하는 건 이 나잇대 환자에겐 바람직하지 않으니까." 나는 소심하게 고개를 끄덕였다. 놀랍게도 샤는 이토록 긴장되는 순간에도 나에게 무언가를 가르치려 하고 있었다. 물론 그에게는 시간적 여유가 있었다. 인공심폐기가 환자의 생명을 든든히 지켜주고 있었으니까. 만약 그 장치가 없었더라면 수술실 분위기는 사뭇 달라졌을 것이다.

인공심폐기 발명에 가장 크게 기여한 인물 역시 다소 양면적이기는 하나 그와 비슷하게 관대한 영혼의 소유자였다. 존 헤이셤 기번 주니어는 필라델피아의 제퍼슨의과대학에 다니는 학생이었다. 하지만 입학 후 첫해가 끝나갈 무렵 그는 의학 공부를 관두고 작가가 될 것을 진지하게 고려했다. 프린스턴대에 다니던 시절부터 줄곧 품어온 꿈이었다. 기번의 아버지는 실용주의자답게, 일단 의대 공부를 마치고 학위부터 따놓으라고 아들을 타일렀다. "의사가 된다고 글솜씨가 줄지는 않는다"는 것이다. (진부한 조언이었지만) 덕분에 기번은 인내심을 갖고 학업에 매진한 끝에 3년 뒤인 1927년 의학 박사학위를

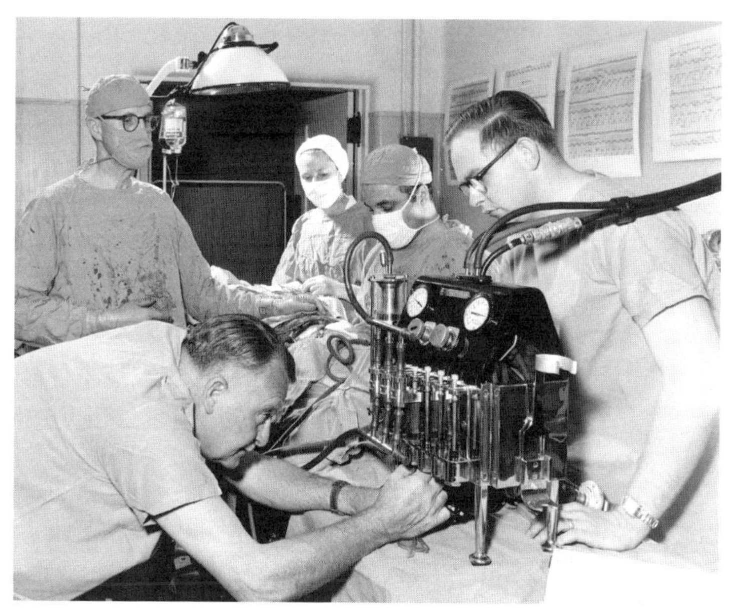

초기 인공심폐기, 1954년경(Walter P. Reuther Library의 허락으로 재수록, Archives of Labor and Urban Affairs, Wayne State University).

취득할 수 있었다.

보스턴시립병원에서 인턴 과정을 밟는 동안 그는 '체외순환extra-corporeal circulation'이라는 아이디어와 씨름하기 시작했다. 그러던 어느 밤 연구 지도교수 에드워드 처칠의 지시로 기번은 어느 죽어가는 젊은 여성의 상태를 모니터하게 되었다. 평범한 담낭 수술을 받은 뒤 정맥에 생긴 혈전이 폐혈관을 막아 심각한 폐혈전색전증Pulmonary thromboembolism이 발병한 환자였다. 처칠은 고민에 빠졌다. 혈액으로 가득 찬 폐동맥을 절개하여 혈전을 제거하는 이른바 폐동맥색전제거술pulmonary embolectomy은 치명적인 출혈을 일으킬 공산이 컸다. 그렇다고 과도한 혈액 소실을 방지한다며 심장의 혈액순환을 차단할 수도 없는 노릇이었다. 산소 공급이 끊기면 환자의 뇌는 불과 몇 분 안에 비가역적 손상을 입게 될 테니까. 폐동맥색전제거술은 1908년 독일 외과의사 프리드리히 트렌델렌부르크가 고안한 기법이었다. 하지만 그에게 문제의 수술을 받고 살아남은 환자는 없었다. "우리 병원에서는 그 수술을 열두 번 시행했고, 내 수술보조자들은 나보다도 여러 번 참여했지만, 우리는 단 한 건도 성공하지 못했다"라고 1912년 트렌델렌부르크는 한탄했다. 한편 이토록 끔찍한 사망률을 두고 트렌델렌부르크와 동시대에 활동한 스웨덴 외과의사 군나르 뉘스트룀은 "환자의 회생 가능성이 완전히 사라질 때까지 수술을 지속하는 행위는, 적어도 인간의 눈높이에서는 우리 규칙에 어긋난다"라고 지적했다.*

* 그런가 하면 에드워드 처칠은 1934년에 이런 발언을 했다. "비록 열 번의 잇단 실패가 우리 열의를 조금 꺾어놓기는 했지만, 조건이 맞아떨어지는 한 트렌델렌부르크 수술법 시행을 지속적으로 권장할 것이다."

사정이 이렇다 보니 처칠은 일종의 외과적 딜레마에 빠져 좀처럼 결단을 내리지 못했다. 어쩌면 문제의 혈전은 저절로 용해되거나 잘게 부스러져 더 작은 동맥을 타고 이동할 수도 있었다. 아니면 폐의 다른 영역에서 환기 기능이 활발해져 혈전으로 인한 문제를 상쇄할 수도 있었다. 처칠은 환자의 상태가 극도로 약해져 수술 말고는 살릴 방법이 남아 있지 않다고 생각될 때 자신에게 보고할 것을 기번에게 지시했다. 이튿날 아침 일찍 환자는 혈압이 갑자기 떨어지는가 싶더니, 자극에도 반응하지 않았다. 기번은 처칠을 호출했고, 환자는 서둘러 수술실로 옮겨졌지만 끝내 수술대 위에서 사망했다.*

기번은 스스로에게 엄격하고 사람들과 어울릴 때보다 피펫 주변에 있을 때 더 편안해하는 연구자였지만, 그런 그도 이 젊은 여성의 죽음을 애도하며 눈물을 흘렸다. 하지만 그녀의 죽음은 그에게 불현듯 깨달음을 주었다. 1970년 그는 이 깨달음의 순간을 다음과 같이 회상했다. "그 기나긴 밤이 지나는 동안, 혈액이 검게 변하고 정맥이 팽창하는 상황에서도 살기 위해 몸부림치는 환자를 속절없이 바라보고 있자니, 자연스레 그 아이디어가 내 머릿속에 떠올랐다. 만약 그 푸르스름한 혈액을 환자의 부어오른 정맥에서 지속적으로 제거할 수 있었더라면, 산소를 혈액에 공급하고 이산화탄소를 혈액에서 빠져나오게 한 다음 다시 붉어진 혈액을 환자의 동맥에 지속적으로 주사하는 것이 가능했더라면, 우리는 그녀의 목숨을 구할 수 있지 않았을까? 색전으로 막힌 부위를 우회하고 심장과 폐가 하는 일의

* 미국에서 폐동맥색전제거술에 성공한 첫 번째 사례는 인공심폐장치가 발명된 시기보다 훨씬 나중인 1958년 1월 14일 보스턴에 있는 피터벤트브리검병원에서 시행한 수술이었다.

일부를 환자의 몸 밖에서 시행할 수도 있지 않을까?"

기번과 그의 연구 조교(이자 아내) 메리 홉킨슨은 이후로 자신들의 직업적 삶의 전부를 사실상 이 목표를 위해 헌신했다. 지도교수들은 그를 만류했다. 그의 원대한 야망이 덜 위험한 프로젝트에 사용되어야 더 바람직하다고 믿었기 때문이다. 처칠 역시도 기번의 연구 계획에 '비관적'이었다. 지금처럼 그때도 의학계에는 무모한 아이디어에 막대한 시간과 돈을 투자하기를 꺼리는 분위기가 만연했다. 누구든 의학적 경력을 유지하려면 자신의 이름이 올라간 논문을 유명 학술지에 규칙적으로 게재해야 했다. 지도교수들은 기번에게 반복적인 주제에 매진하라고, 기존의 패러다임을 살짝 비트는 정도에 그쳐야지 섣불리 교체하려고 덤비지는 말라고 조언했다.

하지만 기번에게는, 의학자라는 부분을 감안하더라도 남달리 집요한 구석이 있었다. 그는 본래의 계획대로 차근차근 연구에 정진했고, 결국 학자로서 30년의 경력을 하나의 무모한 아이디어에 고스란히 바치게 되었다. 그리고 이러한 헌신으로 이후 의학계의 판도를 영구히 바꿔놓았다.

기번은 우선 공학적인 문제부터 풀어나갔다. 과연 어떻게 해야 혈액을 몸에서 빼내어 금속과 플라스틱 재질의 기계 안에 넣고 혈전을 형성시키지 않으면서 산소를 공급할 수 있을까?* 또한 이후에 그 혈액을 공기 방울이 없는 상태로 다시 몸속에 들여보내 신체 중요

* 혈전 형성에 관한 문제는 존스홉킨스의과대학 재학생 제이 매클레인이 도롱뇽 뇌에서 발견한 항응고성 단백질 헤파린을 사용하면서 해결되었다(처음에 그 물질은 세팔린cephalin이라고 불렸다). 헤파린이 효과적인 항응고제라는 사실은 1920년대에 동물 실험을 통해 입증되었다.

기관들에 영양분을 공급하게 하려면 어떻게 해야 할까? 이 문제들을 풀기 위해서는 동물 실험이 필요했다. 기번과 아내 메리는 보스턴 거리에서 참치 미끼로 길고양이들을 유인한 뒤 자루로 포획하여 초기 실험에 사용했다. 두 사람은 아침 일찍 실험실에 나갔다. 실험을 준비하는 데만 몇 시간이 걸렸기 때문이다. 그들은 고양이를 마취시켜 기관절개술을 실시한 뒤 인공호흡기를 연결했다. 오후가 되어서야 마침내 준비를 마치고 주요 실험을 시작했다. 목표는 고양이의 몸에서 혈액을 빨아내어 녀석의 심장이 멈춰 있는 동안 기계에서 순환시킨 다음 다시 몸속에 들여보내는 방식으로 고양이의 생명을 유지시키는 것이었다. 수많은 시도와 오류 끝에 그들은 한 가지 구상에 정착했다. 먼저 고양이의 주요 정맥과 동맥을 묶어 심장의 혈액순환을 차단한다. 그다음 머리 쪽 정맥에서 혈액을 1분에 탄산음료 캔 반을 채울 정도의 속도로 빼낸다. 그 혈액을 회전하는 금속 실린더를 따라 얇은 줄기로 흘려보낸다. 이때 내부 공기는 거의 순수한 산소로 채워져 있어 이곳을 통과하는 동안 혈액은 산소를 확보하는 한편, 이산화탄소는 확산을 통해 방출하게 된다. 마침내 혈액이 실린더 바닥에 고이면, 그것을 따뜻하게 데운 뒤, 기번이 병원 근처 중고품 가게에서 단돈 몇 달러에 구입한 공기 펌프를 거쳐 고양이의 다리 쪽 동맥으로 다시 들여보낸다. 훗날 메리의 회상에 따르면 그들 부부는 "고양이가 견딜 수 있고 장비에도 아무 문제가 없다고 생각되는 한, 폐동맥을 클램프로 완전히 막아두려 했지만, 문제들은 예기치 못한 곳에서 끊임없이 발생했다"고 한다.

두 사람이 제작한 기계는, 기번의 묘사에 따르면 "금속과 유리, 전기 모터, 수조, 전기 스위치, 전자석 등의 집합체로 (…) 확실히 루브 골드버그의 만화에나 등장할 법한 우스꽝스러운 장비처럼 보였다". 문제의 기계는 1930년대를 지나는 동안 개량을 수없이 거치면서 점점 덩치가 커지는가 싶더니 급기야 그랜드피아노 못지않게 거대해졌다. 비록 우아한 모양새는 아니었지만, 기계는 본연의 기능을 충실히 수행했다. 1930년대가 끝나갈 즈음에는 고양이와 개의 생명을 몇 시간 동안 유지시킬 정도였고, 가장 중요하게는 기계에서 떼어놓은 뒤에도 녀석들의 심폐 기능을 무사히 회복시킬 수 있었다. 1939년에 기번은 이러한 연구 결과를 논문으로 발표했다. 논문 제목은 「폐동맥의 실험적 폐쇄 상태에서의 생명 유지와 이후의 생존에 관하여The Maintenance of Life During Experimental Occlusion of the Pulmonary Artery Followed by Survival」였다. 훗날 그는 이런 글을 남겼다. "우리가 체외순환회로를 사용하고 실험 동물의 본래 혈압을 그대로 유지하면서 클램프의 나사를 끝까지 죄어 폐동맥의 혈류를 완벽하게 차단할 수 있었던 그날을 나는 절대로 잊지 못할 것이다. 아내와 나는 서로 얼싸안은 채 실험실을 돌아다니며 춤추고 웃고 환성을 질렀다." 또한 그는 이렇게 덧붙였다. "이제 심장 수술은 전 세계에서 매일같이 시행 중이며, 이러한 사실은 나를 비롯한 수많은 이에게 더할 나위 없는 만족감을 선사한다. 하지만 내 인생에서 그 무엇도, 그날 매사추세츠종합병원의 그 오래된 불핀치 건물 실험실에서 메리와 돌아다니며 추던 그 춤만큼의 환희와 기쁨을 가져다주지는 못했다."

하지만 인간은 고양이보다 훨씬 더 크다. 인간의 혈액량은 고양잇과 동물의 대략 8배에 달한다. 그래서 기번은 자신이 고안한 기계를 인간에게도 사용할 수 있도록 조정할 방법을 궁리하기 시작했다. 하지만 기번의 연구는 그가 국가의 부름으로 1941년부터 1945년까지 태평양 전쟁에 나가 외상외과의사로 복무하게 되면서 한동안 중단되었다. 전쟁이 끝난 후 기번은 자신의 프로젝트에 다시 뛰어들었다. 그때까지도 주된 문제들은 아직 해결되지 않은 상태로 남아 있었다. 혈구들은 여전히 기계 펌프에서 파괴되었고, 단백질과 피브린, 지방, 가스는 중요 기관들을 손상시키고 있었다. 그리고 당연하게도, 고양이보다 혈액량이 더 많은 인간을 다루기 위해서는 더 큰 기계가, 그러니까 탄산음료 캔이 아닌 1갤런들이 우유 통 정도가 필요했다. 그는 IBM 사의 도움으로 이러한 문제들을 해결했다. 마침 기번의 학생 중에 IBM 회장 토머스 왓슨의 자녀와 결혼한 이가 있어 우연찮게 인연이 닿은 것이다. IBM 엔지니어들의 도움으로 기번은 자신이 고안한 기계의 문제점을 개선할 수 있었다. 필터를 추가하여 혈전을 걸렀고, 산소공급기의 크기를 키웠으며, 특별한 롤러 펌프를 추가했다. 전후 몇 년 동안은 이러한 연구를 시행하기에 알맞은 분위기가 조성되어 있었다. 전산과 원자력 기술, 우주탐사 분야에서 공적으로나 사적으로나 대규모의 프로젝트들이 닻을 올렸다. 기번의 연구팀은 이와 같은 정치적 환경을 십분 활용해 인간이 각고의 노력을 기울인 끝에 장장 30억 년에 걸쳐 이뤄낸 진화를 불과 20년 만에 비슷하게 재현해냈다. 1950년대 초반에는 실험 동물의 사망률이 80퍼센트에서 12퍼센트로 감소했다. 기번은 이때야말로 자신의 기계를 인간에게 사용해볼 적기라고 믿었다.

사실 인공심폐기를 연구한 과학자는 비단 기번만이 아니었다.

1950년에서 1955년 사이 다섯 곳의 의료기관이 인공심폐기 연구에 뛰어들었다. 설계도는 연구 주체에 따라 제각각이었다. 토론토대학에서는 윌리엄 머스터드가 격리된 붉은털원숭이의 폐를 이용해 혈액에 산소를 공급하는 기계를 개발했다. 디트로이트에 위치한 웨인주립대에서는 포리스트 도드릴이 제너럴모터스 사의 엔지니어들과 합심해 캐딜락 엔진과 매우 비슷해 보이는 심장 펌프를 제작했다. 메이오의료원에서는 존 커클린과 동료들이 기번의 디자인을 토대로 수직형 산소공급기와 롤러 펌프를 이용한 인공심폐기를 제작했다(결국 그 장치는 메이오기번 산소공급기Mayo-Gibbon oxygenator라고 불리게 되었다). 미네소타대에서는 릴러하이의 동료 클래런스 데니스가 기번의 실험실에 방문했다가 받아온 드로잉을 토대로 자신만의 기계를 개발했다. 데니스는 인간을 대상으로 인공심폐기를 사용한 최초의 인물이었고, 결과적으로 환자 패티 앤더슨은 여섯 살 나이에 수술대 위에서 사망했다. 그의 두 번째 환자 역시 사망했는데, 수술보조자들이 저수통의 물이 마르도록 방치하는 바람에 동맥에 공기가 유입된 탓이었다. 기록에 따르면 1951년부터 1953년까지 인공심폐기를 사용해 심장 수술을 받은 환자는 총 18명으로, 그중 17명이 결국 사망했다.

사필귀정이라 했던가. 인간에 대한 인공심폐기 사용에 최초로 성공한 인물은 데니스가 아니라 인공심폐기를 최초로 고안하고 관련 연구에 누구보다 오랫동안 매진해온 기번 자신이었다. 우선 안타깝게도, 기번이 수십 년에 걸친 동물 실험 끝에 인공심폐기를 처음으로 적용한 환자는 비극적으로 생을 마감했다. 15개월 된 여아였는데, 기번이 애초에 존재하지도 않았던 (결국 오진으로 판명된) 심방중격결손을 미친 듯이 찾는 동안 과다출혈로 사망한 것이다. 하지만 기번은 포기하지 않았고, 1953년 3월 27일 펜실베이니아에 있는 윌크스대학교의 신입생 세실리아 버볼릭을 대상으로 두 번째 시도를 감행했다. 당시 18세였던 그녀는 앞선 6개월 동안 심부전으로 세 차례 입원한 경험이 있었다. 심방중격결손 환자의 수술에는 보통 다섯 시간 이상이 소요되었다. 기번이 설계한 인공심폐장치는 무게가 1톤이 넘었다. 수술보조자 여섯 명이 관리하는 가운데 그 거대한 기계는 대략 30분에 걸쳐, 그러니까 기번이 50센트 동전 크기의 구멍을 무명봉합사로 꿰매는 동안, 환자의 혈액순환을 책임졌다. 수술은 예상치 못한 암초에 부딪혔다. 항응고제가 바닥나는 바람에 인공심폐기가 막혀버린 것이다. 하는 수 없이 수술 팀은 기계를 수동으로 조작해야 했다. 이윽고 기번은 환자를 인공심폐기에서 분리했지만, 수술 결과를 그리 낙관하지는 않았다. 하지만 그 젊은 여대생의 심장은 기다렸다는 듯 다시 박동하기 시작했다. 한 시간 뒤 기번은 환자의 가슴을 닫았고, 버볼릭은 깨어나 자신의 두 다리를 의지대로 움직일 수 있었다. 회복은 순조롭게 진행되었다. 버볼릭은 13일 뒤 병원에서 퇴원해 거의 50년을 더 살다가 (내가 심장내과 수련을 시작하기 1년 전인) 2000년에 65세의 나이로 사망했다.

『타임』 지는 기번이 "심장 수술이라는 꿈을 현실로 만들었다"고 선언했지만, 정작 기번 자신은 보기에 딱할 정도로 수줍어했고, 언론의 관심을 꺼렸다. 한번은 버볼릭이 같이 사진을 찍어주겠다고 동의한 뒤에야 자신의 인공심폐기와 함께 카메라 앞에서 포즈를 취했

인공심폐기 앞에서 포즈를 취하는 존 기번과 세실리아 버볼릭, 1963년(Thomas Jefferson University, Archives and Special Collections의 허락으로 재수록).

다. 결국 그는 『미네소타메디신Minnesota Medicine』이라는 소박한 학술지에 게재한 단 한 편의 논문으로 자신의 수술에 대한 일체의 설명을 갈음했다.

버볼릭 이후에도 기번은 자신의 인공심폐기를 사용해 네 차례 더 수술을 시도했지만, 결과는 암울했다. 그는 어마어마한 인내와 용기를 기반으로 연구 경력을 쌓아온 베테랑이었다. 하지만 자신이 집도한 수술에서 네 명의 아이가 사망한 뒤로 그는 마치 심장을 잃은 듯 의욕을 잃었다. 자신의 수술로 환자가 사망한 뒤에도 더 원대한 목표를 결코 잊지 않았던 월턴 릴러하이와 달리, 기번은 어린아이의 생명을 담보로 또다시 다른 수술을 시도할 배짱이 없었다. 설령 그로 인해 자신이 일생 동안 매달려온 프로젝트를 포기할 수밖에 없을지라도. 그는 자신의 인공심폐기가 여러모로 미흡해 안전하게 사용될 수 없다고 결론지었고, 기기의 사용을 1년간 중단하겠다고 선언했다. 그리고 이후로 다시는 심장 수술을 하지 않았다. 그의 인공심폐기 연구는 여러 대학과 사기업이 이어받았다. 기번은 1973년 테니스를 치던 중에 심장마비로 사망했다.

오늘날 인공심폐기는 크기가 기껏해야 작은 냉장고만 하다. 병원에서는 상근 직원들이 인공심폐기를 관리한다. 물론 문제는 여전히 존재한다. 아직도 그 플라스틱과 금속 재질의 장치에서는 혈구들이 파괴되고, 환자들은 뇌졸중에 시달린다. 적지만 유의미한 수의 환자들이 수술 뒤 기억력과 주의력 저하, 언어 문제 등을 동반한 인지기능장애를 어느 정도 경험하는데, 일명 '펌프헤드pump head'라고 불리는 이 증상은 수술 이후 다년간 지속될 수 있으며, 대개는 비가역적이다. 정확한 원인은 밝혀지지 않았지만, 작은 혈전이나 공기 방울, 수술 중에 뇌로 유입되는 혈류량의 부족, 대동맥 속 지방성 물질의 유출, 뇌의 염증 등이 가능한 원인으로 거론된다.

그러나 이러한 문제들에도 불구하고 인공심폐기는 지난 반세기 동안 심장 수술 분야의 발전과 더불어 수많은 생명을 구하는 데 없어서는 안 될 장비로 자리매김했다. 심장 수술은 1950년대 초에 이미 미국 의술의 우수성을 세상에 알리는 불빛이었고, 기번의 발명품은 단지 이 분야의 발전 속도를 단축시킨 도구에 지나지 않았다. 심장 수술 환자의 사망률은 1955년에 50퍼센트였다가 1956년에는 20퍼센트, 1957년에는 10퍼센트까지 떨어졌다. 심지어 1950년대 말엽에는 가장 복잡한 선천적 병소까지도 치료가 가능한 수준에 이르렀다. 릴러하이의 글에 따르면, "비교적 최근인 1952년까지만 해도 심장기형으로 죽어가는 아이 곁에서 의사가 할 수 있는 일이라고는 아이의 회복을 위해 기도하는 것뿐이었다! 오늘날에는 인공심폐기 덕분에 치료가 일상적으로 이루어진다". 한 작가의 말마따나 심장은 "수술이라는 폭력적 행위의 대상"으로 전락한 것이다.

만약 우리 할아버지도 기번의 발명품을 사용할 수 있었더라면, 우리 가족의 역사도 달라졌을지 모른다. 십중팔구 할아버지는 관상동맥질환을 앓다가 관상동맥혈전증으로 돌아가셨을 테니까. 하지만 인간에 대한 관상동맥우회술이 성공하기까지는 더 오랜 시간이 필요했다. 1960년에야 비로소 브롱크스의 마이클 로먼 박사가 수술에 최초로 성공했으니까. 1967년에는 클리블랜드의료원의 레네 파발로로가 세계 최초로 다리 정맥을 이용해 관상동맥 폐쇄 부위를 우회하는 방식으로 관상동맥우회술을 시행했는데, 이는 요즘에도 여전히 표준적으로 쓰이는 기법이다. 오늘날 인공심폐기를 활용한 심장 수술은 세계적으로 해마다 100만 건, 하루에 3000건 이상씩 시행되고 있다.

크리스마스에 파고에서 시행된 판막 수술도 그중 하나였다. 수술이 시작된 지 어느덧 두 시간이 넘게 흘렀다. 이윽고 샤 박사가 수술 가위로 감염된 판막을 잘라냈다. 나는 수술이 언제쯤 끝날지 궁금해하며 그의 곁에 조용히 서 있었다. 다리가 점점 무거워지고 아파왔다. 샤는 녹색과 노란색이 섞인, 내 겨울 재킷과 동일한 재질의 고어텍스 실 여러 가닥을, 인공조직판막 테두리를 붙들고 있는 직물 고리 안으로 하나하나 통과시켰다. 이때까지 봉합사 가닥들은 낙하산의 얽힌 로프나 위상수학의 꼬인 매듭처럼 어지러이 뒤엉킨 듯 보였다. 하지만 그가 원형으로 배열된 봉합사를 따라 인공 판막을 살며시 밀어 넣으니 실들이 곧게 당겨지면서 이내 판막이 제자리를 찾아 들어갔다.

봉합이 끝나자 샤는 수술대의 머리 부분을 아래로 기울였다. 혹여 심장 내부에 존재할지 모를 공기를 위로, 그러니까 환자의 뇌에서 먼 방향으로 이동시키기 위해서였다. 체외순환사가 다이얼을 돌리자 인공심폐기 속 혈액의 흐름이 느려졌다. 샤는 대동맥을 조이던 클램프를 제거했다. 혈액이 관상동맥을 타고 흐르기 시작하면서, 심장의 잔떨림을 유발한 칼륨 용액도 함께 씻겨 내려갔다. 심장이 약하게, 인공호흡기의 힘겨운 숨소리와 거의 비슷한 박자로 뛰기 시작했다. 샤는 흉강에 남은 튜브들을 제거했다. 수술보조자가 스테인리스스틸 와이어로 흉골을 닫았다.

수술이 끝났다. 더불어 나도 비로소 마음을 놓았다. 물론 가장 큰 이유는 환자의 안위에 있었다. 하지만 인정하건대, 이제 집에 돌아갈 수 있다는 안도감 때문이기도 했다. 시간은 새벽 5시에 가까워져 있었고, 가만히 서 있기조차 힘들었다. 그러나 샤는 마음이 편치 않은 듯했다. 환자의 혈압이 70에 40으로 위험하리만큼 낮았기 때문이다. 심장 기능이 충분히 회복되지 않았다는 뜻이었다. 마취과 의사와 협의한 끝에 샤는 헬륨이 채워진 풍선 펌프를 환자의 대동맥에 삽입했다. 혈압을 유지하기 위한 조치였다. 환자는 여전히 의식을 회복하지 못했다. 샤는 괴로운 표정으로 스툴에 앉아 그의 곁을 지켰다.

나도 한동안 옆에 머물렀다. 그리고 무슨 일이든 일어나 이 모든 과정이 마무리되기를 기다렸다. 언제부턴가 샤는 내게 거의 신경을 쓰지 못하고 있었다. 나는 탈의실로 돌아가 옷을 갈아입고는 딱딱한 벤치 위에서 잠이 들었다. 얼마나 지났을까. 간호사 한 명이 나를 깨우더니 집에 태워다주겠다고 말했다. 얼핏 으깬 감자에 그레이비소스를 끼얹은 듯 보이는 미끄러운 도로를 우리 차는 빠르게 달려갔다. 해가 떠오르고 있었다. 가로수들은 밤사이 두껍게 쌓인 눈의 무게를 짊어지고 있었다. 간호사는 나를 부모님 댁에 내려주었다. 나는 집 안으로 들어가 금세 곯아떨어졌다.

샤는 끝내 내게 전화하지 않았다. 그에게 직접 자초지종을 듣지는 못했지만, 이튿날 부모님은 그 환자가 결국 수술실에서 살아 나오지 못했다는 이야기를 대신 전해주었다. 풍선 펌프를 삽입하고 약물을 정맥에 주사했음에도 환자의 혈압은 지속적으로 떨어졌고 아침 7시쯤, 그러니까 우리가 병원에 도착하고 약 7시간이 지났을 무렵 그는 사망했다. 일찍이 오슬러 경이 무시무시한 살인마라 일컬은 심내막염이 또 한 사람의 목숨을 앗아간 것이다. 갓 경력을 쌓기 시작한 내게 그때의 일은 중요한 가르침이 되었다. 지난 반세기 동안 심장 수술 분야에서 얼마나 대단한 진전이 이뤄졌던 간에, 심장은 여전히 취약한 기관이다. 인간의 온갖 노력에도 불구하고 심장병 환자들은 여전히 죽음의 위협과 더불어 살아간다.

6

너트

심장의 동맥질환을 예방하거나 지연시킬 수 있는 날이 올지도 모른다는 생각은 마음을 한껏 부풀게 한다. 음식이나 안식처, 전쟁의 부재와 더불어, 그보다 더 중요한 것이 또 있을까.

클로드 벡, 『흉부외과학회지Journal of Thoracic Surgery』(1958)

2001년 내가 심장내과 펠로로 첫발을 디뎠을 때 벨뷰병원의 심장카테터실은 우중충하기 그지없는 공간이었다. 앙드레 쿠르낭과 디킨슨 리처즈가 그곳에서 심장카테터법—심실과 심방, 관상동맥의 압력과 혈류량을 측정하는 검사법—에 관한 기념비적 연구를 진행한 1930년대 이래로 개보수가 전혀 이뤄지지 않은 듯했다. 페인트는 벗겨지고 조명에는 먼지가 덮여 있었다. 혈관조영사진들은 여전히 필름에 기록된 상태였다. 맨해튼의 웬만한 대학병원들이 자료를 디지털화해둔 것과는 대조적이었다. 근엄한 수간호사 로다와 은발에 눈꺼풀이 반쯤 감긴 조무사들은 하나같이 제2차 세계대전의 유물처럼 보였다. 로다는 누군가에게 원하는 바를 직접 말하는 법이 절대 없었다. 그보다는 상대가 실수를 저지른 뒤에야 큰소리로 지적하기를 즐기는 부류였다. 심장카테터실에서 내가 보낸 첫 달은—어느

덧 내가 30대가 되었고, 결혼을 했고, 의학 공부에 뛰어든 지도 7년이 되었다는 사실을 제외하고는—인턴 과정을 밟던 시절과 여러모로 비슷했다. 가령 내가 환자의 수술이 끝나고 혈액검사가 필요한지 물으면, 로다나 조무사들은 마치 나처럼 멍청하거나 오만한 사람은 처음 본다는 듯이 행동하기 일쑤였다. 그들로서는 당연한 일이었다. 기본으로 배우고 수년 동안 해온 일이었으니까. 게다가 나는 그들이 할 일을 지시해야 마땅한 사람이었다. 한데 그런 기본적 절차마저 모른다면, 도대체 내 정체는 무엇이란 말인가? 그러나 살펴보아야 할 게 너무 많았다. 병력을 청취해야 했고, 환자를 진찰해야 했으며, 엑스레이를 촬영하고, 혈액을 검사하고, 동의서를 받아야 했다. 그날그날의 심장박동 리듬은 매 시간 수치화되어 의무 기록지의 작고 네모난 칸에 채워졌다. 그토록 오랫동안 내게 동기를 부여한 힘은 두려움이었다. 환자를 해칠 수 있는 무언가를 내가 간과할지도 모른다는 당연한 두려움. 하지만 더 즉각적인 두려움도 있었다. 질책에 대한 두려움, 실수와 착오로 인해 의사 가운을 벗게 될지도 모른다는 두려움도 있었다. 그래서일까. 나는 심장내과 수련 과정이 마치 두 갈래의 길을 동시에 달리는 일과 같다고 생각했다. 명시적으로는 심장을 배워나가는 과정이었지만, 은유적으로는 내 심장, 즉 마음속에 무엇이 존재하고 나라는 존재는 무엇으로 이루어져 있는가를 배워나가는 과정이기도 했다.

심장카테터실 주임교수 폭스 박사는, 옷은 자기처럼 (흰색 스니커즈에 파란 수술복만) 입으라며 자상한 척 잔소리를 늘어놓거나 헨리 그린을 비롯해 남들은 잘 모르는 소설가들의 이야기를 고상한 척

들려주면서도 특유의 위협적인 눈빛을 장착한 채 긴장의 끈을 조금도 늦추지 않았다. 처음으로 그와 수술실에 들어갔을 때였다. 푹스 교수는 모든 심장카테터법의 중추부라 할 수 있는 작은 키보드 크기의 플라스틱 조절판을 가동시키는 법에 관해 속사포처럼 설명을 늘어놓았다. 액체가 채워진 도관들에는 유량을 조정할 수 있도록 여러 개의 스톱콕이 부착돼 있었다. 그가 카테터 내부를 씻어내고 공기 방울을 제거하고 관상동맥에 방사선 비투과성 조영제를 주사할 때 스톱콕을 각각 어떻게 여닫아야 하는지에 대해 설명하는 동안, 내 두 손은 미세하게 떨리고 있었다. 그는 작고 흰 노브를 가볍게 두드리더니 "약물을 주입하기 전에는 반드시 이 스톱콕부터 돌려놓아야" 한다고, 그러지 않으면 카테터 내부 압력이 위험한 수준까지 높아질 수 있다고 경고했다. 1분 후 그는 카테터를 대동맥에 진입시켰고, 아치 모양으로 둥글게 휘어진 구간을 지나자 손가락을 섬세하게 움직여 카테터를 오른쪽 관상동맥에 삽입했다. "됐어, 이제 시작해볼까." 이렇게 말하며 그는 수술대를 위아래와 좌우로 움직여 카메라 바로 밑에 놓이도록 위치를 조절했다. 그러고는 투시검사장치 페달에 발을 올려 방사선원을 제어하며 관상동맥 촬영을 준비했다. 페달을 밟자 불쏘시개에 불이 붙을 때처럼 타닥거리는 소리가 났다. "주입!" 그가 우렁찬 목소리로 지시했다. 나는 반사적으로 페달을 밟아 조영제를 내보냈다. "그만!" 그가 소리쳤다. "그러면 안 된다는 소리 못 들었어?" 나는 얼어붙은 듯 서 있었다. 내가 뭘 잘못했는지 갈피가 잡히지 않았다. 그는 재빨리 예의 그 흰색 노브를 돌려 카테터 내부의 과도한 압력을 완화시켰다. 그런 다음 나에게 수술대를 떠나라고 지시하더니, 한 발은 투시검사장치 페달에, 다른 발은 조영제 페달에 올리고는 혼자서 직접 혈관조영사진을 찍기 시작했다.

일은 갈수록 익숙해졌다. 과연 내게도 그런 날이 올까 싶었지만, 사실이 그랬다. 심장내과 선배 펠로 루커스가 친절하게도 연습용 조절판을 하나 마련해주었고, 익숙해져야 하는 온갖 노브와 기구에 대해 체계적이고도 전문적인 설명을 해주었다. 심장내과에서 이뤄지는 모든 시술은 단계마다 장인의 손기술이 필요했다. 연습은 배신하지 않는다. 나는 결코 손재주가 뛰어난 사람이 아니었지만, 몇 개월 뒤 심장카테터법의 전반부를 내 손으로 시행할 수 있게 되었다. 혈관조영술angiogram을 직접 시행하며 느낀 뿌듯함은 내 기대를 훌쩍 넘어서는 것이었다. 시술은 마치 의식처럼 진행되었다. 납 에이프런을 두른다. 멸균된 가운을 걸친다. 요리사가 초밥을 빚듯 정밀하게 사용될 기구들을 신중하게 배열한다. 재빨리 리도카인을 주사해 서혜부를 마취시킨다. 바늘이 대퇴동맥을 찾아 들어간다. 적갈색 액체가 순식간에 주사기를 채운다. 혈액이 멸균된 포목 위로 (가끔은 석재 바닥 위로) 뿜어져 나온다. 가이드와이어를 동맥에 삽입한다. 메스로 깊게 칼집을 낸다. 연조직을 벌려 카테터가 지나갈 길을 조성한다. 밀고, 또 민다. 혈액이 갑자기 쏟아져 나와도 당황해서는 안 된다. 카테터가 와이어를 타고 미끄러져 들어간다. 그것을 재빨리 조절판에 연결한다. 됐다. 이제 심호흡을 몇 번 하고 다음 단계로…….

심장박동과 마찬가지로 심장카테터법도 기계적이고 반복적이어서 우리는 매일같이 적잖은 환자의 몸에 카테터를 삽입했다. 시술에 대한 부담감이 사라지면서 마침내 펠로 생활도 확고하게 균형이 잡히고 자신감이 붙었다. 몸의 움직임이 불안감을 덜어주면서 나는 어느 틈엔가 시술을 편안하게 느끼고 있었다. 내가 기억하는 한, 살면서 그런 경험은 처음이었다. 심장카테터법을 실시하는 몇 분 동안, 외부 세계는 머릿속에서 사라졌다. 내가 지휘하는 시간만큼은 오로지 시술에만 온 신경을 집중했다. 심장카테터실에서 나는 행동가이자 기술자였지, 사색가가 아니었다. 무엇보다 놀라운 부분은, 플라스틱 튜브가 심장 안으로 들어가는 장면을 보면서도 더 이상 충격을 받지 않는다는 사실이었다. 그리 오랜 경험이 쌓인 것도 아닌데 말이다.

카테터 같은 물체를 인간의 심장에 삽입하는 행위는 유사 이래 대부분의 시간 동안 광기로 치부되었다. 하지만 1929년 5월의 어느 뜨거운 오후, 정확히는 외과 인턴 베르너 포르스만과 간호사 게르다 디첸이 독일 베를린에서 북동쪽으로 80여 킬로미터 떨어진 소도시 에베르스발데에 위치한 아우구스테빅토리아병원의 한 수술실로 살금살금 들어간 그때, 상황은 바뀌었다. 두 사람은 이번 밀회를 일주일 넘게 준비해왔다. 하지만 육욕적인 이유는 아니었다. 포르스만이 수술실 문을 조용히 닫았다. 그러고는 디첸을 수술대에 눕히더니 몸을 단단히 묶어 팔을 움직이지 못하게 했다. 더위에 땀을 뻘뻘 흘리며 그녀는 그의 메스가 닿기를 초조하게 기다렸다. 일전에 포르스만이 한 말과 디첸 자신의 믿음대로라면, 그녀는 이제 의학의 판도

베르너 포르스만, 1928년경(*The American Journal of Cardiology* 79, no. 5[1997]의 허락으로 재수록).

를 바꿀 실험의 대상이 될 참이었다. 그러나 포르스만은 다른 계획을 품고 있었다. 그녀에게서 등을 돌린 채 그는 엉뚱하게 자신의 팔에 소독 비누를 바르더니 피부와 연조직에 마취제를 재빨리 주사했다. 그런 다음에는 메스로 자신의 주관절와, 그러니까 팔꿈치 앞면 오목한 자리의 피부를 2.5센티미터쯤 절개했다. 칼날이 지나간 자리에 지방과 혈액이 작디작은 포도송이처럼 방울방울 맺혔다.

포르스만이 살아온 배경에는 그처럼 무모하고 음침한 행동을 예견할 만한 단서가 전혀 없었다. 그는 1904년 8월 29일 베를린에서 태어났다. 외아들이었고, 아버지는 변호사, 어머니는 전업주부였다. 금발에 파란 눈을 한 그는 엄격한 가정에서, 엄격한 규칙에 따라, 법과 질서를 철저히 존중하며 자랐다. 아버지는 제1차 세계대전에 나갔다가 전쟁터에서 목숨을 잃었고, 졸지에 어머니와 할머니가 어린 포르스만의 교육을 맡게 되었다. (여담으로 포르스만은 할머니에게 '코르셋 뼈대old corset bone'라는 애칭을 붙였는데, 이는 그녀의 꼬장꼬장한 성품 때문이었다.) 하지만 그에게는 의사 삼촌 발터가 있었다. 쌍두마차를 타고 왕진을 나설 때면 발터는 항상 조카를 데리고 다니며 의학을 공부하라고 아이를 북돋았다. 냉철했던 발터는 조카의 비위 약한 모습을 보아 넘기지 못했다. 심지어 10대였던 포르스만에게 지역 교도소 감방에서 목을 맨 죄수의 줄을 자르라고 시킬 정도였다.

1922년, 그러니까 디첸과의 밀회가 있기 7년 전 포르스만은 18세의 나이에 베를린대 의학과에 입학했다. 신입생 시절 그는 동물 실험을 할 때면 메스꺼움을 느꼈다. 이 마음 약한 젊은이는 개구리의 척수를 찌르는 일이 조금도 즐겁지 않았다. 당시를 회상하는 글에서 포르스만은 언젠가 해부학 실험실에서 교수가 했던 농담을 들려주었는데, 천연덕스럽게도 그는 훗날 혈관계를 거쳐 심장에 도달하기 위해 자신이 했던 여러 시도가 문제의 농담에서 영감을 얻어 시작되었을 가능성이 있다고 적어놓았다. 농담의 내용은 다음과 같다. "여성의 심장에 도달하는 유일한 길은 그녀의 질을 통해서라네. 자궁과 나팔관에서 출발해 복강으로 갔다가 림프 공간을 거쳐 림프관과 정맥을 지나면 목적지에 도착하는 거야!"

의대에 입학하고 첫해를 보내는 동안 포르스만은, 특히 현대 실험생리학의 아버지로 불리는 프랑스 과학자 클로드 베르나르가 고안한 실험들의 영향으로 심장에 매료되었다. 베르나르는 말을 비롯한 동물들의 심방과 심실 내 압력을 측정하기 위해 고무 카테터를 동물들의 혈관을 통해 심장 안으로 삽입했다. (사실 그는 '심장카테터법'이라는 용어의 창시자이기도 하다.) 베르나르의 동물 연구는 인간의 심장에 카테터를 삽입하는 일도 마찬가지로 안전하리라는 확신을 포르스만에게 심어주었다. 이 젊은 의대생은 심장 내 압력과 혈류를 확인해보고 싶었다. 그래서 심장의 기본적 기능을 이해하고 심장을 마치 복잡한 기계 다루듯 직접 조작해보고 싶었다. 심장의 정서적 함의를 삭제하고 싶었음은 물론이었다. 그러나 당시에도 여전히 인간의 심장이 동물의 심장과 마찬가지로 그저 펌프에 불과하다는 발상은 사회적으로 금기시되는 분위기였다.

1928년 봄 의과대학을 졸업한 포르스만은 에베르스발데에 위치한 예의 그 아우구스테비크토리아병원에 외과 수련의로 들어갔다. 인턴 과정을 시작하고 그리 오래 지나지 않아 포르스만은 심장카테터법에 관한 자신의 관심을 주임교수 리하르트 슈나이더에게 털어놓았다. 슈나이더는 신중하고 보수적인 관리자인 동시에 포르스만 가족의 친구였다. 포르스만이 들려준 계획은 대담하기 이를 데 없었다. 이 젊은 인턴은 얇고 유연한 튜브를 정맥에 삽입한 뒤 상대정맥을 따라 밀어 넣어 오른쪽 심장 안으로 진입시키는 것도 모자라 살아 있는 사람, 그러니까 자기 자신을 대상으로 문제의 계획을 실행하려 하고 있었다. 슈나이더는 즉시 거부 의사를 밝혔다. 인간의 심장은 일종의 성역이었다. 외부 물질을 사용해 심장을 침범하는 행위는 의학적으로도 문화적으로도 금기시되는 일이었다. 대학의 중간급 관리자로서 슈나이더는 그러한 모험에 나서고픈 생각이 추호도 없었다. "어머니를 생각하게." 주임교수는 간곡하게 호소했다. "이미 남편을 잃은 그분께 당신의 외아들이 내가 일하는 병원에서 내가 승인한 실험을 하다가 사망했다고 알려야 하는 상황이 오면 어떨지 상상해보란 말일세." 하지만 포르스만의 의욕을 완전히 꺾어놓는 일만은 내키지 않았던지 슈나이더는 그에게 일단 동물 실험부터 시도해보라고 제안했다.

그러나 포르스만은 생각을 바꾸지 않았다. 학계의 관행에 무지했던 이 자신만만하고 야심에 찬 젊은 의사는 실험을 도와달라며 동료 인턴 페터 로마이스를 설득했다. 간호사 디첸과의 밀회가 있기 일주일 전 포르스만이 같은 병원의 한 수술실에서 로마이스를 만났다는 이야기가 있다. 동료의 도움으로 포르스만은 자신의 왼팔을 절개한 뒤 고무 재질의 방광카테터를 요측피정맥에 삽입했다. 요측피정맥은 위팔의 피부에 위치하여 손의 혈액을 받아들이는 혈관이다.

안타깝게도 35센티미터 카테터는 심장에 도달할 만큼 길지 않았다(성인의 손에서 심장까지 평균 거리는 60에서 80센티미터다). 포르스만이 카테터의 정확한 위치를 엑스레이로 확인하기 위해 투시검사실까지 걸어가겠다고 고집을 피웠을 때 로마이스는 너무 당황한 나머지 카테터를 황급히 당겨 뽑아버렸다.* 훗날 로마이스가 고백한 바에 따르면, 그는 항상 포르스만을 "다소 괴상하고 이상한 사람, 동료들과 거의 어울리지 않는 외롭고 쓸쓸한 사람"으로 여겼다고 한다. "사고력이 뛰어난 사람인지 떨어지는 사람인지 종잡을 수조차 없더라"는 것이다.

의학계에서 자기실험self-experiment은 대부분 은밀하게 시행되어 잘 알려지지 않았을 뿐, 따지고 보면 역사가 길다. 저널리스트 로런스 올트먼이 상술한 것처럼, 여러 세기에 걸쳐 의사들과 과학자들은 가장 먼저 스스로를 실험 대상으로 삼아 연구를 시행하고는 했다. 일부는 도덕적 이유로 그런 결정을 내렸다. 타인을 대상으로 실험하기에 앞서 그 실험의 위험도를 가늠해보고 싶었던 것이다. 다른 일부는 실용적인 면면을 고려했다. 피험자를 구하는 과정이 언제나 쉽지만은 않았으니까. 가령 18세기 조지 3세의 주치의 존 헌터는 임질의 전파 경로를 조사할 목적으로 임질 환자의 화농성 분비물을 자신의 음경에 주사했다가 임질과 매독에 동시에 걸리고 말았다(문제의 환자도 두 질병에 동시에 걸렸던 것으로 보인다). 100년 전 리마에서는 의대생 다니엘 카리옹이 페루사마귀verruga peruana와 '오로야열

* 포르스만은 자신이 직접 발표한 이 이야기가 실은 거짓이었다고, 로런스 올트먼이라는 기자와의 인터뷰에서 털어놓았다.

Oroya fever'이 같은 감염의 징후라는 것을 증명하기 위해 페루사마귀병에 걸린 소년의 혈액을 자신에게 주사했다. 페루사마귀병은 당시 페루에서 흔히 발생하던 질환이다. 카리옹은 혼수상태에 빠졌고 39일 뒤에 사망했다.

포르스만의 자기실험 동기가 무엇이건 간에 결국 그는 비품 창고 열쇠를 보유한 외과 간호사 디첸을 달콤한 말로 꾀어 자신에게 더 긴 카테터를 가져다주도록 설득해냈다. 훗날 그가 쓴 글에 따르면, 이를 위해 그는 "단 음식을 좋아하는 고양이가 크림 항아리 주위를 맴돌듯" 디첸 주위를 어슬렁거렸다. 일주일 뒤인 1929년 5월 12일 오후, 동료들이 당직실에서 낮잠을 자는 사이, 그는 지난번의 실패를 만회할 새로운 시도를 앞두고 있었다. 디첸은 자신이 포르스만의 첫 번째 실험 대상이 되리라고 믿었다. 하지만 포르스만의 생각은 달랐다.

자신의 왼팔 팔꿈치 앞 주름진 피부를 절개한 포르스만은 더 나은 시야를 확보하기 위해 금속 겸자로 상처를 벌렸다. 그런 다음 요측피정맥에 닿을 때까지 피부를 절개해 들어갔고, 스며 나오는 피는 깨끗한 시야를 위해 주기적으로 살살 닦아냈다. 그는 정맥을 팽팽하게 당겨 피부 표면 높이까지 들어올렸다. 색깔과 경도는 지렁이와 비슷했다. 포르스만은 정맥을 묶어 심장으로 올라가는 혈류를 차단시켰다. 정맥을 가를 때 출혈을 최소화하기 위해서였다. 그는 정맥을 가로로 절개했다. 정맥은 이내 혈액을 쏟아내는가 싶더니 얇은 막처럼 맥없이 찌그러졌다. 포르스만은 디첸에게 받아둔 65센티미터 카테터를 구멍 안으로 삽입한 뒤 깊숙이 밀어 넣었다. 훗날 그는 당시 유연한 튜브가 자신의 정맥 벽을 긁으며 올라가는 동안 경미한 기침과 더불어 따뜻한 기운을 느꼈다고 회상하는 한편, 이것이 체내 주요 부교감신경인 미주신경의 자극 때문이라고 설명했다. 피 흘리는 팔에 카테터를 대롱대롱 매단 상태에서 그는 디첸을 풀어주었다. 모르긴 해도 그녀는 속박에서 벗어나기 위해 홀로 고군분투 중이었으리라. 화가 머리끝까지 난 간호사에게 포르스만은 투시검사실로 따라와 사진 촬영을 도와달라고 말했다. 이제 곧 둘이서 함께 새 역사를 쓰게 되리라는 자각 때문이었을까. 아니면 자신의 몸에 스스로 칼을 대는 인턴에 대한 두려움 때문이었을까. 디첸은 지시에 순순히 복종했다. 그들은 조용히 아래층으로 내려갔다. 투시검사실에 도착한 두 사람은 일사불란하게 움직였다. 포르스만이 이동식 침상에 누웠다. 디첸은 그가 화면에 나타난 카테터 끝부분을 관찰할 수 있도록 앞에서 거울을 들고 있었다. 첫 번째 엑스레이를 확인한 결과 카테터는 아직 목적지에 도달하지 않은 상태였다. 포르스만은 카테터를 더 깊이, 팔이 부어오를 정도로 거의 끝까지 밀어 넣었다. 그때 난데없이 포르스만의 동료 인턴 로마이스가 부스스한 머리에 잠이 덜 깬 상태로 투시검사실에 들이닥쳤다. 그는 포르스만을 만류하려 들었다. 보아하니 포르스만이 자살하려 한다는 소문이 병원 전체에 퍼진 듯했다. 로마이스가 들어왔을 때 포르스만은 차분하고 창백한 모습으로 이동식 침상에 누워 천장을 응시하고 있었다. 시트는 피로 흥건했고, 그의 팔에는 여전히 카테터가 꽂혀 있었다. "대체 무슨 짓이야?" 로마이스가 소리쳤다. 포르스만의 글에 따르면, 로마이스는 포르스만에게 정강이를 발로 몇 번 걷어차인 뒤에야 비로소 잠잠해졌다. 포르스만은 카테터를 마지막 남은 몇 센티미터까지 밀어 넣었다. 이내 카테터의 끝부분이 겨드랑이를 깔끔하게 통과하는가 싶더니 우심방 안으로 진입했다. 기념비적인—말 그대로 침입의—순간이었다. 철학자들과 의사들이 수 세기 동안 기다려온—실은 두려워해온—순간이 마침내 도래한 것이다. 디첸과 크게 놀란 방사선 기사는 카테터의 위치를 기록하기 위해 사진을 찍었다. 그제야 비로소 포르스만은 튜브를 몸 밖으로 뽑아냈다.

포르스만의 행동을 전해 들은 슈나이더는 포르스만이 의학계에 중요한 기여를 했다는 점에 대해서는 (근처 술집에서 술김에) 인정하면서도 그의 불복종에 대해서는 불같이 화를 냈다. "설마 해부용 시체에 먼저 시도해보지도 않고 자네 몸에 그런 짓을 한 건 아니겠지?" 슈나이더가 추궁했다. 포르스만이 과학계에서 미치광이 취급을 받지 않게 해주려는 마음에서였다. 어찌 됐건 에베르스발데에서는 제자를 위해 해줄 수 있는 일이 아무것도 없었다. 결국 그는 포르스만에게 더 연구 지향적인 기관으로 자리를 옮겨 관심 분야에 집중할 것을 제안했다.

몇 달 뒤 포르스만은 베를린의 샤리테병원에 무급으로 취직했다. 그리고 1929년 11월, 그의 자기실험 결과는 주요 학술지 중 하나인 『주간 임상Klinische Wochenschrift』에 「우심실 탐사Probing the Right Ventricle of the Heart」라는 제목으로 게재되었다. 언론에서는 논문을 대대적으로 보도했지만, 의학계에서는 포르스만을 황당한 괴짜로 취급했다. 몇 년 뒤 상황은 바뀌었지만, 발표 당시만 해도 그러한 시술을 대관절 어떤 경우에 적용해야 하는지가 명확치 않았을뿐더러, 대사 연구나 심장소생cardiac resuscitation에 심장카테터법을 활용하자는 포

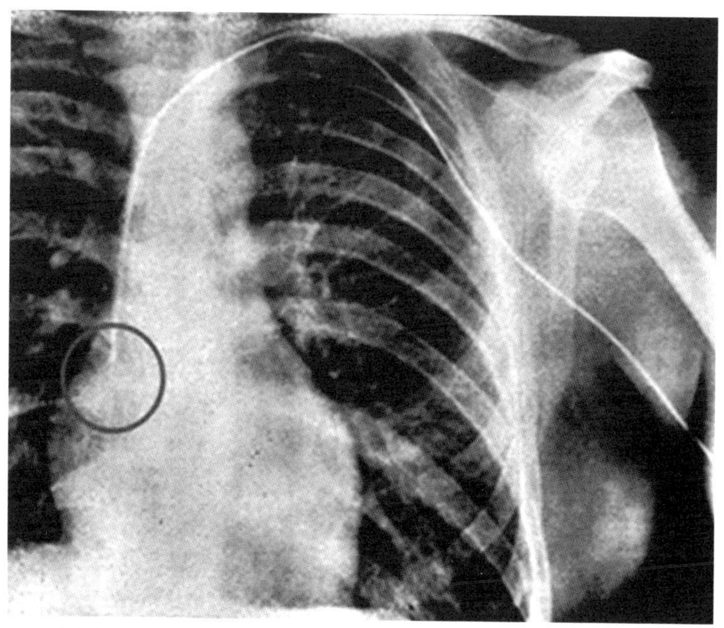

포르스만이 자기 몸에 카테터를 삽입하고 촬영한 엑스레이 상. 카테터가 팔을 지나 우심방에 들어가 있다(W. Forssmann, *Klinische Wochenschrift* 8 [1929]: 2085–2087에서 발췌, 포르스만의 허가를 받아 재수록).

르스만의 기발한 제안은 단 한 사람의 호응도 얻어내지 못했다. 한술 더 떠 독일에서 손꼽히던 외과의사 에른스트 웅거는 자신이 이미 수년 전에 심장카테터법을 시행했고, 포르스만이 웅거의 연구 공로를 짐짓 모른 척했다는 거짓 주장을 펼쳤는데, 이 주장은 『주간 임상』 편집장에 의해 공식적으로 부인되었다. 자신을 둘러싸고 온갖 논란이 난무하는 가운데 포르스만은 겨우 26세의 나이에 해고되었다. 당시 샤리테병원의 외과 과장이자 독일에서 손꼽히는 학자였던 페르디난트 자우어브루흐는 그에게 이렇게 말했다고 전해진다. "자네는 서커스단에나 어울리는 사람이야. 점잖은 병원이 아니라."

1930년 1월 슈나이더는 포르스만을 다시 에베르스발데로 불러들였다. 그곳에서 이 젊은 의사는 본래의 카테터 실험을 재개했다. 마침내 동물 연구도 시작했다. 실험용 개들은 어머니의 아파트에서 길렀다. 그러다 필요해지면 모르핀을 주사한 다음 자루에 담아 오토바이로 병원에 실어오고는 했다. 이듬해에는 자기실험도 재개했다. 엑스레이로 심장의 기능을 더 정확히 관찰하기 위해 자신의 심장에 방사선 조영제를 주사한 것이다. 사진은 기대만큼 뚜렷하지 않았고 실험은 대체로 실패했다. 하지만 포르스만은 자신의 두 팔에 (그리고 서혜부에) 찔러볼 수 있을 만큼 온전한 정맥이 남아나지 않을 때까지 시도를 멈추지 않았다. 이처럼 자기 몸을 희생시켰음에도 외과학회에서 포르스만의 발표는 가장 마지막 순서로 배정되었고, 사람들의 이목을 끄는 데도 실패했다. 연구의 지지부진한 진척과 학계의 냉담한 반응에 낙담한 나머지 포르스만은 심장내과를 그만두고 비뇨기과로 전향했고, 결국은 삼촌 발터처럼 슈바르츠발트에 위치한 작은 소도시에 개인 병원을 개업했다.

하지만 포르스만이 실시한 자기실험의 가치를 알아본 이들이 있었으니, 미국의 두 과학자 앙드레 쿠르낭과 디킨슨 리처즈가 바로 그 주인공이었다. 두 사람은 컬럼비아 장로교 의료센터에 재직하다가 이후 뉴욕 벨뷰병원으로 자리를 옮겼고, 1930년대 후반 포르스만의 기법을 우연히 발견한 뒤로는 그 방법을 사용하여, 처음에는 개와 침팬지를 대상으로, 나중에는 인간을 대상으로 심장의 압력과 혈류를 측정했다. 그러던 중 전쟁의 그림자가 다가오면서 두 사람의 연구는 급물살을 탔다. 외상 쇼크의 치료에 도움이 될 만한 혈액순환 연구에 연방정부가 관심을 보이면서 관련 연구를 독려하는 분위기가 조성되었기 때문이다. 10년이라는 시간 동안 벨뷰의 과학자들은 직경만 몇 밀리미터쯤 조정한 방광카테터를 이용해 선천적 심장질환과 심낭질환, 류머티즘성 심질환 환자들의 혈류 역학을 연구했다.*

1956년, 그러니까 포르스만의 독창적인 실험이 있은 지 거의 30년 만에 쿠르낭과 리처즈, 포르스만은 "심장카테터법 및 순환계의 병리적 변화에 대한 발견" 공로를 인정받아 노벨생리의학상을 공동 수상했다. 노벨상 수상자 강연에서 쿠르낭은 포르스만에게 그 영광을 돌리며, 심장카테터는 인간 심장의 복잡한 생리를 알아내려면 반드시 열어야 하는 "자물쇠에 꽂힌 열쇠"라고 말했다. 아닌 게 아니라 심장카테터법은 명실상부 20세기의 가장 위대한 의학적 발견 중 하

* 미국 이외의 국가에서는 관련 연구가 더 느리게 진행되었다. 런던의 의사 존 맥마이클 경은 자신이 진행하던 쇼크 연구에 카테터법을 사용하고 싶어했다. 그는 쿠르낭에게 연락했고, 쿠르낭은 기법에 대한 정보를 공유했다. 그러나 맥마이클 경의 한 동료는 그 기법이 위험하다고, 만에 하나 환자가 사망하여 과실치사 혐의로 기소될 경우 법정에서 자신을 방어할 수 없을 거라고 경고했다.

나로 수많은 응용법이 그로부터 파생했다. 가령 심장카테터법을 활용한 관상동맥조영술coronary angiography이나 관상동맥스텐트, 우심방과 우심실 연구는 셀 수 없이 많은 목숨을 때 이른 죽음으로부터 구해냈다. 그런가 하면 포르스만은 "자신이 주교가 되었다는 사실을 갓 알게 된 시골 교구 사제의 기분"에 빗대어 스스로의 얼떨떨한 심경을 표현했다. 하지만 노벨상 수상에도 불구하고 포르스만은 끝내 심장 연구에 복귀하지 않았다. "그쪽 분야는 이미 너무 많은 발전이 이뤄진 상태라 상황을 냉철하게 고려할 때" 자신은 "결코 그 속도를 따라잡지 못하리라는 확신이 들었다"는 것이다. 자신 같은 사람은 "선도적 화석 역할에 만족하는 것이 더 바람직하다"고 그는 결론지었다. 포르스만은 비뇨기과 의원 일에만 묵묵히 매진하다가, 1979년 6월 1일 심장마비로 사망했다.

포르스만의 신기원적인 실험이 있은 지 10년도 지나지 않아, 심장을 만지는 행위에 대한 금기는 허물어졌다. 과학자들은 동물과 인간의 심장에 접근하는 온갖 경로를 탐색했다. 흉골 아래로, 갈비뼈들 사이로, 유두 바로 아래에서, 좌심방을 통해, 대동맥을 통해, 흉골상절흔이라는 흉골과 목 사이의 움푹하고 약한 지점을 통해, 그리고 심지어는 등으로. 그들은 한때 베일에 싸여 있던 기관에 유례없이 가까이 다가가 그것의 생리학적 특징을 그 어느 때보다 생생하게 확인할 수 있었다.

하지만 과학계에서 깨어진 금기는 새로운 형태의 금기로 되살아나게 마련이다. 심장을 만지는 행위를 더는 금기시하지 않게 되자, 비슷하게 신성시되는 금기의 영역이 새롭게 지정되었다. 심장의 사과

알만 한 방들에 접근하는 행위와 그 방들에 혈액을 공급하는 관상동맥에 바늘을 삽입하는 행위는 완전히 다른 종류의 도전으로 여겨졌다. 관상동맥은 직경이 겨우 5밀리미터 될까 말까 한 작은 혈관이다. 질환으로 지방성 플라크가 축적되면, 그 좁은 직경은 마이크로미터 단위까지 수축될 수 있다. 사정이 이렇다 보니, 그런 혈관에 조영제를 안전하게 주사할 수 있으리라고는 누구도 생각지 않았다. 단 몇 초 동안이라도 관상동맥을 카테터로 막아두는 행위는 치명적인 부정맥을 촉발시킬 수 있다는 두려움 때문이었다. 두려움과는 담을 쌓은 듯 보였던 포르스만조차도 관상동맥을 건드릴 생각은 꿈에도 하지 않았고, 관상동맥에 관한 연구는 오로지 부검을 통해서만 이루어졌다. 그 어떤 동물 실험도 의사들 사이에 만연한 이 두려움의 타당성을 입증해주지 않았지만, 다시금 인간의 심장은 인간이 함부로 손댈 수 없는 특수한 기관으로 여겨지게 되었다. 하지만 그런 믿음에도 이내 균열이 가기 시작했다. 제2차 세계대전 이후로 관상동맥은 심장학계에서 개척해야 할 새로운 영역이자 간절한 목표가 되어 있었다.

7

스트레스성 파열

고통이나 기쁨, 희망이나 두려움이 수반된 마음의 모든 상태는 심장에 영향을 미치는 불안의 원인이다.

윌리엄 하비, 『동물의 심장과 혈액의 운동에 관한 해부학적 연구De Motu Cordis』

심장카테터실에서 나는 관상동맥질환의 결과물인 단단한 플라크와 폐색성 혈전 같은 것들을 시각적 이미지로 확인할 수 있었다. 이런 질환은 도대체 무슨 이유로 발생하는 것일까? 이는 1900년대 중반, 그러니까 인공심폐기를 개발하고 심장카테터법을 다듬는 작업이 한창이던 바로 그 시기에 과학자들을 괴롭히던 질문이었다. (의학계에서는 이처럼 치료가 이해를 앞서가는 상황이 매우 흔하게 벌어진다.) 하지만 1960년대 무렵 의사들은 그 질문의 답이 될 만한 다소 불완전한 아이디어 하나를 품고 있었다. 모태가 된 연구는 제2차 세계대전 직후 매사추세츠의 작은 소도시에서 시작되었고, 현대 과학의 관점에서 심장질환을 이야기할 때 그 연구가 차지하는 지분은 가히 독보적이다.

프레이밍햄 심장 연구Framingham Heart Study가 시작된 계기는 명확했다. 1940년대 미국에서 심혈관질환은 사망의 주된 원인이었다. 죽음의 반 이상이 심혈관질환 때문이었으니까. 하지만 심장질환에 관한 지식은 현대 교과서의 한 장을 소략하게 채우기도 어려울 정도로 빈약했다. 예컨대 의사들은 심근경색이 관상동맥의 전체적 혹은 대체적 폐색으로 인해 유발된다는 사실을 알지 못했다. (이러한 메커니즘은 1955년까지, 그러니까 소설 『롤리타』에 주인공 험버트 험버트가 '관상동맥혈전증'으로 사망했다는 문장이 적히기 전까지는, 대중적인 문학에서 언급조차 되지 않았다.) 뿐만 아니라 협심증이, 그러니까 관상동맥의 혈류량 감소로 인한 가슴 통증이 심리적 증후군인지 유기적 원인에 의한 질환인지에 대해서도 판정을 내리지 못했다. "예방법과 치료법에 대한 이해가 현저히 부족하다 보니, 대부분의 미국인은 심장질환 환자의 때 이른 죽음을 피할 수 없는 운명처럼 받아들였다." 토머스 왕 박사와 동료들은 몇 년 전 『랜싯The Lancet』 지에 실린 논문에 그렇게 적었다.

이러한 무지의 희생양 중에는 미국의 32대 대통령 프랭클린 델러노 루스벨트도 포함돼 있었다. 주치의들과 가족은 물론 기자들까지도 마치 서로 짠 것처럼 그를 건강의 화신인 양 묘사했지만 알고 보면 거의 대통령 임기 내내 그는 건강이 좋지 않았다(대중에게 잘 알려지지 않은 예를 하나 들자면, 루스벨트는 39세에 걸린 소아마비의 후유증으로 사실상 줄곧 휠체어 신세를 졌다). 대통령으로 4선 임기를 수행하는 동안 루스벨트의 혈압은 점차 상승했지만, 주치의였던 이비인후과 전문의 로스 매킨타이어 제독은 이런 사실에 대체로 무심해 보였다. 루스벨트가 두 번째 임기를 시작한 1937년 그의 혈압은 170에 100이었다(오늘날의 기준에서 정상 혈압은 아무리 높아도 140에

90을 넘지 않아야 한다). 뿐만 아니라 일본이 진주만을 공습한 1941년에는 190에 105로, 미국 군대가 노르망디에 상륙한 1944년 6월 무렵에는 226에 118로 상승했는데, 이는 자칫 생명을 위협할 수도 있는 수준이었다. 얄타회담이 열리던 1945년 2월에 윈스턴 처칠의 주치의는 루스벨트가 "동맥경화에서 나타날 수 있는 모든 증상을 보이고 있어 (…) 길어야 몇 달 밖에는 살지 못하리라고 판단한다"고 썼다. 하지만 정작 루스벨트의 주치의 매킨타이어는 대통령이 건강하고 그의 문제는 "그 나잇대 남성이라면 누구나 겪는 정상적 현상"이라는 입장을 굽히지 않았다.*

루스벨트가 마지막 연두교서에서 "1945년을 인간 역사상 가장 위대한 성취의 해로 만들 수 있다"고 선언하고 채 한 달도 지나지 않아 그의 건강은 눈에 띄게 악화되었다. 이미 루스벨트는 울혈성 심부전의 전형적 증상인 숨 가쁨과 과도한 땀 분비, 복부 팽만으로 베데스다해군병원에 입원한 상태였다. 당시 미국에는 심장내과 전문의가 몇백 명밖에 존재하지 않았다. 그중 하워드 브루엔은 대통령에게 "고혈압성 심장질환과 심부전"이라는 진단을 내렸다. 하지만 마땅히 써볼 만한 치료법은 거의 없었다. 브루엔은 루스벨트에게 강심제의 일종인 디기탈리스와 저염 식단을 처방했지만, 루스벨트의 혈압은 지속적으로 상승했고, 1945년 4월 12일 루스벨트가 향년 63세의 나이에 뇌졸중과 뇌출혈로 사망할 때까지도 생명을 위협할 만큼의 높

* 영국인들은 그러한 망상에 속지 않았다. 1943년 5월 백악관에 방문했을 때 처칠은 자신의 주치의에게 루스벨트가 "굉장히 지친 상태"라는 걸 알아챘느냐고 물었다. 그러고는 "여기 있는 미국인들은 그가 끝났다는 사실을 받아들일 마음의 준비가 되어 있지 않다"고 불길하게 덧붙였다.

은 수치를 유지했다. 재활치료차 머물던 조지아주 웜스프링스에서 초상화를 그리기 위해 포즈를 취하던 중에 루스벨트가 남긴 생애 마지막 말은 "머리가 지독하게 아프군"이었다.

루스벨트의 죽음은 국가적인 비극이었다. 하지만 헛되지는 않았다. 1948년 의회는 "심장과 순환계의 질환으로 국민 건강이 심각한 위협에 직면해 있다"고 선언하며, 이에 대한 조치로 국민심장법 National Heart Act을 통과시켰다. 문제의 법안에 서명하며 해리 트루먼 대통령은 심장질환을 일컬어 "공중보건 분야에서 우리가 직면한 최대의 난제"라고 언명했다. 국민심장법의 통과로 설립된 국립보건원 산하 국립심장연구소는 심혈관계 질환의 예방과 치료에 관한 연구에 박차를 가했다. 초창기 보조금 중 일부는 미 공중보건국에서 실시하는 역학 연구를 위해 지급되었다.

역학은 질병의 생태, 그러니까 질병이 언제 어디서 발견되고 발견되지 않는지를 연구하는 학문이다. 세계 최초의 역학 연구는 1854년 런던의 소호 지역에 콜레라가 대규모로 창궐했을 때 빅토리아 여왕의 주치의 존 스노가 실시했다. 스노는 요크라는 소도시 안에서도 배설물과 하수로 오염된 두 강줄기가 교차하는 구역에서 태어났다. 짐작건대 그곳에서 보낸 어린 시절은 깨끗한 물이 공동체의 삶에 얼마나 중요한지를 그에게 각인시켰다. 문제의 유행병이 소호 지역을 강타하기 10년쯤 전에 시행한 연구를 근거로 스노는 콜레라의 감염원이, 그가 몸담은 런던의학협회 동료들의 믿음과 달리, 더러운 공기가 아닌 '병원성 물질'이라고 결론지었다. 이 같은 이론의 부분적 근거는 콜레라의 발생지로 취급되던 가축 도살장 노동자들의 발병률이 일반 대중의 발병률과 별반 다르지 않다는 사실에 있었다. 고로 1854년 런던에 콜레라가 발생했을 때 스노의 시선은 어느 우물을 향했다. 그는 일반등록청General Registry Office을 찾아가 소호 지역에서 콜레라로 사망한 이들의 주소를 지도에 일일이 표시하던 중 대부분의 사망자가 브로드가에 설치된 어느 양수기 부근에 거주했다는 사실을 발견했다. 꼼꼼한 성격의 소유자답게 스노는 소호 주민 중 콜레라에 걸리지 않은 이들에 대한 연구도 함께 실시했다. 대상은 근처 교도소 수감자들과 양조장 노동자들이었다. 조사 결과 교도소는 브로드가의 양수기를 이용하지 않았다. 양조장 노동자들은, 관리인 허긴스 씨의 이야기에 따르면 (자신들이 생산하는 맥아주를 소비하거나) 양조장 내 우물에서 퍼 올린 물만 마셨다.

스노는 세균에 대한 지식이 전혀 없었다. 하지만 그는 문제의 우물에서 물을 퍼 올릴 수 없게끔 양수기의 손잡이를 제거하도록 지역 교구위원회를 설득해냄으로써, 616명의 목숨을 앗아간 그 유행병의 발생을 억제할 수 있었다. 나중에 물 표본을 조사한 뒤에야 런던 당국은 문제의 양수기가 근처 시궁창에서 흘러든 하수로 오염되어 "왕국 역사상 가장 끔찍한 콜레라의 발병"을 초래했다는 스노의 생각이 틀리지 않았음을 비로소 확인했다. 스노의 역학 조사는 수많은 목숨을 구해냈다. 더불어 이 못지않게 중요한 부분은, 원인을 정확하게 이해하지 못한 상태에서도 유행병을 통제할 수 있다는 사실이 그로써 입증됐다는 점이다.*

* 그로부터 30년이 지난 1884년 독일 의사 로베르트 코흐는 콜레라의 병원균 비브리오콜레라Vibrio Cholerae를 분리하는 데 성공했다.

스노의 연구 이후 역학 조사 기법이 잇따라 개발되면서, 미국 공중보건 당국은 콜레라나 결핵, 한센병과 같은 급성 전염병에 관심을 집중하기 시작했다. 반면 심장질환과 같이 만성적이고 전염성이 없는 질병은 당국의 관심에서 멀어졌다. 하지만 루스벨트의 죽음 이후로 공중보건국 부국장이자 전쟁지역말라리아통제사무국Office of Malaria Control in War Areas(향후 질병통제센터Centers for Disease Control로 명칭이 바뀌었다) 설립자 조지프 마운틴은 이러한 불균형을 바로잡기 위해 부단히 애를 썼다. 19세기 중엽에는 콜레라와 마찬가지로 심장질환의 결정적 요인에 대해서도 알려진 내용이 거의 없었다. 그럼에도 스노는 콜레라라는 유행병에 걸린 환자들을 조사함으로써 위험인자를 밝혀낼 수 있었다. 그렇다면 심장질환에 걸린 환자들을 조사함으로써 위험인자를 밝혀내는 일도 가능하지 않을까?

제2차 세계대전 이후 미국의 분위기는 그와 같은 연구에 호의적이었다. 새로운 병원들이 설립되는 와중이었고, 국립보건원은 확장 중이었으며, 기초 연구와 임상 연구에 대한 연방정부의 재정적 지원 또한 증가한 상태였다. 더욱이 국민적 사랑을 받던 대통령이 사망한 직후였다. 이러한 환경 속에서 상황은 빠르게 진행되었다. 1948년 여름 공중보건국은 매사추세츠주 보건부와 심장질환 역학 연구의 기본적 틀에 대한 협의를 이미 마무리한 상태였다. 매사추세츠주와 손을 잡기로 한 결정은 자연스러운 선택이었다. 명문으로 손꼽히는 하버드와 터프츠, 매사추세츠 의과대학이 보스턴과 인근 지역에 포진해 있었으니까. 보건국장은 심장 검사용 도구를 개발하기 위한 예비 연구에 "따뜻하고 열광적인" 지원을 아끼지 않았다. 연구 장소로는 하버드대학병원 의사들의 지지에 힘입어 보스턴에서 서쪽으로 32킬로미터쯤 떨어진 소도시 프레이밍햄이 선정되었다.

17세기 말엽 프레이밍햄은 농업 공동체인 동시에, 최초의 교육대학과 최초의 여성 교도소가 들어선 곳이었다. 또한 근교의 세일럼에서 마녀사냥에 쫓겨 도망친 이들을 품어준 피난처이기도 했다. 남북전쟁 기간에는 매사추세츠주 내 소도시 중 최초로 지원병 부대를 꾸렸다. 하지만 1940년대 무렵 프레이밍햄은 중산층 위주의 공업도시로 탈바꿈했다. 아이들은 나무가 늘어선 거리에서 정원용 호스를 가지고 놀았다. 시민 2만8000명의 대부분이 단독주택에 살았고, 중산층 가족의 연간 수입은 대략 5000달러(오늘날의 화폐 가치로는 대략 5만 달러)였다. (물론 예외는 존재했다. 가령 고인이 된 대통령의 아들 제임스 루스벨트는 세일럼엔드가에 넓은 토지를 소유하고 있었다.) 프레이밍햄 거주민의 대부분은 전형적인 고기와 감자 위주의 식습관을 갖고 있었다. 미국의 나머지 지역과 마찬가지로 주민의 절반이 흡연자였다. 주류는 서유럽계 백인들로, 제2차 세계대전 이후의 미국을 대표하기에 적당해 보였다.

프레이밍햄 연구의 핵심적 질문은 이것이었다. 뚜렷한 심장질환이 없는 사람에 대해서도 심장마비의 위험도를 예측할 수 있을까? 연구자들은 다음과 같은 계획을 세웠다. 30세에서 59세의 건강한 성인 5000여 명을 20년 동안, 연구 결과를 도출하는 데 필요한 만큼의 사람에게 심장질환이 발생할 때까지 추적 조사한다. 그리고 이 과정에서 심장질환의 발생 요인들을 밝혀낸다. (또한 이후에는 문제의 요인들을 조절하여 건강한 사람에게 심장질환이 발생하지 않도록 예방할 방책을 강구한다.) 그 당시 연구자들은 '신경과 정신의 상태', 직업, 경제적 지위, 벤제드린과 같은 각성제의 사용이 위험인자라는 가설을 세웠다. 물론 심장질환을 콜레스테롤과 연계시킨 연구도 이미 수십 년 전에 진행되어 관련 자료를 얼마든지 구할 수 있었지만(1913년 세인트피터즈버그의 연구자들은 토끼에게 고기나 달걀처럼 콜레스테롤이 풍부한 음식을 다량으로 먹이면 죽상경화판이 형성된다는 사실을 입증한 바 있었다), 이러한 정보는 아직 의사들이나 미국 대중에 널리 알려져 있지 않았다.

프레이밍햄 연구의 초기 경비는 소박했다. 9만4000달러 정도였는데, 대부분이 사무용품—흡연자인 연구원들이 쓸 재떨이를 포함한—구입비로 사용되었다. 부국장 마운틴은 공중보건국의 젊은 공무원 길신 메도스를 일차 책임자로 임명했다. 메도스는 미시시피주 출신으로, 툴레인 의과대학을 겨우 8년 전에 졸업한 풋내기였다. 마운틴에게 선임될 당시 그는 공중보건학 석사학위를 따기 위해 존스홉킨스에서 여전히 수학 중이었다. 경험 부족은 차치하고서라도 메도스의 앞에는 수많은 난관이 놓여 있었다. 우선 연방정부를 그다지 신뢰하지 않는 지역 의사들을 설득해 공중보건국에 대한 협조를 끌어내야 했다. 또한 건강한 사람에게 심장질환이 발생하기까지는 긴 시간이 필요하리라는 점을 감안할 때, 피험자로 적합한 주민의 거의 절반이 참여에 동의해야 했고, 인원의 자연 감소율은 0에 가까울 정도로 낮아야 했다.

연구 공지는 1948년 10월 11일 지역 신문의 작은 광고란을 통해 이뤄졌다. 이어서 젊은 신출내기 역학자 메도스가 행동에 돌입했다. 셔츠 앞주머니에 펜을 꽂고 다니는 전형적 관료들과 달리 메도스는 매력적이고 사교적이었다. 그는 주민 회의에 참석했고 시의 지도층 인사들과 친목을 다졌다. 야심 찬 젊은이의 등장에 한껏 우쭐해진 퇴역 군인들과 변호사들, 주부들은 인적 네트워크를 총동원하여 연구에 관해 소문을 퍼뜨렸다. 메도스의 신입 연구원들은 집집마다 찾아가 문을 두드렸고, 전화로 실험 참여를 의뢰했으며, 교회와 학부모회, 공동체 모임에도 얼굴을 내밀었다. 그들의 임무는 메도스를 도와, 그 어떤 직접적 혜택을 약속받지 않고도(물론 연구가 끝나면 그 결과를 토대로 "개인의 습관과 환경을 조절하는 문제와 관련하여 바람직한 권고 사항"이 도출될 것이라는 메도스의 언질이 있기는 했지만) 연방정부 공무원들에게 개인정보를 드러낼 의사가 있는 주민들을 찾아내 피험자로 등록시키는 일이었다. 채 몇 주도 지나지 않아 메도스의 조사원들은 그해 봄의 약속기록부를 한 줄도 빠짐없이 채워 넣었다. 첫 번째 연구의 설문지에는 개인적 이력이나 가족력, 부모의 사망 연령, 습관, 정신 상태, 약물 사용에 관한 항목들이 들어갔다. 정부가 임명한 의사들은 피험자들의 눈을 자세히 살피는가 하면, 간과 림프절을 촉진했다. 혈액 검사와 소변 검사는 물론, 엑스레이와 심전도 검사도 시행되었다. 콜레스테롤 검사는 기획 단계부터 검사 항목으로 거론됐지만, 조사가 시작된 뒤에야 가까스로 시행이 확정되었다.

1년 뒤 연구의 지휘권은 새로 설립된 국립심장연구소로 넘어갔다. 국립심장연구소는 프로젝트의 성격에 변화를 주었다. 방법론 면에서 더 엄격하게 조정한 것이다. 지원자들을 모집하는 대신, 편견의 싹을 자르는 차원에서 무작위로 피험자를 선발했다. 또한 연구의 초점은

'심리사회적' 위험인자에서 생물학적 위험인자 쪽으로 이동했다. 성기능 장애, 정신과적 문제, 정서적 스트레스, 수입, 사회적 계층에 관련된 질문들은 폐기되었다. 국립심장연구소의 통계학자들은 심장질환이 발생할 때 공통적으로 나타나는 각 위험인자의 상대적 중요성을 계산하기 위해 이른바 다변량분석법multivariate analysis을 고안해냈다. (처음 프레이밍햄의 과학자들은 연령과 혈청 콜레스테롤, 몸무게, 심전도 이상, 적혈구 수치, 흡연 정도, 수축기 혈압에 초점을 맞추었다.) 결과적으로 1950년대에 프레이밍햄 연구는 한 연구원의 글처럼 "임상적으로 편협"하여 "심장질환을 유발하는 심리적 요인이나 체질적 요인, 사회학적 요인에 대한 조사는 거의 제대로 이뤄지지 않았다". 그리고 이러한 경향은 훗날 대세적 흐름으로 자리 잡았다.

거의 10년에 걸쳐 대략 5200명의 환자를 면밀히 관찰한 끝에 (그리고 이전까지 거의 3000편의 논문을 작성한 끝에) 프레이밍햄 연구진은 환자의 혈압이 높아지면 관상동맥 심장질환 발생률도 4배 가까이 높아진다는 사실을 증명하는 핵심적 논문을 1957년에 발표했다. 또한 몇 년 뒤에는 고혈압이 뇌졸중의 주된 원인임을 증명해냈다. 루스벨트 대통령의 때 이른 죽음을 언급하며 프레이밍햄 과학자들은 "고혈압과 그것이 심혈관계에 미치는 영향에 관한 세간의 믿음이 대부분 틀렸을 가능성이 있다는 증거가 쌓여가고 있다"고 논평했다. 루스벨트 대통령의 심장내과 주치의 브루엔 박사조차도 "고혈압을 조절하기 위한 최신의 기법들을 일상적으로 적용할 수 있게 되면, 역사의 흐름이 과연 어떤 방향으로 변화할지 자못 궁금해지곤 했다"고 어느 글에서 고백한 바 있다.

후에 프레이밍햄 연구진은 다양한 논문을 통해 관상동맥질환의 추가적 위험인자들을 규명해냈고, 그러한 인자에는 당뇨와 높은 혈청 콜레스테롤 농도가 포함되었다. 한 논문에서는 심장마비 5건 중 1건이 돌연사를 최초의 유일한 증상으로 동반한다는 결론을 이끌어냈는데, 이는 수백만 명의 미국인이 안고 사는 엄청난 두려움이 사실에 근거한 감정임을 공식적으로 인정하는 발견이었다. 또한 1960년대 초반에는 흡연과 심장질환 사이의 명확한 연관성이 확인되었다(이전의 연구들에서는 흡연자들의 수명이 충분히 길지 않아 명확한 결론을 도출할 수 없었다). 이러한 연관성을 토대로 공중보건국장은 흡연의 건강상 유해성을 상세히 다룬 첫 번째 보고서를 발표했다. 1966년 미합중국은 최초로 담뱃갑의 경고문 부착을 의무화한 국가가 되었다. 4년 후 리처드 닉슨 대통령은 주로 프레이밍햄 연구에 근거하여 텔레비전과 라디오에서 담배 광고를 금지하는 법안에 서명했는데, 이는 20세기 후반 공중보건 분야가 이뤄낸 위대한 성취였다.

하지만 1960년대 후반 프레이밍햄 연구는 재정 지원의 부족으로 사실상 개점휴업 상태에 놓였다. 암살과 폭동, 평등권 운동, 베트남 전쟁 등 사건사고가 줄지어 일어나 정책 입안자들의 정신을 쏙 빼놓는 상황이었다. 그러니 매사추세츠주의 작은 소도시에서 진행하는 역학 연구가 많은 사람의 관심을 확보하기란 쉽지 않았을 테다. 이런 고로 프레이밍햄 연구자들은 나라 곳곳을 돌며 개인 독지가들을 설득해 지원금을 마련해보고자 고군분투했다. 기부자 명단에는 담배협회Tobacco Institute나 런천미트의 제조사 오스카메이어Oscar Mayer처럼 뜻밖의 주체도 일부 포함돼 있었다. 결국에는 닉슨 대통령의 개인 주치의이자 심장내과 전문의 폴 더들리 화이트가 나섰다. 그가 로비를 벌인 뒤에야 비로소 연방정부는 프레이밍햄 연구에 대한 지원을 재개했다.

프레이밍햄 연구는, 심혈관계 질환의 치료에서 위험군을 대상으로 한 예방으로 의학계의 초점을 이동시켰다. (실제로 '위험인자risk factor'라는 용어는 프레이밍햄 연구원들이 1961년에 소개한 것이다.) 1998년, 내가 아직 의대생이던 시절에 프레이밍햄 연구진은 그때까지 밝혀진 심장질환의 대표적이고 독립적인 위험인자들—가족력, 흡연, 당뇨, 높은 혈청 콜레스테롤, 고혈압—을 근거로 특정 환자의 10년 내 심장질환 발생 위험도를 계산하는 하나의 공식을 만들어 발표했다. (내 관상동맥에 쌓인 플라크를 CT 스캔에서 처음으로 확인한 뒤 내가 사용했던 공식도 바로 이것이었다.) 이와 같은 위험인자를 겨냥하여 구축된 프로그램들은 오늘날 공중보건의 질을 개선하는 데 상당한 도움을 주었다. 예컨대 최근 12년 동안 스웨덴 남성 2만 명을 대상으로 실시된 한 연구는 심장마비의 5건 중 거의 4건이 프레이밍햄 연구 결과에 기초한 생활방식의 변화로, 그러니까 건강한 식단과 알코올 소비량 조절, 금연, 신체 활동량 증가, 정상 체중 유지와 같은 방법으로 예방될 여지가 있음을 확인시켰다. 이 다섯 가지 방법을 모두 실천한 남성은 그러지 않은 남성에 비해 심장마비에 걸릴 가능성이 86퍼센트 더 낮았다. 그보다 앞서 약 8만8000명의 젊은 여성 간호사를 20년 동안 추적 조사한 연구 결과에 따르면, 건강한 생활방식을 추구한—담배를 피우지 않고, 정상 체중을 유지하고, 일주일에 적어도 2시간 30분 이상 운동하고, 알코올 소비량을 조절하고, 건강한 식단을 지키고, 텔레비전을 적게 시청한—피험자들은 대부분 그 어떤 심장질환에도 걸리지 않았다.

이렇듯 관상동맥 심장질환에 대한 우리의 이해도를 증진시키는 데 프레이밍햄 심장 연구가 중요한 기여를 한 것은 사실이지만, 놓친 부분도 분명 존재한다. 가령 프레이밍햄 연구의 위험인자 기준이 유색인종에게도 똑같이 적용되지는 않는 듯하다. 메도스와 초기 연구원들은 피험자의 다양성 부족이 프레이밍햄 심장 연구의 뼈아픈 한계라는 점을 인정했다.* 의대생 시절 내가 해부한 시체와 우리 할아버지의 경우는 어떨까? 1959년 『미국심장학회지American Heart Journal』에는 인도계 남성의 심장질환 조기 발병 위험도가 상대적으로 높다는 사실을 입증하는 최초의 연구 논문이 게재되었다. 인도계 남성들은 프레이밍에 사는 남성들에 비해 심장질환 발생률이 4배 더 높았다. 고혈압이 있거나 흡연을 하거나 콜레스테롤 수치가 높은 사람이 비교적 적고, 대부분이 채식 위주의 식사를 하는데도 말이다. 오늘날 남아시아에서 심장마비의 대부분은 프레이밍햄 위험인자가 없거나 있더라도 한 가지뿐인 남성에게 발생한다. 지난 반세기에 걸쳐 관상동맥질환의 발생률은 인도의 도시에서는 3배, 인도의 시골에서는 2배가 증가했다. 같은 시기 미국에서는 심장마비의 최초 발생 연령이 평균 10년 올라간 반면, 인도에서는 10년가량 내려갔다. 백인에 비해 남아시아인은 다혈관 관상동맥질환multivessel coronary artery

* 이후로 수년 동안 프레이밍햄 연구원들은 심장질환이 특정 집단 안에서 비약적으로 많이 발생하는 원인을 이해하고 새로운 위험인자들을 규명하기 위한 노력의 일환으로 소수민족 환자 약 1000명을 연구 대상에 추가했다.

disease의 발병률이 더 높고, 심근경색 발생 시 통증이 더 위험한 앞쪽에서 나타난다. 이런 추세라면 오래지 않아 전 세계 심장병 환자의 절반 이상이 남아시아인으로 구성될지도 모른다. 도대체 남아시아인의 유전자나 환경에 어떤 요인이 잠재하기에 심장질환이 그토록 많이 발생하는 것일까? 이 질문에 답하기 위해서는 프레이밍햄 방식의 연구가 필요하다.*

하지만 심혈관계 질환 위험인자 중에는 프레이밍햄 연구자들이 규명해내지 못한 요인들도 분명 존재할 것이다. 이러한 요인 중 일부는 프레이밍햄 연구진이 1950년대 초반, 그러니까 국립보건원의 감독하에 연구를 시작했을 당시 고려 대상에서 제외했던 '심리사회적' 영역과 관련이 있을 가능성이 높다. 이를테면 일본계 이민자들에게 나타나는 심장질환을 생각해보라. 일본에서 관상동맥질환은 비교적 드물게 발생한다. 그러나 하와이에 정착한 일본계 이민자들 사이에서는 관상동맥질환이 거의 2배쯤 높게, 그리고 미국 본토에 정착한 이들 사이에서는 3배쯤 높게 나타난다. 이러한 현상의 부분적 이유는 일본계 이민자들이 미국인 특유의 건강하지 않은 생활 습관을 받아들여 신체 활동을 게을리하는가 하면 가공식품 위주의 식단에 길들여졌다는 사실 등에서 찾을 수 있을 것이다. 하지만 여전히 프

* 국립보건원은 그런 방식의 연구를 시작했다. 일명 「미국에 거주하는 남아시아인에게 발생하는 죽상경화증의 매개체들Mediators of Atherosclerosis in South Asians Living in America, MASALA」이라는 제목하에 연구자들은 샌프란시스코만 지역과 시카고라는 두 곳의 대도시권에 거주하는 남아시아인 남녀 약 900명을 피험자 명단에 등록시키는 한편, 사회적, 문화적, 유전적 결정 요인뿐 아니라 (이전 연구에서 남아시아인의 동맥경화 유발 요인으로 지목된) 이른바 나쁜 콜레스테롤이 미치는 영향까지 두루 살펴봄으로써 새로운 위험인자를 파악하는 데 역량을 집중하고 있다. (문제의 연구에서는 남아시아인의 콜레스테롤 입자가 더 작고 더 치밀하여 동맥경화를 더 쉽게 일으킬 가능성을 조심스럽게 제안한 바 있다.)

레이밍햄 위험인자만으로는 위와 같은 차이를 완벽하게 설명할 수 없다.

1970년대 초 UC버클리 공중보건학과 소속 마이클 마멋 경과 동료들은 샌프란시스코만 지역에 거주하는 일본계 중년 남성 약 4000명을 대상으로 연구를 실시했다. 연구자들은 (일본어를 읽는 능력과 일본어로 말하는 빈도, 일본인과 함께 일하는 빈도 등을 바탕으로 조사했을 때) 일본인 본연의 문화적 정체성을 충실히 지키며 살아온 이민자들이, 비록 혈청 콜레스테롤이나 혈압 면에서는 여느 미국인과 비슷한 양상을 보였더라도, 미국의 새로운 문화에 더 철저히 녹아든 채 살아온 이민자들에 비해 심장질환 유병률이 훨씬 더 낮다는 사실을 발견했다. '전통을 지키며 살아온' 일본계 이민자들의 경우 관상동맥질환 유병률이 고국에 사는 일본인들과 비슷하게 나타났다. 반면 '서구화된' 이민자들의 경우 유병률이 적어도 3배 이상 높은 것으로 확인되었다. 해당 논문의 저자들은 "일본인으로서 집단적 유대관계를 유지하는 삶과 관상동맥 심장질환의 낮은 유병률 사이에는 밀접한 관련이 있다"고 결론지었다. 또한 이를 근거로 이른바 문화변용acculturation*을 이민자 집단에서 나타나는 관상동맥질환의 주요 위험인자로 지목했다.

이렇듯 전통문화의 단절이 심장질환의 위험도를 높이는 요인이라면, 심혈관계 건강에 심리사회적 인자가 유의미한 역할을 한다는 유추가 가능해진다. 오늘날 우리는 이러한 유추가 인간 사회의 여러

* 둘 이상의 서로 다른 문화가 접촉했을 때 한쪽 또는 양쪽의 문화 형태에 변화가 일어나는 현상. — 옮긴이

계층에 들어맞는다는 사실을 알고 있다. 가령 미국의 가난한 도심에 거주하는 흑인들은 고혈압과 심혈관계 질환의 유병률이 다른 집단에 비해 눈에 띄게 높다. 일부 사람들은 유전적 요인을 결정적 위험인자로 지목했지만, 이런 설명은 타당성이 떨어진다. 왜냐하면 미국 흑인의 고혈압 유병률은 서아프리카 흑인에 비해서도 눈에 띄게 높기 때문이다. 더욱이 고혈압의 유병률은 반드시 흑인 공동체가 아니더라도 미국 사회에서 가난과 사회적 병폐가 만연한 곳이라면 어디서나 높게 나타난다.

펜실베이니아대 신경생물학자 피터 스털링의 글에 따르면, 그러한 공동체에서 고혈압은 이른바 '만성적 각성chronic arousal' 혹은 스트레스에 대한 정상적 반응으로 보아야 한다. 산업화가 이뤄지지 않은 작은 공동체에서는 사람들이 서로를 잘 알고 신뢰하는 경향이 있다. 관대한 사람은 보상을 받는다. 반면 속임수를 쓰는 사람은 처벌을 받게 마련이다. 한데 이러한 환경이 무너지면, 가령 이민이나 도시화가 진행되면, 대개는 감시의 필요성 또한 덩달아 증가한다. 사람들은 이웃들과 서먹해진다. 공동체에 다양성이 더해지면서 불신의 벽은 더더욱 두꺼워진다. 이는 종종 물리적·사회적 고립을 초래한다. 가난과 가족 해체, 실업이 발생하면서 사람들은 스트레스에 극도로 예민해진다. 이른바 만성적 각성은 아드레날린이나 코르티솔처럼 혈관을 조이고 염분의 정체를 야기하는 호르몬의 분비를 촉진시킨다. 이는 결국 동맥벽이 두꺼워지고 경직되는 장기적 변화로 이어져 혈압을 상승시키고 신체의 항상성을 무너뜨린다.

스털링의 명료한 이야기에서 망가진 것은 몸이 아닌 '체제'였다. 오히려 몸은 투쟁도피반응을 요하는 고질적인 상황에 정확하고 올바르게 반응하고 있었다. 다코쓰보심근증이 급격한 심리적 혼란으로 심장 손상이 초래될 수 있음을 입증한다면, 스털링의 이론은 만성적이고 낮은 수준의 스트레스 또한 그 못지않게 해로울 수 있음을 암시한다. 그의 이론들은 심리적 요인을 앞쪽 중심에 배치한 상태에서 심장 문제에 대해 생각하고 접근할 것을 제안하는 한편, 프레이밍햄 연구의 관점으로는 설명이 불가능한 만성 심장질환이 우리 이웃이나 직업, 가족과 필연적으로 연결돼 있음을 보여준다. 이러한 개념을 염두에 둔 채 접근하면 심장질환은 더 이상 생물학적 틀에 국한되지 않는다. 심장질환에는 문화적이고 정치적인 요소도 존재한다. 사회적 구조와 관계의 개선은 이제 삶의 질뿐 아니라 공중보건과도 떼려야 뗄 수 없는 사안으로 자리매김했다.*

* 스털링의 이른바 신항상성allostasis(내외부 조건에 맞게 신체가 신체의 기능을 조정하는 성질—옮긴이) 이론은 인간의 생리를 생각하는 새로운 방식이다. 의과대학에서 전통적으로 가르치던 항상성homeostasis 이론은 생리적 균형을 일정하게 유지하기 위해 신체의 각 기관이 서로서로 협력한다는 의미를 품고 있다. 예를 들어 혈압이 급격히 떨어지면, 심장은 박동 속도를 높이고 신장은 나트륨과 물을 체내에 유지시켜, 혈압이 정상 수준을 회복하도록 유도한다. 만약 체온이 내려가면, 몸이 떨리면서 열을 발생시키고 혈관이 수축하면서 열을 보존하여, 체온이 다시금 상승한다. 항상성은 조건의 변화에 맞서 일관성을 유지하는 것과 관련이 있다. 인간의 생리를 설명하는 모델로서 항상성은 주어진 역할을 제법 잘 수행해왔다.
그러나 인간의 신체 상태에는 항상성으로 설명할 수 없는 측면들이 분명 존재한다. 가령 혈압은 종종 1분이 멀다 하고 등락을 거듭한다. 만약 우리 몸이 최적의 설정값을 유지해야 마땅하다면, 혈압은 본연의 역할을 제대로 수행한다고 보기 어렵다. 또한 혈압은 유년기와 성인기를 거치며 꾸준히 상승한다. 대개 만 6세까지, 그러니까 아이가 학교에 들어갈 때까지는 일정하게 유지되지만, 이후로는 아이가 부모와 떨어져 실제적으로든 지각적으로든 위협을 경계하고 방어해야 하는 상황에 놓이게 되면서 빠르게 상승하는 것이다. 17세 무렵에는 소년의 거의 50퍼센트가 고혈압 전 단계에, 20퍼센트는 실질적인 고혈압 단계에 돌입한다. 혈압의 설정값은 왜 지속적으로 상승하는 것일까? 이러한 현상들을 설명하기 위해 스털링을 비롯한 전문가들은 항상성의 대안적 이론, 그러니까 신항상성 이론을 제시했다.
신항상성은 일관성을 유지하는 것과는 무관하다. 신항상성은 내외의 다양한 조건에 대응하여 몸의 기능을 조정하는 것과 관련이 있다. 우리 몸은 특정한 설정값을 지키기보다는, 사회적 환경 등의 조건에 따라 변화하는 요구에 대응하여 설정값을 지속적으로 변동시킨다. 그런 의미에서 신항상성은 인간 생리에 관한, 정치적으로 정교한 이론이다. 실제로 이렇듯 사회적 환경을 민감하게 헤아린다는 점에서 신항상성 이론은 현대의 만성질환을 설명하기에 항상성 이론보다 더 적합하다.

만성적 각성이 심혈관계에 미치는 유해한 효과는 전통적인 백인 공동체에도 적용된다. 일례로, 이번에도 마멋이 영국의 남성 공무원 1만7000명을 대상으로 실시한 화이트홀 연구Whitehall Study를 살펴보자. 이 연구의 결과에 따르면, 공무원 사회에서 서열이나 직급이 낮을수록 때 이른 죽음을 맞거나 건강이 나쁠 확률이 점차 높아지는 것으로 나타났다. 배달직이나 운송직의 사망률은 고위급 행정관의 사망률보다 거의 2배나 높았다. 흡연이나 혈장 콜레스테롤, 혈압, 알코올 소비량의 차이를 감안하더라도 말이다. 일반적인 기준에서 이들 공무원은 누구도 가난하지 않았다. 모두가 깨끗한 물을 마시고 풍부한 음식을 먹고 위생적인 화장실을 사용했다. 그들의 주된 차이는 직업적 위신이나 작업 통제권, 기울어진 사회적 계급에 있었다. 마멋과 동료들은 재정적 불안정과 시간적 압박, 더딘 승진, 자율성의 대체적 결핍으로 인한 정서적 불안이 위계에 따른 생존율의 확연한 차이를 초래했다고 결론지었다. "낮은 직급의 공무원은 빈민가 거주자와 마찬가지로 자신의 삶에 대한 통제권이 결여돼 있다"고 마멋은 논문에 적었다. "소중히 여겨야 마땅한 자기 자신의 삶을 자기 스스로 주도할 기회가 그들에게는 주어지지 않는다"는 것이다.

그렇다고 사회경제적 계급이 비교적 낮은 사람들만이 스트레스성 심장질환에 민감한 것은 아니다. 1950년대 중엽 샌프란시스코 소재 마운트자이언병원에서 근무하던 미국의 심장내과 전문의 마이어 프리드먼과 레이 로즌먼은 이른바 A형 인간이라는 개념을 소개했다. 출세 지향적high-achieving 성격의 소유자인 이들은 심장질환에 특히 민감하며 사회경제적 지위가 비교적 높은 집단에서 비약적으로 많이 발견된다. 두 사람의 글에 따르면 "A형 인간은 언제나 시간을 엄수하고, 누군가를 기다려야 하는 상황을 굉장히 불쾌해한다. 취미를 마음껏 즐길 시간적 여유가 거의 없으며, 어쩌다 시간이 나더라도 경쟁의식을 가지고 일을 하듯이 취미에 임한다. 일상적인 집안일 돕기를 싫어하는데, 그럴 시간이 있으면 더 생산적인 일에 몰두해야 한다고 느끼기 때문이다. 빨리 걷고, 빨리 먹으며, 저녁 식탁에 오래 앉아 있는 경우가 드물다. 종종 여러 일을 동시에 진행하려 든다". 그들은 이러한 유형의 성격을 가진 사람 특유의 생김새에 대해서도 묘사했다. "A형 인간은 상대의 눈을 똑바로, 전혀 위축되지 않고 쳐다보는 경향이 있다. 표정에서는 유독 강한 경계심이 드러나는데, 생기 넘치는 눈빛으로 한눈에 재빨리 상황을 파악하려 든다. 긴장으로 이를 갈거나 악무는 경우도 있다. 미소 지을 때는 입술을 양옆으로 한껏 당기고, 웃을 때는 '배꼽이 빠지도록 소리 내 웃는' 일이 거의 없다." 요컨대 A형 인간은 "더 많은 것을 더 적은 시간 안에 성취하기 위해서 만성적이고 끊임없는 경쟁에 적극적으로 참여한다".

프리드먼과 로즌먼의 연구는 "사람의 감정과 생각이 관상동맥 심장질환의 발병에 영향을 미친다"는 발상으로 인해 비웃음을 샀다. 두 사람의 글에 따르면 "그간 세심하게 집행된 수많은 연구는 콜레스테롤이나 다양한 음식에 함유된 지방 성분만으로 관상동맥 심장질환을 온전히 설명하기란 불가능하다는 사실을 우리에게 일깨웠다. 이는 곧 다른 인자들이 모종의 역할을 수행한다는 뜻이었다". 그들이 실시한 연구에 의하면 A형 패턴에 해당하는 사람들은, 눈이 보이지 않아 "야망이나 추진력, 경쟁하려는 욕구를 거의 드러내지 않을 것"으로 추정되는 46명의 시각장애인 실업자 집단에 비해서는 물론이고, (성격이 더 느긋할 것으로 추정되는) 지방 도시의 조합원과 시체방부처리사 집단에 비해서도 동맥질환에 걸릴 위험성이 7배나 높게 나타났다. 한 A형 피험자의 부인은 심장내과 전문의들에게 이렇게 말했다. "우리 남편들이 무엇 때문에 심장마비를 일으키는지 정말 알고 싶나요? 그럼 제가 말씀드리죠. 정답은 스트레스예요, 스트레스. 남편들이 일에서 받는 스트레스. 아시겠어요?"

스트레스를 받으면서도 출세를 지향하느라 심장질환에 특히 취약해진 미국 사회 내 특정 집단이라는 개념은 미국인의 상상력을 자극했다. 1968년에 외과의사 도널드 에플러는 『사이언티픽아메리칸Scientific American』 지에 이렇게 썼다. "심장마비는 전문가나 간부급 인사, 관공서에서 일하는 사람에게 매우 흔히 발생하는 바람에 언제부턴가 마치 지위의 상징처럼 되어버렸다. 만약 이들 집단에 속한 심장마비 경험자가 모두 은퇴를 강요받는다면 (…) 미국의 정부와 산업계 및 다양한 전문 분야는 최고위 인력이 부족해질 것이고 이는 국가적 손실로 이어질 것이다."

A형 인간과 심장질환의 연계는 현대적 연구가 진행되면서 차츰 설 자리를 잃었고, 일반적으로 이제는 구시대의 유물로 간주된다. 좀더 최근의 연구는 심장질환과 이른바 '부정적 정동성negative affectivity', 그러니까 우울이나 불안, 분노와 같은 감정 사이의 연관성 여부에 초점을 맞추었다. 이 가운데 심장질환과의 연관성이 가장 뚜렷하게 입증된 정서는 단연 우울감이다. 우울증은 관상동맥질환의 독립적 위험인자로 간주되며, 심장마비가 죽음과 같은 불행한 결과로

이어질 위험성을 증가시킨다. 그렇다면 우울증은 과연 어떤 메커니즘을 통해 심장 건강에 영향을 미치는 것일까? 우선 우울증은 혈압을 상승시키고, 혈관의 염증을 유발하는가 하면, 자율신경계 기능을 방해하고, 혈전 형성을 촉진시킬 수 있다. 또한 짐작건대 우울증은 이른바 건강하지 못한 행동들, 그러니까 신체활동 부족과 흡연, 약물 치료나 의사의 조언을 등한시하는 경향을 유발할 수 있다.

오늘날에는 심장질환을 만성적 정서장애—혹은 은유적 심장의 혼란—와 연계시킨 역학 연구 자료가 차고 넘친다. 가령 불행한 결혼생활에 얽매인 사람들은 행복한 결혼생활을 즐기는 사람들에 비해 심장질환 위험도가 확연히 높다. 심근경색과 사망의 위험도는 연인과 이별한 이듬해에 극적으로 증가한다.

이와 같은 연관성은 흔히 사회적 친교가 불필요하다고 간주되는 동물들에게서도 확인된다. 가령 『사이언스』 지에 실린 한 논문에서 연구자들은 우리에 갇힌 토끼들에게 콜레스테롤이 많은 음식을 먹여 심장질환에 미치는 효과를 알아보았다. 그러자 놀라운 결과가 나타났다. 우리에서 높은 층에 갇힌 토끼들의 심혈관계 질환 발병률이 낮은 층에 갇힌 토끼들의 발병률보다 훨씬 더 높았던 것이다. 과학자들은 공기 순환을 비롯해 의심되는 여러 요인을 조사했지만, 정확한 원인을 밝혀내지 못했다. 그러던 어느 날 그들은 먹이를 주는 사육사가 위층에 갇힌 토끼들보다 아래층에 갇힌 토끼들과 더 자주 놀아준다는 사실을 발견했다. 그래서 그들은 토끼들을 무작위로 두 집단으로 나눈 상태에서 같은 연구를 다시금 실시했다. 한 집단은 우리에서 풀어놓은 채 쓰다듬고 안아주고 말을 걸며 같이 놀아주었다. 다른 한 집단은 우리에 여전히 가둬놓은 채 일말의 관심도 보이지 않았다. 부검 결과 첫 번째 집단은 두 번째 집단과 비교할 때 콜레스테롤 수치와 심박수, 혈압이 비슷했음에도 대동맥의 죽상경화성 표면적은 60퍼센트가량 더 좁게 나타났다.

사회적으로 스트레스가 심한 실험 원숭이들도 대조군에 비해 심장질환 발병률이 더 높게 나타났다. 『사이언스』 지에 실린 또 다른 논문에서 수컷 원숭이들은 낯선 원숭이들이 우리에 들여지고 발정기의 암컷 원숭이들 때문에 종종 지배권 다툼을 벌이며 서로를 배척하는 상황에 처하면, 스트레스를 받지 않는 대조군 원숭이들과 콜레스테롤 수치와 혈압, 혈당, 몸무게가 유사하더라도 관상동맥질환의 발병률이 대조군보다 더 높게 나타났다. 논문 저자들은 "이를 토대로 (…) 혈청 콜레스테롤 수치가 낮거나 정상이고 그 밖의 '전통적' 위험인자들에 관련해서도 정상치를 보이는 사람에게 발병하는 (때때로 심각한) 관상동맥질환의 출현을 설명하는 데 있어 '심리사회적 인자들'이 어쩌면 유용한 단서가 될 수 있다"고 결론지었다.

펠로 과정을 밟는 동안 우리는 이런 '심리사회적' 인자들에 거의 관심을 기울이지 않았다. 세미나의 초점은 압력-용적 곡선, 심장의 작동 주기, 액체로 충만한 파이프의 저항성, 액체로 충만한 방들의 전기용량에 맞춰져 있었다. 우리는 임상시험 설계와 생물학적 메커니즘, 심장을 기계로 이해하는 문제에 집중했다. 대개의 학술적 교육 프로그램에서와 마찬가지로, 심장이라는 펌프를 훼손할 수도 (혹은 치유할 수도) 있는 정서적 세계가 존재한다는 사실은 대부분 무시되었다.

아이러니하게도, 심장질환이 사회적 혹은 심리적 욕구 불만에 기인한다는 관점은 오히려 원시 사회에서 널리 받아들여졌다. 1950년대의 펀자브 사람들 또한 심장질환을 그런 식으로 생각했을 공산이 크다. 우리 할아버지의 사망을 선고한 의사들은 콜레스테롤과 고혈압의 유해성에 대해 알지 못했다(프레이밍햄 연구의 결과가 아직 널리 알려지지 않은 시절이었다). 그들은 할아버지의 심장마비가 (가족과 점심을 먹는 도중에 이웃들이 집으로 가져온 코브라를 보고 느낀) 갑작스런 정신적 충격의 결과라고, 아니면 인도가 분할된 뒤 할아버지가 수년에 걸쳐 감내해온 사회적이고 재정적인 고투의 결과라고, 그것도 아니면 수백 년 동안 함께 살아온 공동체의 균열과 대이동으로 인해 사회적 유대가 상실된 결과라고 설명했을 테고, 어떤 의미에서 그들은 옳았다. 스트레스로 인한 아드레날린의 급격한 분비는 안정적인 죽상경화판의 균열과 파열을 초래하고, 혈전증으로 인한 급성 동맥 폐색과 혈류 중단을 유발하여, 결과적으로 심장마비를 일으킬 수 있다. 산소에 굶주리면 조직은 생명력을 상실하기 시작하고, 비가역적인 세포 손상이 20분 안에 발생한다. 그리고 이는 종종 사망으로 이어진다.

오늘날 의학계는 심장을 기계로 개념화한다. 기술의 발전과 더불어 피할 수 없는 물결이었으리라. 약물과 장치들은 지난 50년 동안 심혈관계 질환에 의한 사망률을 감소시키는 데 있어 많은 부분을 책임져왔다.

그러나 이렇듯 생물학적 메커니즘에 편중된 초점은 환자를 아프게 했다. 우리는 스텐트와 인공심박조율기를 남용했다. 정서적인 심장을 등한시하고 생체역학적 펌프에만 편협하게 초점을 맞춰왔다. 미국심장협회는 정서적 스트레스를 심장질환의 핵심적이고 조절 가능한 위험인자 목록에 여태 포함시키지 않았다. 어쩌면 부분적으로 이는 정서적이고 사회적인 혼란보다는 혈청 콜레스테롤 수치를 감소시키는 쪽이 훨씬 더 수월하기 때문일 것이다. 이제는 더 좋은 방법이 필요하다. 수천 년 동안 심장—그러니까 은유적 심장—에 거한다고 여겨온 감정의 힘과 중요성을 우리는 인정해야 한다. 물론 오늘날 우리는 심장이 애정의 보관소가 아니라는 사실을 안다. 하지만 그렇다 해도 심장은 여전히 생리학적인 캔버스로, 우리 감정이 가장 쉽게 기록되는 공간으로 남아 있다.

8

파이프

인생의 비극은 대체로 동맥과 관련이 있다.

윌리엄 오슬러 경, 『순환계 질환에 관하여Diseases of the Circulatory System』(1908)

아침부터 응급실에서 호출을 받았다. 한 젊은 남자가, 정확히는 회진을 돌던 인턴이 가슴 통증으로 입원했으니 와서 상태를 살펴달라는 내용이었다.

이처럼 병원 직원과 관련된 호출은 규칙성이 다소 생략돼 있게 마련이었고, 어떤 식으로든 심각한 상황으로 귀결되는 경우는 드물었다. 그날 아침 응급실은 주정뱅이와 약물 의존증자들이 뒤섞인, 여느 때와 다름없는 풍경이었다. 간호사들은 주간 근무를 위해 출근 중이었고, 복도에는 들것이 격자무늬로 반듯하게 배열돼 있었다. 공중에서는 평소와 다름없이 긴급한 목소리로 안내 방송이 흘러나왔다. ("린다, 린다 선생님은 외상구역으로 급히 와주시기 바랍니다…….") 내가 도착했을 때 문제의 인턴 자히드 탈와르는 이동식 병상 한쪽에 앉아 다리를 흔들거리며 따분한 표정을 짓고 있었다. 나이는 서른쯤이었고, 파키스탄계 남성이었다. 흰 가운을 입은 채 시무룩한 얼굴을 하고 있던 그는 내가 들어서자 공손하게 자세를 바로잡았다. 나는 그에게 인사를 건네고는 가슴의 통증에 대해 물었다. 문제의 통증은 전날 밤 저녁 식사를 마친 뒤에 발생하여 10분가량 지속되었다. 그날 밤은 편안하게 잤지만 이튿날 아침, 그러니까 호출이 있던 날 아침에 버스 정류장으로 걸어가는데 통증이 재발했고, 이번에는 1시간 가까이 지속되었다. 가슴 중앙부의 압박감이 정신과 인턴인 그조차도 검사의 필요성을 직감할 정도로 극심했다. 그래서 회진을 빠지고 응급실에 찾아왔다는 것이다.

나는 그리 걱정하지 않았다. 자히드는 젊었고, 혈액 검사와 심전도 검사 결과도 정상이었다. 그는 프레이밍햄 연구에서 심장질환의 통상적 위험인자로 분류한 당뇨나 고혈압, 일상적 흡연 습관 따위와 조금도 관련이 없었다. 나는 급성 심낭염을 의심했다. 급성 심낭염이란 심장을 둘러싼 막의 양성 감염으로, 대개는 처방전 없이 살 수 있는 소염제로도 충분히 치료가 가능했다. 심낭염의 특징은 숨을 깊이 들이쉴 때마다 통증이 심해진다는 점이었다. 나는 자히드에게 6시간 뒤 혈액 검사 결과가 정상으로 나타나면 퇴원해도 좋다고 말했다. 그리고 인턴 업무를 땡땡이치고 싶다면 더 쉬운 방법을 생각해보라는 농담까지 곁들였다.

그날 아침 늦게 응급실 의사가 내게 전화해 자히드의 통증이 이부프로펜 복용 후 해소되었다는 소식을 전해주었다. 심낭염이라는 진단에 힘을 싣는 이야기였다. 잠시 나는 그를 즉시 퇴원시킬까도 생각했지만, 일단은 다음 혈액 검사 결과가 나올 때까지 기다리기로 했다.

하지만 그날 저녁 막 병원을 나서려는데, 한 보조의사가 다가오더니 자히드의 후속 혈액 검사에서 비정상적 효소 수치가 나타났다고 말했다. 이는 경미한 심근손상의 증거였고, 나는 적잖이 당황했다. 심낭염이 심장손상을 초래하는 경우는 극히 드물기 때문이다. 나는 이내 심근심낭염일 가능성이 있다는 소견을 내놓았다. 심장을 감싸는 막에 염증이 생기면 심장근육에 부분적으로 영향을 미칠 수 있기 때문이다. 그리고 이 질환도 비교적 양성에 가까웠다. 보조의사는 그 젊은 의사의 몸에 심장카테터를 삽입해 관상동맥 폐색 여부를 확인해야 하지 않겠느냐고 내게 물어왔다. 나는 관상동맥질환 위험인자를 전혀 보유하지 않은 30세 남성이 관상동맥질환에 걸렸을 가능성은 없다는 설명으로 그를 안심시켰다. 그리고 그에게 혈액 검사를 추가적으로 시행하고 심전도 검사를 의뢰하여 만일 문제가 발견되면 우리 집으로 전화해달라고 지시했다.

자히드는 그날 밤 내내 수차례 가슴 통증에 시달렸다. 상태를 살펴보기 위해 호출된 의사들은 통증의 원인을 번번이 심근심낭염, 그러니까 차트에 적힌 진단명 탓으로 돌렸다. 새벽 2시에 그는 이부프로펜을 더 달라고 요청했다. 훗날 그가 내게 들려준 이야기에 따르면, 그는 "통증이 정말 심낭염 때문이라면, 약물을 더 투여하면 되지 않느냐고 사람들에게 말했다"고 한다. "민스 선생님. 제발 무슨 짓이든 해서 이 통증이 사라지게 해주세요."

아침에 내가 보러 갔을 때는 통증이 잠잠해진 상태였다. 그러나 추가로 실시한 혈액 검사에서 지속적인 심근손상의 증거가 확인되었고, 심전도 검사에서는 비록 원인을 특정할 수는 없지만 새로운 이상이 발견되었다. 그때까지도 나는 그의 병명이 관상동맥질환일 가능성은 희박하다고 생각했지만, 어쨌건 그를 심장카테터실에 보내 혈관조영사진을 찍게 했다.

한 시간쯤 지났을까. 나는 심장카테터실로 와달라는 호출을 받았다. 내가 도착했을 때 컴퓨터 화면에는 혈관조영상이 재생되고 있었다. 좌전하행동맥이 완전히 막힌 상태였다. 동맥은 마치 바닷가재의 꼬리처럼 몇 센티미터쯤 이어지다 부자연스럽게 끊겨 있었다. 엑스레이상에서 자히드의 좌심실은 앞부분 전체가 작동을 거의 멈춘 상황이었다. 나의 젊은 환자가, 한 사람의 의사가 심장마비로 무려 24시간 넘게 고통받고 있었던 것이다.

만약 오슬러의 말처럼 인생의 비극이 대체로 동맥과 관련돼 있다면, 인류의 비극은 대부분 지방성 플라크에서 비롯되었을 것이다. 플라크는 동맥을 폐쇄하여 혈류를 차단함으로써 인간 사망의 가장 흔한 원인인 심장마비와 뇌졸중을 유발한다. 1960년대 무렵에는 이러한 과정의 근본적 메커니즘에 대한 조사가 적극적으로 이루어졌다. 1961년에는 콜레스테롤이 관상동맥 심장질환의 위험인자라는 사실이 프레이밍햄 연구를 통해 확인되었지만, 원인까지는 밝혀내지 못했다. 그로부터 10년 뒤 과학자들은 혈중 콜레스테롤 농도가 지나치게 높으면 작은 콜레스테롤 입자들이 혈관의 내막을 뚫고 들어가 혈관벽 내부에 아예 들어앉을 수 있다는 사실을 입증했다. 처음에

는 얌전히 지내지만 오래지 않아 콜레스테롤은 산소에 반응하여 유리기를 형성하고 주변의 세포들을 손상시킨다. 이렇게 손상된 세포들이 화학적 신호를 내보내 도움을 요청하면 백혈구가 손상 부위로 몰려든다. 그곳에서 백혈구들은 매크로페이지macrophage, 즉 대식세포로 탈바꿈하여 산화된 콜레스테롤을 먹어치운다. 가뜩이나 소화하기 어려운 콜레스테롤을 잔뜩 섭취하는 바람에 배가 부를 대로 부른 상태에서 대식세포는 '거품' 세포로 변화하여 혈관벽을 부풀리고, 와중에 계속해서 콜레스테롤을 먹어치우다 끝내 파열하여 질척한 물질을 혈관벽에 토해낸다. 이 같은 도미노 효과가 이어지면서 더 많은 대식세포가 손상 부위에 모여들어 증식하며 병소의 비대화를 유발한다. 이제 지방과 소화효소, 대식세포 무리, 죽은 세포들로 구성된 악성 혼합액 위로 흉터 조직이 딱딱한 껍질을, 그러니까 어엿한 죽상경화판을 형성한다. 처음에는 동맥이 확장되어 플라크의 침입으로 좁아진 공간을 보완하지만, 병소의 크기가 증가하면서 결국 죽상경화판, 그러니까 플라크가 혈관으로 밀려 들어가 혈류를 방해하게 된다.*

죽상경화판의 생리에 대한 이해는 1960년대에 거의 완벽하게 이루어졌다. 그렇다면 치료법은? 과연 죽상경화판은 어떻게 치료될

* 폐색성 플라크는 '곁순환collateral circulation'〔특정 신체 부위에 혈액을 공급하는 본래의 혈관이 폐색된 뒤 이차적 혈관을 통해 이뤄지는 순환—옮긴이〕 혹은 새로운 혈관의 형성을 활성화할 수 있다. 폐색 부위의 하류에서 산소가 부족해진 세포들은 화학적 성장인자를 분비하여, 원시혈관세포에 문제의 저산소성 조직에 침투하라는 신호를 보내고, 그곳에 모인 세포들은 속이 빈 혈관망을 새로 형성하여 하나의 복잡한 네트워크로 연결된다. 이른바 혈관형성angiogenesis이라고 불리는 이 과정 덕분에 혈관들은 힘든 상황에서도 신체의 모든 영역을 빠짐없이 지나게 된다. 이 같은 신생 혈관들은 일면 심장의 자기치료 시도라고 볼 수 있으며, 심장마비로 유발되는 손상을 제한한다.

수 있을까? 첫 단계는 파이프를 뚫을 때와 마찬가지로 막힌 부위를 정확히 찾아내는 것이다. 이는 결코 쉬운 일이 아니다. 인간의 몸을 탐사하는 일은 어두운 동굴을 탐험하는 일이나 마찬가지다. 한데 1958년 10월의 어느 온화한 날에 오하이오주 클리블랜드에 자리한 클리블랜드의료원 심장카테터실 책임자 F. 메이슨 손스가 이 문제를 해결할 방책을 들고 나왔다. 베르너 포르스만이 노벨상을 수상한 지 겨우 2년 만의 일이었다.

포르스만처럼 손스도 살짝 괴짜 같은 면이 있었다. 의사들이 내과적 치료에 열중하던 시절에도 손스는 시대를 앞서나갔다. 그는 자정까지 일하기를 밥 먹듯이 했다. 한 손에는 궐련, 한 손에는 소독한 겸자를 든 채 그는 담배 연기를 뿜으며 심장카테터실에 머물렀다. 그러다가 일이 끝나면 아내와 아이들이 기다리는 집으로 돌아가는 대신, 더럽혀진 흰색 속셔츠를 벗고는 술을 마시러 근처 호텔로 향하곤 했다. 간호사들과 비서들이 그를 피해 여자 화장실에 숨곤 한다는 사실은 병원 내에서 공공연한 비밀이었다. 하지만 그는 이내 사태를 파악했고, 업무적으로 급한 도움이 필요할 때면 막무가내로 화장실 문을 두드렸다. 포르스만처럼 손스도 무모하고 가학적인 면이 있었다. 독일의 저 위대한 선배와 마찬가지로 손스는 동물 실험을 건너뛰고 인체 실험에 곧바로 달려들었다. 또한 포르스만과 마찬가지로 손스는 밟힌 적 없는 길에 호기롭게 뛰어들 배짱이 있었고, 보아하니 행운도 뒤따랐다.

관상동맥은 우리 몸의 가장 큰 동맥인 대동맥에서, 정확히는 대동맥판막의 바로 아래 지점에서 갈라져 나오는 줄기다. 1950년대 심장

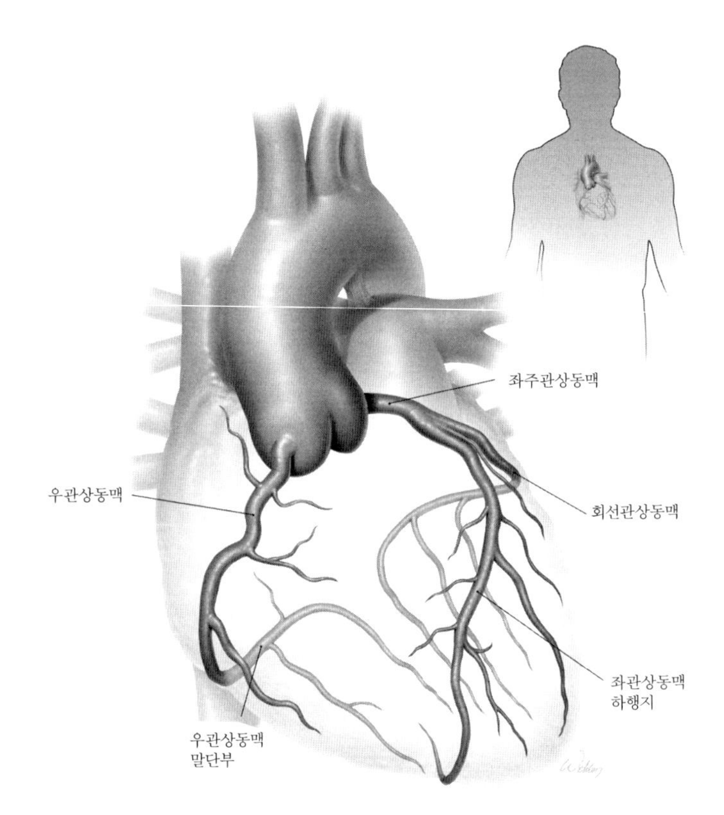

관상동맥(Scott Weldon의 허락으로 재수록).

내과 전문의들은 카테터를 관상동맥에 직접 삽입하기가 두려워 어마어마한 양의 조영제를 대동맥 뿌리에 주사하고는 했다. 그중 일부가 관상동맥에 흘러들어가 엑스레이에서 관상동맥이 관찰되길 바라며. 그런 식의 '무차별적' 주사는 일종의 시늉에 불과했다. 애당초 유용한 이미지를 기대하기란 어려웠다는 뜻이다.

하지만 10월의 어느 아침 사건이 일어났다. 손스는 심장 절개 수술을 앞둔 26세 남성의 혈관 촬영을 위해 대동맥 뿌리에 조영제를 주사하려던 참이었다. 그때였다. 카테터를 움직여 위치를 잡던 중 손스는 우연히 그 도관을 우관상동맥 입구에 살짝 밀어 넣게 되었다. 펠로 시절 내가 배운 지식에 의하면, 이는 자연스러운 현상이다. 대동맥궁의 형태상 카테터를 우관상동맥에 삽입하지 않고 지나가기보다는 삽입하기가 대개 더 쉽기 때문이다. 손스 또한 이 사실을 알고 있었고, 카테터가 우관상동맥 입구로 미끄러져 들어갈 때면 도관을 몇 밀리미터쯤 당겨 빼내고는 했다. 하지만 그날은 그가 미처 조치를 취하기도 전에 보조자가 조영제 주입기 페달을 밟는 바람에 50cc의 조영제가 우관상동맥 안으로 흘러 들어갔다.

한 동료에게 쓴 편지에서 손스는 이 운명적인 사건을 다음과 같이 회상했다.

> 조영제가 주입되기 시작됐을 때 나는 겁에 질린 채 우관상동맥의 형체가 진하고 불투명하게 드러나는 과정을 지켜보며 카테터 끝이 실제로 입구 안쪽까지 들어갔다는 사실을 알게 되었네. (…) 나는 수술대를 빙 둘러 달려가 메스를 찾기 시작했지. 환자의 가슴을 열고 제세동기의 패

들을 심장에 직접 적용해 정상 박동을 회복시키기 위해서였어. (…) 다행히 환자는 아직 의식이 있는 상태라 내가 시키는 대로 기침을 반복했다네. 그렇게 세네 번쯤 기침을 한 뒤에 그의 심장은 다시 뛰기 시작했지.

편지의 뒷부분을 이어서 읽어보자.

처음에는 그저 이루 말할 수 없이 다행스럽고 고마운 마음뿐이었네. 운이 좋아서 참담한 재앙을 피할 수 있었으니까. 하지만 이후로 며칠 동안 이런 생각이 들더군. 그간 우리가 추구해온 기술을 개발할 실마리를 어쩌면 이 사고에서 찾을 수도 있겠다는 생각.

여기서 손스가 언급한 기술은 다름 아닌 관상동맥조영술로, 염료와 엑스레이를 사용하여 관상동맥 내 혈액의 흐름을 관찰함으로써 플라크의 위치를 정확히 찾아내는 진단법이다. 그날 밤 그는 "관상동맥질환의 해부학적 특징을 규명해줄 도구를 마침내 손에 넣었다는 사실"을 깨달았다고 했다. 하지만 의학계에서 진단은 대개 치료를 향한 첫걸음에 불과하다. 그리고 '치료법'을 개발하기까지는 손스의 획기적 발견을 기점으로 거의 20년이 더 걸렸다.

그사이 과학자들은 심장마비의 비외과적 치료법을 완성하는 작업에 몰두했다. 1961년 스코틀랜드 에든버러에 위치한 로열병원의 심장내과 펠로 데즈먼드 줄리언은 심장마비 환자들을 심장질환에 특화된 심장집중치료실에 수용함으로써 기대할 수 있는 장점에 관한 첫 번째 논문을 발표했다. 줄리언의 글에 따르면 "급성 심근허혈과 관련된 심정지의 대부분은 급성 심근경색 환자의 심장박동을 심전도와 그에 연결된 경보장치를 이용해 지속적으로 감시했더라면 (…) 성공적으로 치료될 가능성이 있었다". 그러한 감시 체계가 갖춰지기 전에는 심장마비 환자의 대부분이 내과의 주요 병동에서 떨어진 병실에 수주일 동안 수용되었다. 전화 벨소리나 혼잡한 간호사실을 멀리한 채 평화롭고 고요하게 머물며 심장을 치유하도록 배려한 것이다. 하지만 이렇듯 호의에서 비롯된 방치로 인해 환자들은 무거운 대가를 치러야 했다. 그 시절을 겪어낸 선배 심장내과 의사들의 이야기로는, 그들이 아침 일찍 혈액을 채취하러 내과병동에 들러보면 대개 심장질환 환자 한두 명은 밤사이 조용히 숨을 거둔 상태였다고 한다.

여느 병원처럼 벨뷰병원의 심장집중치료실은 환자의 심장박동을 지속적으로 추적하는 일련의 심전도 감시장치를 갖추고 있었다. 제세동기를 비롯한 소생 장비도 항시 대기 중이었다. 간호사 대 환자 비율은 1 대 3이었고, 간혹 1 대 2일 때도 있었다. 이 같은 감시 체계는 수많은 목숨을 구해냈다. 그러던 어느 아침, 내가 펠로 과정을 시작하자마자 한 중년 여성에게 심실세동이 발생했다. 심장마비를 일으킨 지 사흘째 되는 환자의 심장에서 우리 두 할아버지를 죽인 바로 그 혼란스러운 잔떨림이 시작된 것이다. 상태가 줄곧 좋아서 퇴원 의지를 불태우던 환자였다. 그녀의 유일한 불만은 심전도 스티커가 피부를 자극한다는 것 정도였다. 그러던 그녀가 고꾸라졌다. 눈을 홉떴고, 얼굴은 오래전 멍든 것처럼 푸르스름하게 변했다. 만약 그때 그녀의 가슴을 열고 안에서 제멋대로 수축하는 심장을 손으로

만졌다면, 아마 벌레로 가득 찬 주머니를 만질 때와 비슷한 감촉이 느껴졌을 것이다. 나는 복도로 나가 큰 소리로 체외형 제세동기를 요청했다. 담당 의사가 뛰어 들어와 주먹으로 그녀의 가슴을 두 차례 힘껏 가격했다. 세동을 멈추기 위해 이른바 '흉벽고타법precordial thump'을 시도한 것이다. 간혹 성공할 때도 있었지만, 그날 아침에는 통하지 않았다. 우리는 환자의 몸 아래 판을 하나 끼워 넣고 흉부를 압박하기 시작했다. 이윽고 제세동기가 들어왔다. 나는 그녀의 앙상한 몸에 금속 패들을 갖다 댔다. 우선 360줄로 한 차례 충격을 가했다. 곧바로 기침을 두 번 하는가 싶더니, 맥박이 다시 나타났고, 그녀는 깊은 숨을 들이쉬었다. 그녀는 휘둥그레진 눈으로 고개를 돌려 우리를 바라보더니 그 모든 소동에 어리둥절한지 당황한 표정을 지었다. 우리가 자신을 죽음의 문턱에서 구해냈다는 사실은 까맣게 모르는 채로 말이다. 정신적 충격을 더 크게 받은 쪽은 오히려 그녀와 같은 병실을 쓰던 다른 환자였다. 침대에서 앞뒤로 몸을 흔들며 그녀는 나에게 커튼을 닫아달라고 조용히 부탁했다.

요컨대 1960년대 초엽 심장내과 의사들은 관상동맥 폐색을 사진이나 영상으로 확인할 수 있었다. 하지만 치료법은? 외과의사들은 이미 다리와 심장의 혈관 폐색 부위에 신체의 다양한 부위에서 채취한 정맥 이식편을 사용해 우회로를 조성하고 있었다. 하지만 이러한 우회로조성술의 사망률과 이환율morbidity rate*은 용납할 수 없을 정

도로 높았다. 그래서 앞서가는 의사들은 혈액이 흐르도록 새로운 길을 조성하되 차단된 동맥을 우회하지 않고 통과할 묘책을 찾는 작업에 착수했다.

찰스 도터도 그런 의사들 중 한 사람이었다. 오리건대학교 방사선과 의사였던 도터는 1963년 프라하에서 개최된 어느 학회에서 혈관조영 카테터가 "진단적 관찰을 위한 도구 이상의 목적으로" 쓰일 수 있고 "우리의 상상력이 더해지면, 중요한 외과적 도구로 사용될 수 있을 것"이라고 예견했다. 일부 사람들은 도터를 '미치광이 찰리'라고 불렀는데, 그도 그럴 것이 그는 별난 사람이었다. 그는 등반가였고, 조류학자였으며, 각성제의 일종인 암페타민 중독자이기도 했다. 기타 줄로 수술에 쓸 가이드와이어를 만들었는가 하면, 유수의 학회에서 배관용 튜브를 토치로 가열해 카테터를 제작하기도 했다. 테플론 재질의 그 배관용 튜브는 자신의 호텔에서 가져온 것이었다. 한번은 심장카테터법을 강의하다가 뜬금없이 셔츠 소매를 걷어 올리더니 그날 아침 자신의 심장에 삽입해둔 카테터를 청중에게 자랑스레 내보인 적도 있었다. 그는 그 상태로 강의를 이어갔고, 와중에 심방과 심실의 압력을 기록한다며 스스로의 몸을 오실로스코프에 연결하기까지 했다.

도터는 카테터법을 치료 목적으로 시행한 최초의 인물이다. 문제의 시술을 그는 혈관성형술angioplasty이라고 이름 지었다. 환자는 로라 쇼라는 82세 여성이었다. 그녀는 1964년 1월 16일 다리 동맥이

* 일정 기간 내에 발생한 환자의 수를 인구당 비율로 나타낸 수치.— 옮긴이

막혀 괴저가 발생한 상태로 방사선실에 실려 왔다. 다리는 딱딱했고, 거무스름했으며, 감염되어 있었다. 극심한 통증에도 불구하고 그녀는 절단 수술을 거부했다. 임시 방책으로 도터는 그녀의 무릎 뒤쪽 피부를 통해, 막힌 동맥 안으로 와이어를 삽입한 다음, 직경이 조금씩 넓어지는 플라스틱 카테터를 와이어를 따라 밀어 넣어 혈관을 확장시키는 한편, "마치 발로 모래를 다지듯" 플라크를 혈관벽에 다져 폐색을 어느 정도 완화시켰다. 수술은 성공적이었다. 쇼의 통증은 잦아들었고, 감염은 해소되었다. 그녀는 그 후로 2년을 더 살다가 심장마비로 사망했다.

이후로도 도터는 다른 환자들을 상대로 다리 수술을 수차례 시행했고, 이 과정에서 널리 명성을 얻었다. 1964년 8월, 미국에서 가장 널리 읽히는 정기간행물 『라이프』 지는 도터가 막힌 혈관을 뚫는 와중에 기괴한 포즈를 취하는 사진을 기사에 실었다. "보람찬 일이지만 때로는 절망도 감수해야" 했다고 도터는 잡지에서 토로했다. "혈관성형술의 (…) 초창기에는 불쾌한 험담을 참 많이도 들었습니다. 사람들은 말했어요. '그 사람 괴짜다. 제멋대로에 기록도 엉망인데, 그런 사람의 시술 경험을 어떻게 믿느냐.' 사실 이 정도는 약괍니다. 하지만 다행히 저는 비난에 무신경한 편이라 포기하지 않을 수 있었죠."

그에게 혈관성형술은 단지 막힌 파이프를 뚫는 과정이나 다름없었고, 실제로 도터는 자주 스스로를 배관공이라 칭하곤 했다. "배관공이 막힌 파이프를 뚫을 수 있다면, 의사들도 막힌 혈관을 뚫을 수 있다"는 것이 그의 지론이었다. 하지만 그의 기법은 거칠고 서툴렀다.

동맥하류에 플라크가 눈처럼 쌓였다가 혈관의 더 작은 가지로 흘러 들어가 폐색을 유발하는 경우도 더러 있었다. 혈관을 잘못 건드려 열상과 출혈, 흉터를 초래하는 일도 다반사였다. 때로는 플라크가 제자리를 벗어나 동맥을 타고 내려가는 바람에 경색이나 세포사가 야기되기도 했다. 이에 도터는 확장을 더 세심하게 진행하면 더 안전하고 더 효과적인 결과를 얻게 되리라는 기대를 내비쳤지만, 끝내 더 나은 방법을 개발하지는 못했다.

그 결정적인 과제는 또 한 명의 독일 의사 안드레아스 그루엔트치히에게 맡겨졌다. 1960년대 말엽 그루엔트치히는 도터의 카테터들과 씨름하기 시작했다. 심장과 관련하여 위대한 혁신을 이뤄낸 수많은 사람과 마찬가지로 그루엔트치히 역시 공학자적 기질이 다분했다. 그가 살던 취리히의 방 두 칸짜리 아파트는 제임스 조이스가 『율리시스』의 많은 부분을 집필한 장소와 길 하나를 사이에 두고 맞은편에 자리했고, 식탁에는 색칠하지 않은 그림과 칼, 플라스틱 튜브, 공기 압축기, 에폭시 접착제가 놓여 있어 내부는 마치 예술가의 작업실을 방불케 했다. 그루엔트치히는 종종 밤을 새가며 카테터 원형 만들기에 몰두했다. 그루엔트치히의 인내심 강한 아내에게는 유감스럽게도, 그의 동료들은 시간대를 가리지 않고 집을 드나들었다. 그는 동료들을 주방으로 데려가 일을 시키곤 했다. 그루엔트치히는 외모가 준수하고 카리스마가 있었다. 길고 숱이 많은 검은 머리와 풍성한 콧수염이 인상적이었다. 또한 전설적인 선배 포르스만과 마찬가지로 모험을 즐기는 성격이어서 주말이면 자신의 단발 비행기를 몰고 스위스의 알프스산맥 위를 낮게 날아다니곤 했다. 다만 포르스만과 달리 체계적이었던 작업 방식은 추종자들에게 귀감이 되었다.

그루엔트치히의 연구 과제는 카테터의 끝부분에 부풀릴 수 있는 풍선을 추가하는 일이었다. 무엇보다 그 풍선은 얇으면서도 충분히 견고해서 플라크가 잔뜩 껴 있는 동맥벽을 지날 때도 눌리거나 터지지 않아야 했다. 처음에 그는 마취한 개들을 대상으로 풍선 카테터의 성능을 시험했다. 개들은 이동식 침상에 눕히고 천으로 덮어 병원에 몰래 들여왔다. 그러고는 죽상동맥경화증atherosclerotic blockage을 재현하기 위해 실험견들의 동맥을 반쯤 봉합했다. 실험이 여러 차례 성공을 거두자 그루엔트치히는 해부용 시체로 눈길을 돌렸다. 그리고 1974년 2월 12일, 도터가 최초로 혈관성형술을 시행한 지 10년 만에, 그루엔트치히는 자신이 고안한 카테터를 이용해 최초의 인간 풍선혈관성형술balloon angioplasty을 실시했다. 환자는 67세로, 다리 쪽 주요 혈관인 장골동맥의 심각한 협착증을 앓고 있었다. 풍선을 부풀리자 폐색이 완화되면서 혈액순환 역시 원활해진 모습이 초음파로 확인되었고, 환자가 정상적 생활을 포기해야 할 정도로 심각했던 다리의 통증 또한 사라졌다. 이 놀라운 성공 이후로 그루엔트치히는 풍선혈관성형술을 일상적으로 시행하기 시작했고, 환자가 바뀔 때마다 새로운 카테터를 손수 제작하는가 하면, 모든 수술의 결과를 꼼꼼하게 추적 조사하여 비판의 목소리를 잠재우는 데 공을 들였다. 어렵고 고단한 일이었다. "공격을 받으면 상대를 붙잡고 혈관성형술에 대해 차근차근 설명하곤 했다"고 그는 지친 목소리로 한 동료에게 털어놓았다.

하지만 그루엔트치히를 비롯한 연구자들의 궁극적 목표는 관상동맥이었다. 전 세계에서 너무 많은 사람이 관상동맥질환으로 목숨을 잃고 있었다. "다리 수술은 단지 테스트에 불과했다." 그루엔트치히는 "처음부터 줄곧 심장을 염두에 두고 있었다". 도터의 글에 따르면, 관상동맥성형술의 개발은 "방사선학계의 가장 시급한 과제 중 하나"였다. 하지만 풍선을 이용한 관상동맥성형술은 극도로 이단적인 발상이었다. 잠재적인 위험이 너무 많았다. 풍선은 자칫 동맥에 구멍을 내어 급격한 출혈과 심장눌림증을 유발할 수 있었다. 그런가 하면 관상동맥은 위축되거나 폐쇄되어 중증 심장마비를 유발할 수 있었다. 심장은 세동(잔떨림)을 일으키거나 박동을 멈춰버릴 수 있었다. 수년 동안 사람들은 그루엔트치히의 발상에 경멸의 시선을 보냈다. 이는 두려움에서, 그리고 어쩌면 그리 적지 않은 질투에서 비롯된 반응이었다. 하지만 그는 확신에 차 있었고, 스스로를 누구보다 신뢰했다.

그루엔트치히는 자신의 구상대로 꼼꼼하게 연구를 진행해나갔다. 조종 가능한 카테터를 연구하기 위해 미국의 제조사들과 손을 잡았고, 개중에는 훗날 자산 규모 수십억 달러의 대기업으로 성장한 보스턴사이언티픽Boston Scientific 사도 끼어 있었다. 그는 먼저 해부용 시체의 관상동맥으로 수차례 실습을 거친 뒤, 살아 있는 환자에게 수술을 시행했다. 수술 환자는 혈관의 우회로조성술을 받았거나 앞두고 있는 이들에 국한했으며, 대상 혈관 또한 크기가 작고 중요도가 미미한 것들로 제한했다. 그루엔트치히는 유수의 심장내과 학회에서 자신의 실험 결과를 발표했지만, 베르너 포르스만과 마찬가지로 회의적이고 조소 섞인 반응과 맞닥뜨렸다. 그럼에도 그는 때를 기다렸다. 적당한 기회가 스스로 모습을 드러내기를, 살아 있는 사람을 대상으로 자신의 기법을 실연할 기회를 참을성 있게 기다린 것이다.

마침내 기회가 찾아왔다. 1977년 9월 16일 아돌프 바흐만이라는 37세의 보험설계사가 가슴 통증을 이유로 취리히 소재 대학병원에 이송된 것이다. 관상동맥조영사진에서 좌전하행동맥이 시작되는 부위에 작은 폐색성 플라크가 관찰되었다. 응급 관상동맥우회술 일정이 이튿날로 잡혔지만, 그루엔트치히는 풍선을 이용한 관상동맥성형술을 시도해보자고 바흐만과 의료진을 설득한 끝에, 심장절개수술을 두려워한 바흐만은 물론 의료진의 허락까지 받아냈다. 이튿날 아침 심장내과, 외과, 마취과, 방사선과 의사 10여 명이 지켜보는 가운데 그루엔트치히는 자신이 고안한 예의 풍선 카테터 중 하나를 바흐만의 대퇴동맥 안에 끼워 넣고는 대동맥을 따라 밀어 올려 좌전하행동맥 입구까지 진입시켰다. 준비 과정에서 세 개의 풍선 중 두 개가 터져버렸지만, 세 번째 풍선은 무사히 버텨냈다. 관상동맥에 들어간 풍선을 재빨리 두 번 부풀리자 혈액이 혈관을 타고 정상적으로 흐르기 시작했다. 참관하던 외과의들은 믿을 수 없다는 표정으로 바라보았다. 그루엔트치히는 메스나, 톱, 인공심폐기를 사용하지 않고도 심장근육의 혈류를 회복시켰다. 도무지 불가능해 보이는 상황이 눈앞에서 벌어진 것이다. 그루엔트치히는 제 위치를 벗어난 플라크를 말끔히 씻어내기 위해 바흐만의 혈액을 좌전하행동맥에 주사할 준비까지 마친 상태였지만, 그럴 필요도 없었다. 바흐만의 가슴 통증이 즉시 가라앉았으니까. 수술 후 조영사진에서 폐색은 거의 완벽히 사라져 있었다. (그리고 이 상태는 10년 후에도 그대로 유지되었다.) 유일한 합병증이라면 일시적인 심전도 이상 정도였는데, 이마저도 자연적으로 해결되었다.

그해 마이애미에서 열린 미국심장협회 학회에서 그루엔트치히는 직접 실시한 관상동맥성형술 중 처음 4건의 결과를 소개했다. 그는 혁신적인 수술법에 걸맞게 샌들을 신은 채 (요란한 박수갈채를 받으며) 자신의 데이터를 소개했다. 훗날 메이슨 손스는 폐암으로 투병하던 와중에 눈물을 글썽거리며 한 동료에게 이렇게 말했다고 한다. "꿈이 이뤄졌어."*

누가 알아주지 않아도 수년 동안 묵묵히 연구에 매진한 끝에 그루엔트치히는 일약 세계에서 가장 유명한 심장내과 의사의 반열에 오를 수 있었다. 최초의 관상동맥성형술을 시행하고 3년이 지난 1980년 그는 연구의 근거지를 조지아주 애틀랜타에 자리한 에머리 대학교로 옮겼다. 뒤이은 5년 동안 그는 대략 2500건의 수술을 시행함으로써 혈관성형술이 미국에서 대중화되는 데 일조했다. 그는 자신의 기법에 대한 믿음이 워낙 확고한 나머지 스스로 환자가 되어 심장내과 펠로에게 관상동맥성형술을 받은 적도 있었다. 그루엔트치히는 오후 5시에 카테터실 수술대에서 시술을 받은 뒤, 과에서 주최하는 크리스마스 파티를 위해 7시까지 오기로 돼 있는 아내를 데리러 갔다. 그건 그렇고, 그의 관상동맥은 정상이었다.

그루엔트치히의 수술법은 중재적 심장내과interventional cardiology라는 새로운 분야를 개척했다. 1980년 마커스 데우드와 동료들은

* 몇 년 뒤 손스는 이런 말도 했다고 전해진다. 혈관성형술의 시대야말로 "의학 역사의 황금기"이고 "그런 시절에 살아 있다는 것은 특권"이며 "그 특권에 깊이 감사한다"고.

심장마비 환자들의 동맥 내 혈전이 관상동맥의 혈류를 차단한다는 것을 입증할 수단으로 관상동맥성형술을 활용했다. 내가 펠로 과정을 시작한 2001년에는 이미 관상동맥성형술이 곳곳에서 유행처럼 시행되고 있었다. 어느 저녁 피 묻은 수술복을 입은 채로 나는 벨뷰의 다정한 병원장 버트 풀러를 우연히 마주쳤다. 늘 입던 밤색 스웨터와 꼭 끼는 바지가 시선을 끌었다. 함께 걸으며 우리는 내가 카테터실에서 겪은 일들에 대해 이야기를 나눴다. 병원 밖에서는 눈이 내리고 있었고, 보도는 질척거렸다. "그땐 참 아는 게 거의 없었어." 이렇게 말하며 풀러는 고개를 흔들었다. 우리는 커피를 사려고 푸드트럭 앞에 줄을 서 있었다. "우리가 시작할 때만 해도 심장카테터법은 그저 지속적인 가슴 통증을 치료할 목적으로만 사용됐거든. 한데 이젠 일상이 되어버렸지 뭔가."

오늘날에는 전 세계적으로 해마다 700만 건의 혈관성형술이 실시되며, 특히 미국의 연간 시행 횟수는 무려 100만 건에 달한다. 1994년 미국 식품의약국은 관상동맥스텐트라는 초소형 금속 코일의 발매를 승인했다. 관상동맥스텐트는 오늘날 거의 대부분의 혈관성형술에서 풍선으로 확장한 동맥을 개방된 상태로 유지할 목적으로 사용된다. 21세기 초엽에는 스텐트 표면을 화학약품으로 코팅하여 흉터 조직 형성의 예방을 도모했다. 처음으로 사용된 약물은 라파마이신이었다. 라파마이신은 이스터섬의 토양에 서식하는 사상균 안에서 발견된 항생물질로, 세포분열을 억제하는 효과가 있다. 오늘날 미국에서 사용되는 스텐트의 대부분은 라파마이신이나 그와 유사한 약물로 코팅돼 있으며, 덕분에 스텐트 삽입으로 흉터 조직이 형성되는 문제는 대부분 해소되었다.

독일 에베르스발데의 어느 작은 수술실에서 감행된 자기수술을 시작으로 심장카테터법은 진화를 거듭해왔고 언제부턴가 막대한 수익성을 자랑하는 수십억 달러 규모의 산업으로 탈바꿈했다. 안타깝게도 그루엔트치히에게는 이 같은 혁명을 목격할 기회가 주어지지 않았다. 그와 레지던트였던 그의 두 번째 아내는 1985년 10월 27일 그가 조종하던 전용기가 조지아의 어느 시골에서 폭풍우를 만나 추락하면서 함께 사망했다. 당시 그의 나이는 46세였다. 1985년은 중재적 심장내과와 관련하여 유독 비극적인 한 해였다. 흡연이 그 분야 영웅들의 발목을 잡았다. 메이슨 손스는 전이성 폐암으로 사망했다. 찰스 도터는 아이러니하게도 관상동맥우회술 합병증으로 목숨을 잃었다.

9

전선

창백하고 지쳐, 모든 힘을 상실한 채

(…)

그때 내 심장은, 마치 지진이 난 것처럼 갈라졌고,

그로 인해 맥박은 살아온 모든 삶을 뒤로했다.

단테 알리기에리, 「소네트 9Sonnet Ⅸ」

나이 든 남자가 천천히 발을 끌며 진료실 안으로 들어왔다. 그는 중절모를 벗더니 삐걱거리는 비닐 의자에 쓰러지듯 앉았다. 전에도 본 적이 있는 환자였다. 아마 2주 전이 마지막이었을 것이다. 하지만 지금껏 이렇게까지 상태가 나빠 보인 적은 처음이었다.

그는 몸을 앞으로 기울였다. 수염을 길렀고, 체형은 홀쭉했다. 중산모와 네커치프가 빈티지 양복을 입은 그 신사에게 남모를 비밀을 간직한 희극배우의 분위기를 불어넣었다. "숨이 점점 더 가빠져." 그가 밥 딜런과 비슷한 것도 같고 아닌 것도 같은 거친 목소리로 투덜거렸다. "처방해준 약이 효험이 없더라, 이 말이오."

그의 이름은 잭. 1950년대 월턴 릴러하이와 동료들이 선도적으로 실시한 심장 수술의 수혜자 중 한 명이었다. 그의 병든 판막은 어린

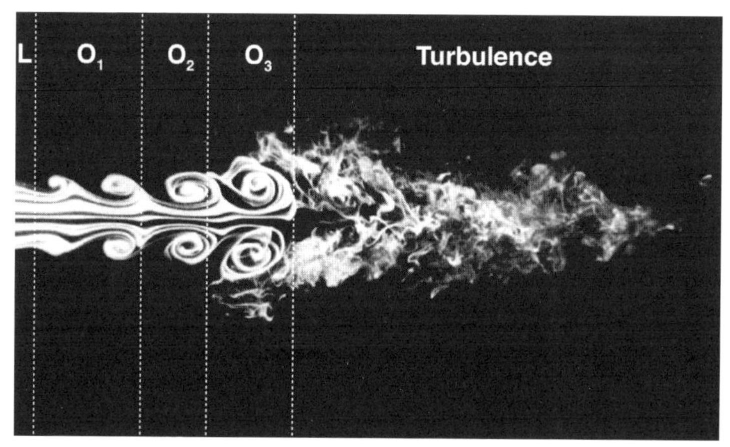

찬 공기에서 연기의 흐름(James N. Weiss et al., "Chaos and the Transition to Ventricular Fibrillation," *Circulation* 99 [1999]에서 발췌, 저자의 허가를 받아 재수록).

시절에 받은 수술 덕분에 치유될 수 있었다. 인공심폐기도 없이 릴러하이는 자신의 작은 손가락을 우심실벽 안쪽에 끼워 넣어, 선천적으로 굳은 판막을 자유롭게 움직이도록 풀어주었다.

수술은 성공적이었다. 하지만 수년이 지나 판막에 누출이 발생했고, 결국 잭의 심장은 늘어진 풍선처럼 약해지고 확대되었다. 심장의 펌프 효율은 정상 심장의 약 30퍼센트에 불과할 정도로 현저히 떨어져 있었다. 그는 겨우 몇 걸음만 걸어도 숨을 헐떡거렸다. 몇 주 전에는 엘리베이터가 없는 자신의 아파트에서 계단을 오르다 쓰러졌고 이웃들에게 들려 겨우 집에 들어갈 수 있었다. 내 두 손을 마치 난간처럼 붙든 채 잭은 절뚝거리며 진찰대에 올라갔다. 나는 청진기를 귀에 꽂았다. 그의 폐는 우유에 잠긴 시리얼처럼 물을 잔뜩 머금은 채 퍼석거렸다. 부종이 있는 다리는 내가 손가락 끝으로 누를 때마다 작은 홈이 생겼다. 나는 그에게 셔츠를 벗으라고 말했다. 심장 소리를 들어보기 위해서였다. 그가 노란 조끼를 걷어 올리자 가슴에 끈으로 묶인 오묘한 물체가 눈에 들어왔다. 어찌 보면 부적 같기도 했다. "이게 뭐죠?" 내가 물었다.

그는 물체를 떼어 나에게 건네더니 "자석이오"라고 대답했다. 자석은 덕트 테이프로 감싸여 있었다. 무게는 1.3에서 1.8킬로그램쯤 되어 보였다. 나는 책상 옆에 놓인 카트 가까이 대고 그것을 흔들었다. 이내 팔이 흔들리면서 가벼운 경련을 일으켰다. 자석이 금속 카트에 달라붙은 것이다.

"무겁네요." 내 말에 그는 고개를 끄덕였다. "이런 걸 왜 달고 계셨죠?" 내가 물었다.

자기장이 혈관을 확장시킨다고 그는 설명했다. (나로서는 처음 듣는 이야기였다.) 그의 이야기에 따르면 사실 자석에는 건강에 유익한 여러 효능이 있단다.

그는 몇 년 전 라디오 방송을 듣다가 우연히 자석의 효능을 알게 되었다. 이후로 그는 두통을 다스리거나 살짝 베인 상처를 치유하고, 병약한 심장을 보강하기도 할 목적으로 이런저런 자석을 줄곧 사용해왔다. 심지어는 복벽탈장을 치료하려고 전자기기 소매점에서 직접 구입한 작은 도미노 자석들로 자기벨트를 만들어 착용했는데, 정말 병소가 예전보다 작아졌다고 했다. "단지 벨트의 압력 때문일 수도 있지 않을까요?" 나는 그에게 물었다.

"평범한 벨트는 효과가 없어요." 그가 대답했다.

그는 자석을 가슴에 부착한 이후로 심부전이 나아졌다고 말했다. 나는 우리가 처음 만났을 때를 그에게 상기시켰다. 몇 달 전 벨뷰병원 응급실에서 그는 사경을 헤매고 있었다. 폐울혈로 가슴에 핏물이 차올라 글자 그대로 익사하기 직전이었던 것이다. "그나마 자석이라도 없었으면 내가 어디로 갔을 것 같소?" 그가 말했다.

만성 통증의 치료 목적으로 자석이 쓰인다는 이야기는, 이마저도 근거가 부족하지만 나도 들어본 적이 있었다. 하지만 말기 심부전의 치료 목적으로 쓰인다는 이야기는 정말이지 금시초문이었다. 나는 무슨 말을 해야 할지 갈피를 잡을 수 없었다. "저한테는 말씀을 하셨어야죠." 이윽고 내가 입을 열었다.

"물어본 적도 없잖소." 그는 이렇게 응수했다.

이어서 그는 대체의학이 대화의 주제로 거론될 때마다 내가 부정적 분위기를 발산했다고 덧붙였다. 얼마 전 그가 큰엉겅퀴와 타우린에 대해 물었을 때를 기억하느냐는 그의 질문에 나는 선뜻 대답하지 못했다. 듣자 하니 나는 묵살과 냉소로 일관한 듯했다. 일전에 그는 개리 널이라는 '자연치료사'에게 치료 계획의 검토를 의뢰해보라고 내게 부탁했지만, 나는 들은 척도 하지 않았다. 그가 보기에 나는 '너무 독단적'이었다. 그런 점 때문에 의사를 바꾸는 것까지 고려할 정도로.

얼굴이 화끈 달아올랐다. 너무 독단적이라고? 내가? 언젠가 그가 내게 빌려주었던 책 한 권이 떠올랐다. 『임상의를 위한 자연치료 안내서The Clinician's Handbook of Natural Healing』라는 제목의 그 책은 커피 테이블 위에 여태 들춰지지 않은 상태로 놓여 있었다. 그제야 후회가 되었다. 그 책을 읽었어야 했다. 그래서 내가 얼마나 편견 없는 의사인지를 그에게 증명했어야 했다.

"심부전에 대체요법이 효과적이라고 믿을 만한 근거가 없는 걸로 아는데요." 나는 더듬거리며 말했다.

최근 연구 자료도 읽지 않는 내가 그걸 어떻게 아느냐고, 그는 반문했다. 다시 펠로 1년 차로, 내 의견을 주장할 준비가 돼 있지 않은 수련의 시절로 돌아간 듯한 기분이었다. 내가 의사라는 사실이나 심장내과 펠로 과정을 거의 끝마쳤다는 사실, 내심 울혈성 심부전을 전공할 계획까지 세우고 있다는 사실 따위는 잭에게 중요하지 않았다. 나만큼이나 그도 근거를 원했다. 그는 나의 패러다임을 그대로 가져다 내게 반박하는 도구로 사용했다.

그의 비판에 머쓱해진 나는 사과의 말을 건넸고 그는 받아들였다. 이어서 그는 큰엉겅퀴와 타우린 말고도 카르니틴, 글루타티온, 히드라스티스 뿌리, 옥수수수염, 민들레, 블랙코호시, 디메틸글리신, 코엔자임큐, 티아민, 알파리포산, 쐐기풀, 오레가노유, 에키나세아echinacea, 마그네슘, 셀레늄, 구리와 같이 검증되지 않은 요법을 열 가지도 넘게 써봤다고 말했는데, 하나같이 차트에는 기록돼 있지 않았다.

한번 말문이 열리자 잭은 좀처럼 멈추려 들지 않았다. 그는 신발 밑창을 꺼내 보였다. 자잘한 네오디뮴 자석들이 박혀 있었다. 중고품 상점에서 개당 45센트에 구입한 자석들이었다. 이어서 그는 안경을 벗어 나에게 건넸다. 동그란 자석 두 개가 안경테에 붙어 있었다. (이런 거였어!) 그는 몇 년 전 심각한 폐 감염을 앓았고, 치료를 위해 거의 1년 동안 이런저런 항생제를 써야 했다고 말했다. 그때만 해도 그는 자석을 사용할 생각이 없었다. 하지만 이제 다시는 그때의 실수를 반복하지 않을 작정이었다.

이 같은 자석과 건강의 관련성이 우연의 산물일 가능성은 없을까? 나는 잭에게 질문을 던졌다. 내가 아는 잭은 철학에 조예가 깊은 사람이었다. 나는 과학적 이론의 반증 가능성을 강조한 칼 포퍼의 이야기를 끄집어냈다. 그리고 흥분해서는, 우리가 시험해볼 만한 질환을 하나 제시해보라고 그에게 말했다. 일단 질환이 정해지면, 자석 치료를 한 경우와 하지 않은 경우를 놓고 우리끼리 작은 실험을 해볼 수도 있을 테니까. 잭은 당황한 기색이라곤 없이 어깨를 으쓱하더니 이렇게 말했다. "너무 자세한 분석은 내키지 않아요. 굳이 자신을 설득해서 플라세보 효과에서 벗어날 생각도 없고."

자리에서 일어나며 그는 나에게 작은 자석 하나를 선물로 건넸다.

그리고 충고했다. "지갑에는 넣지 말아요. 교통카드 마그네틱이 손상될 테니."

수요일마다 잭은 내게 진료를 받으러 벨뷰병원 심장내과로 찾아왔다. 여느 환자들과 마찬가지로 잭은 병원 사정에 빠삭했고, 그를 거쳐 간 펠로도 여러 명이었다. "나는 점점 늙어가는데 의사들은 갈수록 어려지는군." 그는 이렇게 푸념했다. 병동은 언제나 만원이었다. 환자 한 명에게 우리가 할애할 수 있는 시간은 길어야 10분에서 12분이었다. 우리는 심장과 폐의 소리를 청진했고, 문제점을 하나하나 점검했으며, 경과 기록을 작성했고, 경우에 따라서는 처방전도 썼다. 여기까지 끝나면 다음 환자를 불렀다. 사정이 이렇다 보니 잭을 비롯한 상당수의 환자가 대체의학에 의존하는 것도 그리 놀라운 일은 아니었다. 알고 보니 널 선생은 나보다 더 많은 시간을 잭에게 할애했고, 그의 말을 귀담아들었으며, 그에게 관심을 드러냈다. 하지만 그의 자연치료 요법은 정말 효과가 있었을까? 나는 잭에게 이른바 과학적 방식이 더 낫다는 것을 입증할 수 있을까? 그것은 일종의 도전처럼 느껴졌다.

자석들을 보여주고 몇 주 뒤 잭이 다시 진료실에 방문했을 때 나는 그에게 치료와 관련하여 몇 가지 선택지를 제시했다. "어르신은 심장이 약해요." 이렇게 말하며 그의 이해를 돕기 위해, 나는 농구공을 잡을 때처럼 쭉 뻗은 손가락을 서서히 움직였다. 그러고는 하나의 선택지로 이식형 제세동기implantable defibrillator를 제안했다. 무선 호출기만 한 그 장치는 잭의 가슴에 삽입되어 심장박동을 모니터하고 박동 리듬이 위험 수준으로 나빠지면 전기 충격을 가할 것이었다. 응급실에 있는 제세동기 패들과 비슷하지만, 그의 몸 안에 늘 장착돼 있으리라는 점이 달랐다. 특히 '양심실biventricular' 제세동기는 잭의 망가진 심장이 조화롭게 수축하도록 힘을 보탤 것이었다. 또한 호흡곤란 증상을 완화시켜, 입원 빈도를 줄일 가능성도 있었다. 그리고 어쩌면 그의 수명을 연장시킬지도 모를 일이었다.

양심실 제세동기는 한 대당 가격이 대략 4만 달러에 달했다. 미국에서만 600만 명이 넘는 환자가 심부전을 앓고 있었고, 새로이 진단되는 환자는 해마다 50만 명 정도였다. 이런 상황에서 만약 잭과 같은 증상을 가진 극히 일부의 환자만이 문제의 장치를 장착한다고 쳐도 전체적 비용은 수십억 달러에 육박할 수 있었다. 하지만 돈 문제와는 별개로, 더 큰 질문 하나가 내 머릿속을 맴돌았다. 정말 그 장치가 잭에게 적합한지조차 확신할 수 없었던 것이다. 짐작건대 그에게 남은 수명은 1년보다는 길겠지만, 확실히 5년을 넘기기는 힘들었다. 그때가 오면 그는 어떤 죽음을 맞고 싶어할까? 심부전 환자들이 죽는 방식은 대부분 두 가지다. 하나는 돌연사다. 심각한 부정맥으로 갑작스레 심장이 멈춰버리는 것이다. 다른 하나는 펌프 기능의 점진적 상실로, 이때 심장은 적절한 혈액과 산소를 조직에 전달할 수 없는 지경으로까지 약해진다. 펌프 기능 상실로 인한 죽음은 그 양상이 끔찍하다. 구역질, 피로, 지속적인 호흡곤란과 같은 증상이 나타나는데, 하나같이 인간이 감내하기엔 극도로 고통스럽고 두려운 경험들이다. 잭에게는 부정맥으로 인한 돌연사가 더 나은 방식이 아닐까? 울혈성 심부전으로 폐에 물이 차오르는 동안 숨을 쉬어보려 몸부림치는 쪽보다는 말이다. 물론 제세동기는 돌연사를 막아줄 것이었다. 하지만 동시에 제세동기는 돌연사라는 옵션을 없앰으로써 죽음의 과정을 고통스럽고 지난한 길로 이끌 가능성이 다분했다. 물론 잭의 상태가 예정된 운명대로 급격히 악화되면, 그는 언제든 장치의 작동을 정지시켜 그것으로 인한 고통스런 충격을 방지할 수 있었다. 하지만 내 경험상 실제로 그렇게 하는 환자는 극히 드물었다. 의사들은 대개 이런 옵션의 존재를 환자들에게 알리지 않았고, 가족들은 사랑하는 사람의 죽음이 임박했다는 사실을 받아들이기도 힘든 상황인지라 그런 선택을 꺼리기 일쑤였다.

하지만 나는 잭과 이런 세세한 부분까지 검토하지는 않았다. 고작 10분 동안 면담하며 환자와 무엇이든 논의할 짬을 낸다는 것은 불가능에 가까웠다. 병에 관한 길고 자세한 논의는 차치하고서라도 말이다. 나는 이식형 제세동기가 과연 옳은 결정인지 확신할 수 없었다. 하지만 적어도 단기적으로는 그 장치가 그에게 도움이 되리라고 판단했다. 그러나 결과적으로 다 쓸데없는 걱정이었다. 잭은 곧바로 손사래를 치며 내 권고를 마다했으니까. 그는 제세동기를 원하지 않았다. 그는 자석이 제 역할을 톡톡히 해주리라고 확신했다.

기본적으로 심장은 전기적 기관이다. 전기가 없으면, 심장박동도

있을 수 없다. 전기적 자극은 심장세포 안에 존재하는 특수 단백질을 활성화하고 서로 간의 협력을 유발함으로써 심장이라는 기관 전체의 수축을 야기한다. 이러한 전기적 자극의 리듬이 흐트러지면, 심장의 혈액 펌프 능력이 저하된다. 20세기 초엽에는 이 같은 특징들이 밝혀지면서, 심장이라는 전기 기관의 전선 배치도가 만들어졌다. 가령 생리학자들은 평균 수명 동안 심장이 30억 번가량 박동하고 그중 대부분은 우심방 높은 곳에 자리한 동방결절sinoatrial node이라는 자연적 심박조율기 내 세포들의 자발적 활성화와 더불어 시작된다는 사실을 알고 있었다. 충전된 이온들의 흐름을 통해 세포들의 전압은 주기적으로 역치에 도달하며, 이런 현상은 정상적인 사람이 쉴 때를 기준으로 대략 1초당 1번꼴로 일어난다. 역치에 도달한 이 세포들은 전기적 파동—활동전위action potential*—을 발생시키는데, 이러한 전기파는 심방을 통해 퍼져나가다 특수한 전도성 조직—말 그대로 전선—을 타고 심실로 이동하며, 이 과정에서 심장 세포를 자극한다(밧줄의 끝을 잡고 위아래로 급히 흔들 때 생성되는 파동을 떠올려보라). 특히 심실 진입 직전에 그 전기파는 방실결절atrio-ventricular node이라는, 가늘고 상대적으로 전도성이 덜한 원반형 조직을 통과한다. 여기서 전기적 자극의 이동 속도는 약 0.2초 동안 극도로 느려져, 심방이 혈액을 짜내고 심실을 채우는 작업을 마무리하기에 넉넉한 시간을 제공한다. 이어서 그 파동은 두꺼운 조직 묶음을 통해 심실 안을 통과하는데, 각각의 조직 묶음은 여러 가닥의 전도성 필라

* 생물체의 세포나 조직이 활동할 때에 일어나는 전압의 변화.—옮긴이

멘트로 순식간에 세분되어, 마치 나무의 뿌리처럼 심실 곳곳으로 뻗어 나간다. 이렇게 심장의 일부분에서 시작된 한 번의 전기적 자극은 순식간에 심장 전 부분으로 전도되어 우심실과 좌심실을 거의 동시에 수축시킴으로써 두 심실이 각각 폐와 신체 주요 부위에 혈액을 내보내도록 유도한다.

심장세포는 자극을 받으면, 이른바 '불응기refractory period'에 돌입한다. 이 시기에 심장세포는 본질적으로 활동을 중단한다. 그 어떤 강도의 전기 자극에도 무반응으로 일관하는 것이다. 이는 일종의 보호성 메커니즘으로, 심장 조직이 빠른 시간 안에 여러 차례 활성화되는 현상을 방지한다. 심장박동이 너무 빨라지면 자칫 혈액순환이 멈추어 사망에 이를 수도 있기 때문이다.

인간 심장박동의 안정성을 보장하는 보호장치는 여러 겹으로 존재한다. 예를 들어 만약 동방결절이라는, 심장의 자연적 심박조율기가 제대로 기능하지 않게 되면, 이를 대체할 예비 심박조율기가 심장에는 얼마든지 존재한다. 이러한 부위들은 보통 전기적 특성이 달라 동방결절보다 느리게 활성화되므로, 동방결절이 전기 자극에 정상적으로 반응할 때는, (세포들이 불응 상태에 놓여) 활동이 대체로 억제된다. 그러나 손상이나 질병, 아드레날린 분비로 인해 이런 부위들 중 한 곳의 활동이 가속화되면, 그 부위가 동방결절의 심박조율 기능을 대신할 수 있다.

세기가 바뀔 무렵에는 이러한 패러다임이 널리 퍼져 있었다. 과학자들은 심장이 전기의 힘으로 박동하며, 그 전기는 우심방에서 발생하여 남쪽으로 전도되는데, 그 과정에서 전기적으로 연결된 수십

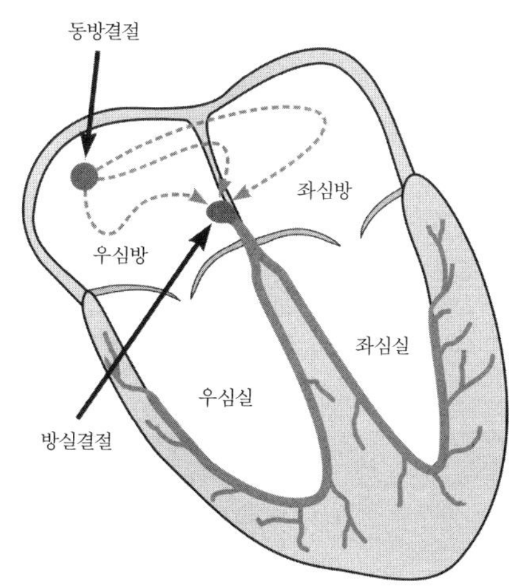

심장의 전도 체계. 점선은 심방의 활성화를, 실선은 심실의 활성화 경로를 나타낸다(R. E. Klabunde, www.cvphysiology.com, 2017. 허가를 받아 재수록).

억 개의 세포를 자극한다는 사실을 이해하고 있었다. 다만 이해하기 다소 어려운 부분은, 심장이 박동을 멈추는 것 또한 대개는 전기의 작용 때문이라는 점이었다.

이러한 관계의 핵심을 주도적으로 설명한 인물은 저 유명한 케임브리지대학교 생리학과가 배출한 인재 조지 마인스였다. 잉글랜드 출신의 그는 젊은 시절 피아노 영재였고 한때 음악가의 길을 고려하기도 했다. 그래서일까. 리듬에 대한 그의 각별한 사랑은 이후로도 계속되었다. 그는 1912년 케임브리지대에서 26세의 나이에 박사 학위를 받았다. 사진에 대한 열정도 대단해서 마인스는 심장생리학 분야에 최초로 동영상 카메라를 도입했다. 그 카메라로 그는 척수를 자른 개구리의 심장 수축 과정을, 가까운 지인이던 뤼시앵 불이라는 영화촬영기사가 개척한 기법을 사용하여, 브로마이드 인화지에 1초당 15프레임의 속도로 촬영하여 기록으로 남겼다. 케임브리지를 졸업하고 박사과정을 마친 뒤에는 잉글랜드와 이탈리아, 프랑스에서 안식 기간을 가졌고, 이어 몬트리올의 맥길대학교에서 제의한 생리학 교수직을 수락했다. 마인스가 발견한 가장 중요한—어쩌면 심장 전기생리학 역사상 가장 근본적일지 모를—사실 두 가지가 이 시기에 거북이와 물고기, 개구리를 대상으로 이런저런 실험을 하던 중에 발견되었다.

첫 번째 발견은 심장 내에 표준적 전도로 외에도 작은 전기적 통로들이 존재할 수 있다는 사실이었다. 일반적으로 이 같은 별도의 회로들은 일률적으로 흥분하므로 심장박동의 변화를 초래하지 않는다. 하지만 만약 그러한 회로의 한쪽—편의상 'A 측'이라고 하

조지 마인스, 1914년경(Physiological Laboratory, Cambridge University, England 소장. 허가를 받아 재수록).

자—의 불응기가, 가령 심장마비에서 비롯된 손상이나 질병, 전해질 장애로 인해 B 측의 불응기보다 더 길어지면, 너무 일찍, 그러니까 A 측이 아직 불응 상태일 때 도착한 전기적 자극은 A 측이 아닌, 오로지 B 측을 통해서만 전도될 것이다. 회로의 B 측은 불응기가 더 짧아 흥분성excitaility을 일찌감치 회복했을 테니까. 마인스의 통찰력이 대단한 이유는, 만약 문제의 전기적 자극이 회로의 맨 아래쪽에 도착하기 전에 A 측이 흥분성을 회복하면, 그 전기적 자극은 다시 A 측을 향해 위로 전도되었다가 다시 (불응기가 더 짧아 흥분성을 빨리 회복하는) B 측을 향해 아래로 이동할 수 있으며, 이러한 패턴이 몇 번이고 다시 반복될 수 있다는 사실을 발견했다는 데 있다. 이론적으로 그 전기적 자극은 무한히 순환할 수 있다. 더 이상의 외부 자극이 없어도 말이다. 회로를 한 바퀴씩 순환할 때마다 전기파의 일부는 회로 밖으로 새어나가 주변의 심장 조직을 활성화시킬 수 있다. 마치 먼 바다의 배들에게 신호를 보내는 등대의 불빛처럼. 또한 이런 식이라면, 별도의 회로를 순환하던 전기파가 동방결절의 활동을 대신하고 심장에서 주요한 심박조율기의 자리를 꿰차는 상황도 충분히 가능할 것이다.

마인스는 이러한 현상을 '재진입reentry'이라고 칭했고, 해파리 실험을 통해 이렇듯 순환하는 전류를 시각화할 수 있었다. 그는 심근 회로 내 '원운동circus movement'을 설명하는 대표적 그림을 하나 발표했는데, 아직까지 (옆의 그림과 유사하게) 쓰이고 있는 이 그림은 그와 같은 순환적 흐름이 어떻게 급속한 부정맥을 야기할 수 있는지에 대해 설명한다. 또한 그는 이 회로가 차단되면 전기파의 순환 역시 곧

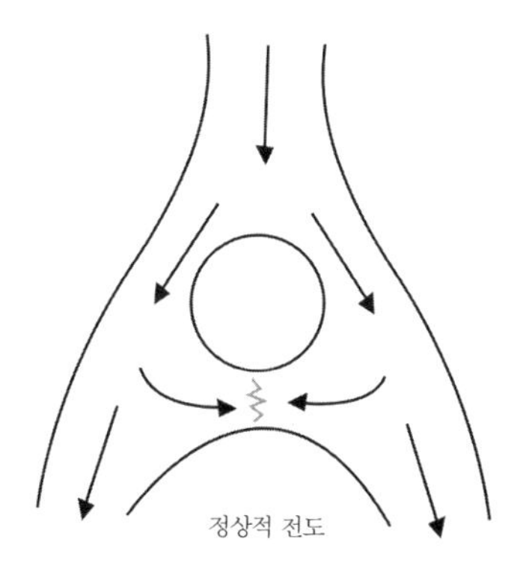

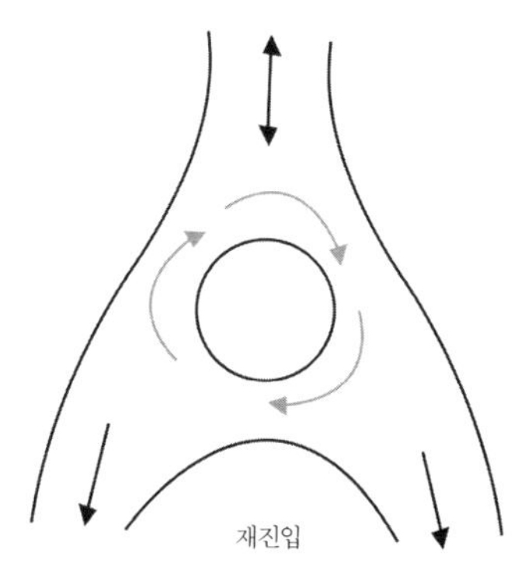

심장 재진입(Liam Eisenberg, Koyo Designs 제작).

바로 끝난다는 사실을 입증했고, 이러한 결과는 오늘날 수많은 부정맥 환자에게 외과적 치료를 실시하는 근거가 되었다.

재진입을 묘사한 최근의 그림은 마인스가 보여준 통찰의 핵심적 기조를 그대로 유지하고 있다. 이 도식에는 원형(혹은 나선형)으로 순환하는 파동을 방해하는 비전도성 조직—예컨대 심장마비로 형성된 흉터처럼—이 존재한다. 만약 흉터의 크기가 전기적 자극의 파장에 비해 작다면 파동은 그 흉터에 별다른 구애를 받지 않을 공산이 크다. 작은 자갈 위를 도도하게 지나는 파도처럼.

하지만 장애물이 커지면, 파동의 흐름은 깨어질 수 있다. 파동의 본류가 앞서 나아가는 동안 파동의 가장자리는 뒤에 남겨진 채 (잔잔히 흐르던 물이 커다란 바위를 만나 소용돌이치며 흘러 내려갈 때처럼) 휘감기기 시작할 것이다. 또한 충분히 멀리 나아간 뒤에는 파동의 가장자리가 어느새 원형(혹은 나선형) 파동의 중심이 되어 있을 것이다.

동그란 모양에는, 불응 상태의 심장 조직을 흥분 상태로 되돌려 문제의 파동을 전달함으로써 소멸시키지 않으려는 욕구가 반영돼 있다. 가장 단순한 모양은 나선형이다. 사이키델릭 아트의 상징적 이미지처럼, 고정된 한 점을 중심으로 둥글게 돌며 서서히 바깥쪽으로 이동하는 것이다. 마인스가 해파리 실험에서 발견한 바와 같이, 이러한 나선형 파동들은 자급적이어서, 흥분성을 회복한 조직에 끊임없이 재진입하여 끝없이 지속될 수 있다.

나선형 파동은 자연에서 흔히 발견된다. 가령 (207쪽의 그림에서 보듯) 나선형 파동은 차가운 공기 속으로 연기가 피어오를 때나 자갈들 사이로 물이 흐를 때 생성된다. 또한 초전도체와 아메바의 다세

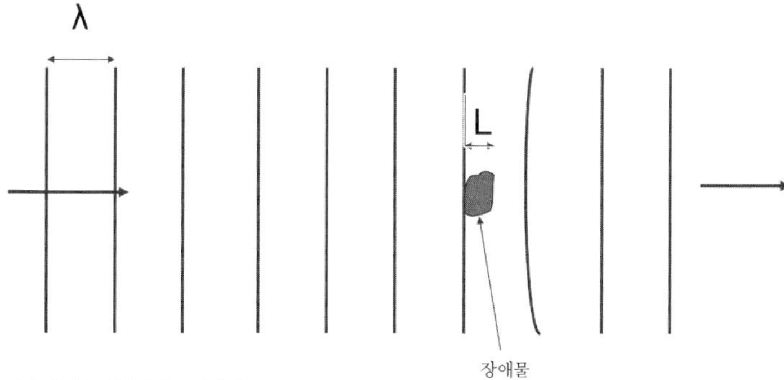

파동이 작은 장애물에 부딪칠 때.

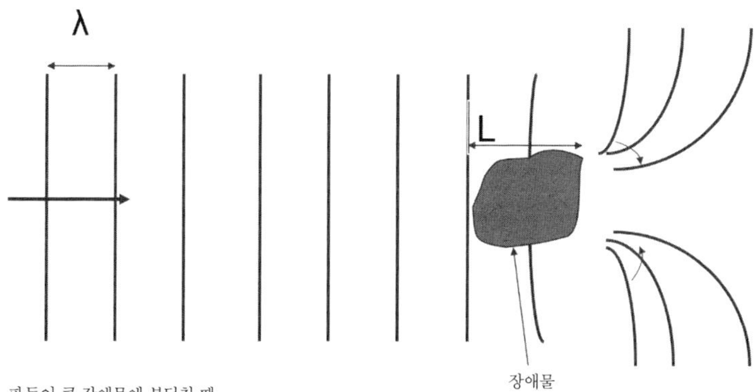

파동이 큰 장애물에 부딪칠 때.

심장 조직의 컴퓨터 모델에서 나타나는 나선형 파동(Alan Garfinkel의 허락으로 재수록).

포집합체, 다양한 화학적 반응 속에서도 발생한다. 심지어 눈에 보이는 물질들도 우주 곳곳에 모여 이런저런 나선은하를 조직한다. 고로 자연에서 이토록 자주 눈에 띄는 나선형이 심장에서도 발견된다는 사실은 전혀 놀라운 일이 아니다.

비록 마인스가 재진입 현상을 관찰한 대상은 어류 위주의 하등동물에 국한되었지만 오래지 않아, 그러니까 1924년에 그 현상은 인간의 심장에서도 확인되었다. 이제는 서구세계에서 발생하는 심혈관계 관련 사망의 가장 일반적 원인인 심실세동을 포함하여 비정상적인 심박수 증가의 대부분이 나선형 파동의 재진입에 근거한다는 견해가 널리 받아들여지는 분위기다.

심실세동이 나타나면 심장박동은 매우 빠르고 불규칙해진다. 이는 심장의 펌프 기능을 저하시켜 혈액이 뇌와 폐를 비롯한 중요 기관으로 원활히 공급되지 못하게 함으로써 결국 혈압의 급작스러운 하강과 세포사의 거의 즉각적인 발현을 초래한다. 심장의 떨림은 여전히 계속되지만, 혈류는 본질적으로 중단되는 것이다.* 1889년 스코틀랜드의 생리학자 존 알렉산더 맥윌리엄이 쓴 글에 따르면 "갑작스러운 심부전은 대개 심실 정지라는 단순한 형태를 취하지 않는다. 그보다는 오히려 심실 에너지의 발현이라는 맹렬한 형태를 취한다. 비록 불규칙적이고 비조직적일지라도 말이다". 미국에서는 매시간 40명이 병원 밖에서 심정지를 경험한다. 원인은 대부분 심실세동이며, 살아남는 사람의 비율은 10명 중 1명도 되지 않는다. 심지어 환자의 90퍼센트는 병원에 미처 도착하기도 전에 사망한다. 소수민족과 사회경제적 위치가 낮은 공동체의 경우 상황이 가장 심각한데, 아마도 이유는 체외형 제세동기에 대한 접근성의 부족과 이른바 목격자 심폐소생술bystander CPR에 대한 교육 부족에서 찾을 수 있을 것이다. 그렇다고 병원 안에서 발생한 심정지의 생존율이 훨씬 높다고는 할 수 없다. 대략 25퍼센트에 불과하니 말이다. 물론 지난 수십 년 동안 사망률이 감소하기는 했다. 심장집중치료실이 급증하고, 공동체 중심의 응급구조 프로그램이 구축되고, 심장 전기생리학이 발전을 거듭해온 덕분이다. 그러나 여전히 심실세동은 전 세계 수백만 명의 사람에게 사형선고나 다름없다. 33초마다 1명의 미국인이 (뇌졸중과 심부전을 포함한) 심혈관계 질환으로 사망한다. 달리 말해 미국인 사망자 4명 중 1명이 심혈관계 질환으로 목숨을 잃는다는 뜻이다. 그리고 이러한 죽음에서 마지막으로 나타나는 증상은 대개 심

* 심실세동을 처음으로 묘사한 인물은 아마도 안드레아스 베살리우스일 것이다. 그는 산소가 결핍된 동물의 심장이 물결처럼 꿈틀거린다는 사실을 관찰을 통해서 밝혀냈다.

실세동이다. 생명의 근원인 심장이 이내 죽음의 신으로 돌변하는 것이다.

심실세동은 심장질환 환자에게 가장 빈번히 발생한다. 세포 손상과 전기적 신호 두절로 인해 재진입을 요하는 환경이 조성되기 때문이다. 하지만 이쯤에서 충격적인 사실 한 가지를 말하자면, 세동은 정상적 심장에서도 발생할 수 있다. 어쩌면 이는 마인스가 발견한 가장 중요한 사실일 수 있는데, 그는 실험적으로 다음과 같은 설정을 했다. 즉 심장 주기에는 이른바 '취약기vulnerable period'라는 제한적 기간이 존재하는데, 0.01초가량 지속되는 그 기간 동안 심장을 자극하면, 그러니까 전기적 충격을 가하거나 가슴을 주먹으로 가격하면, 그로 인해 기계적 에너지가 전기적 에너지로 전환되어, 완벽하게 정상적인 심장에도 심실세동이나 심정지가 유발될 수 있다는 가설을 세운 것이다. 이를 입증하기 위해 마인스는 모스부호 발신기를 두드려, 토끼의 심실에 설치된 백금 전극에 단일한 전기 자극을 가하는 장치를 하나 개발했다. 수많은 사례 연구를 통해 그는 "시기를 잘 조절하여 모스 키를 두드리면, 두드릴 때마다 매번 세동이 유발된다"는 사실을 발견했다. 중요한 건 타이밍이었다. 마인스의 글에 따르면 "세동을 유발하기 위해서는 반드시 확실하고 결정적인 순간을 노려 자극을 가해야 했다". 취약기 이전에 전달된 자극은 아무런 영향도 미치지 않았고, 취약기 이후에 전달된 자극은 단지 부가적인 심장박동만을 유발할 뿐이었다. 반면 취약기에 맞춰 가해진 자극은 박동 직후의 심장 조직을 흥분시켜 세동을 촉발시킬 수 있었다. 마인스가 1913년에 발표한 「심장의 동적 평형에 관하여On Dynamic Equilibrium in the Heart」에 따르면, 그의 연구 결과는 '심장난동delirium cordis' 혹은 심장의 광란이라는 "중요하고도 흥미로운 상태에 대한 설명을 제시"하고 있었다.

취약기를 제대로 이해해야만, 정상적 심장이 스스로의 감전사를 유발하는 이유를 비로소 이해할 수 있다. 일례로 젊고 건강한 운동선수가 야구공이나 하키용 퍽에 가슴을 강타당한 뒤 급사하는 이유를 우리는 문제의 타격이 심장의 취약기에 가해졌다는 데서 찾을 수 있다. 과학자들은 태어난 지 8주에서 12주 된 새끼 돼지를 마취시킨 뒤 녀석들의 가슴을 다양한 심장 주기에 맞춰 알루미늄 자루에 달린 야구공으로 때리는 실험을 통해, 포유동물에게 취약기가 존재한다는 사실을 확인했다. 그들의 연구 결과에 따르면, 충격이 0.01초라는 매우 한정된 기간 안에, 그것도 바로 앞 심장박동의 대략 0.35초 뒤에 가해질 경우, 그 충격은 심정지를 야기할 수 있었다.

정상적 심장에서 심실세동이 나타나는 이유를 설명하는 또 하나의 실마리는 재진입이다. 흉터 조직이 형성된 병든 심장에서 이러한 메커니즘은 명백하게 나타난다. 앞서 살펴본 바와 같이, 전도성을 상실한 흉터 조직과의 상호작용으로 부서진 전기파는 본래 가장자리였던 부분을 중심으로 나선 모양을 형성한다. 하지만 재진입은 심지어 흉터가 존재하지 않는 경우에도 발생할 수 있다. 이 경우 하나의 전기파는 다른 전기파와의 상호작용으로 인해 부서져, 문제의 다른 전기파가 지나간 자리에 형성된 불응성 조직 주위를 마치 흉터가 존재할 때처럼 회전한다. '기능적' 재진입이라고 알려진 이 현상은 (상대 격인) '해부학적' 재진입 못지않게 치명적이다. 나선형 파동을 형성하기 위해서는 충격이 반드시 완벽하게 알맞은 시간에, 완벽하게 알맞은 장소에서 가해져야 한다. 그래야 이전 파동이 지나간 흔적과 충돌할 수 있다. 그리고 마인스는 바로 이 취약기를 토끼 실험을 통해서 발견했다.

실험을 통해 심장의 나선형 파동을 최초로 관찰한 인물은 시러큐스대의 호세 할리페와 그의 동료들로, 1992년의 이 발견을 그들은 과학 잡지 『네이처』를 통해 발표했다. 그들은 특수 화학물질을 주사한 개의 심장 조직을 형광 인식이 가능한 특수 카메라로 촬영함으로써, 약 2센티미터의 역회전하는 나선 이미지를 얻어냈다. 할리페의 연구팀은 이러한 나선들이 주로 흉터를 비롯한 이질적 부분을 중심으로 이론상 끝없이 순환할 수 있으며, 한 바퀴 회전할 때마다 신호의 강도를 완전히 회복한다는 사실을 발견했다. 마인스가 최초로 입증한 사실을 새로운 실험을 통해 재확인한 셈이다.

또한 할리페는 나선형 파동이 반드시 고정된 위치에 남아 있을 필요는 없다는 사실도 발견했다. 회전하던 나선은 어느 순간부터 이리저리 돌아다닐 수 있다. 마치 테이블 위에서 돌다가 속도가 느려진 팽이가 뾰족한 끝으로 소용돌이 모양을 그릴 때처럼. 결국 그 나선형 파동은 과도한 진동으로 인해 부서질 수 있고, 그 과정에서 다수의 독립적 나선을 생성하여 병든 심장을 흥분시킬 수 있다. 마치 바닷가에 부딪는 파도가 두껍고 어지러운 거품을 남긴 채 사라질 때처럼. 이것이 심실세동이다. 부정맥이 본연의 임무에 지나치게 열중하고 전념하고 헌신하는 상태. 이런 상태를 해소하려면 글자 그대로 충격 요법을 사용하는 수밖에 없다. 심장 밖에서 충격을 가함으로써 증상을 멈추게 하는 것이다. 앞서 소개한 스코틀랜드의 생리학자 맥윌리엄은 1897년 심실세동에 관해 이런 글을 남겼다. "심실의 근육은 불규칙적으로 수축하고, 동맥의 혈압은 큰 폭으로 떨어진다. 심실은 혈액을 담은 채로 확대된다. 심실벽의 빠르고 자잘한 떨림만으로는 내용물을 충분히 배출할 수 없기 때문이다." 본질적으로 이는 전기와 관련된 혼돈이다. 그리고 이 혼돈은 심장을 (또한 그 심장의 소유자를) 순식간에 죽음으로 몰고간다.*

2000년 『전미과학아카데미 회의록Proceedings of National Academy of Sciences』에 실린 한 연구에서 UCLA의 앨런 가핑클과 동료들은 특수 현미경으로 촬영한 돼지 심장 절편 이미지를 통해, 심장 조직에 세동이 발생하면 나선형 파동들이 부서져 다수의 새로운 파동을 형성함으로써 심장을 무질서한 패턴으로 활성화시킨다는 것을 보여주었다. 나선형 파동이 부서져 세동을 초래하는 이유는 정확히 알려져 있지 않지만 일반적인 믿음을 토대로 말하면, 세동의 초래 여부는 복원력restitution에, 그러니까 심장 세포가 얼마나 빨리 본래의 능력을 회복하여 다시 흥분하게 되느냐에 달려 있다. 복원력을 결정하는 요인은 다양하지만 한 가지 언급하자면, 정신적 스트레스로 인한 아드레날린 급증뿐 아니라 관상동맥의 혈류 부족—나의 할아버지 두 분을 죽음으로 몰아넣었던 바로 그 메커니즘—에 의해서도

* 흥분하기 쉬운 시스템이 변질되어 혼돈에 빠질 수 있다는 발상을 최초로 제안한 인물은 다비드 뤼엘과 플로리스 타컨스다. 그들은 1971년 「난류의 속성에 관하여On the Nature of Turbulence」라는 제목의 논문에서 그 같은 발상을 제시했다. 그들은 결합된 진동coupled oscillation이 3개 이상 포함된 시스템은 본질적으로 불안정하다는 사실을 입증했다. 그들의 예측은 유체 역학 연구와 이후의 전자재료 연구에서 실험을 통해 사실로 확인되었다. 또한 그들의 연구는 심실세동이 시공간적 혼돈의 한 형태임을 보여주었다.

증폭될 수 있다. 이유가 무엇이건 간에 심장 세포의 흥분성이 강화되면, 나선형 파동은 전기적 환경의 미세한 변화에도 극도로 민감해져, 이내 진동을 시작하고 부서지기 알맞은 상태에 놓일 수 있다. 심지어 '부두 죽음' 뒤에 도사리는 메커니즘도 심장 복원력의 '가파른 상승'일 가능성이 있다. 인류학자들의 기록에 따르면 그 신비하고 갑작스러운 죽음은, 예컨대 주술사의 저주처럼 정서적으로 강도 높은 스트레스에 노출되는 시기에 주로 유발된다고 전해진다. 베타차단제는 아드레날린의 작용을 상쇄하여 이 같은 치명적 부정맥을 예방하는 효과가 입증되었다. 벨뷰병원의 전기생리학자 미치 셔피로가 뉴욕 시의 상수도에 베타차단제를 풀어야 한다고 종종 말했던 이유도 어쩌면 거기에 있을지 모른다.

재진입과 취약기에 관한 마인스의 연구는 심장 전기생리학 분야에 새로운 시대를 열어젖혔다. 안타깝게도 그는 자신의 연구가 세상에 미친 영향력을 직접 확인할 만큼 오래 살지 못했다. 1914년 11월의 소슬한 저녁, 맥길대학교 수위가 마인스의 실험실에 들어갔을 때 마인스는 의식을 잃은 채 실험실 벤치 아래 누워 있었고, 몸에는 모니터링 장비가 부착돼 있었다. 그는 급히 병원으로 옮겨졌지만, 끝내 의식을 회복하지 못하고 자정 직전에 사망했다. 부검으로 확인되지는 않았지만 의료사학자들은 그의 죽음이 인간을, 정확히는 마인스 자신을 대상으로 취약기에 관한 실험을 하던 중에 벌어진 사고라고

추정한다. 이러한 추측을 뒷받침하는 근거는 그가 사망하기 한 달 전 28세의 나이에 맥길대학교 교수들을 상대로 강연을 하던 중 발언한 내용이었다. 강연 도중에 마인스는 자기실험에 대한 찬사를 늘어놓으며, 피부 감각의 속성을 이해할 목적으로 자신의 신경을 절단하거나 소화의 생리를 연구할 목적으로 플라스틱 튜브를 삼킨 동시대 사람들의 연구를 거론했다. 이런 정황으로 미루어보건대 마인스는 자신의 취약기 이론이 합당한지 여부를 자기실험을 통해 확인해보기로 결정했던 듯하다. 마인스는 베르너 포르스만에 대해 알지 못했다. 마인스의 비극적인 자기실험은 저 위대한 독일 의사가 자신의 몸에 카테터를 삽입하기 15년 전에 벌어진 일이니까.

10

발전기

환자의 상태가 오로지 치명적이거나 절망적인 전망만을 가리킨다고 인식하는 순간, 극단적인 방법은 덜 극단적으로 여겨지고, 집념과 용기에 힘입어 무사히 시행될 때가 의외로 많다.

찰스 P. 베일리 · 필라델피아 하네만의과대학 소속 심장외과 전문의

"이렇게 계속 손 놓고 계시다가는 올해 말을 넘기기 힘들다고 말씀드렸어요." 일전에 자석을 달고 나타난 환자 잭의 방문 간호사 숀이 어느 오후에 전화를 걸어와 내게 그의 상태를 전했다. "이러다간 심장이 멈춰버린다고. 한가하게 기능 식품이나 즐기고 있을 시간이 아니라고요." 숀은 잠시 말을 멈추었다. 답답한 기색이 역력했다. "그랬더니 뭐라는 줄 아세요?" 숀은 지긋지긋하다는 듯 이렇게 내뱉었다. "그거 안 아플까?"

잭은 외래 환자였고, 나는 그를 일주일에 한 번꼴로 불러 상태를 확인 중이었다. 하지만 심부전이 날로 악화되는 상황임에도 그는 내 권고를 거절하겠다고 고집을 피웠다. 약초와 자석이 나중에 틀림없이 효험을 발휘할 거라나. 잭은 가족의 부양이나 사회적 지원을 기대하기 힘든 처지였다. 따라서 심장 이식은 적합하지 않았다. 그를

도와 자질구레한 일을 처리해줄 사람도 마땅치 않았거니와 그가 진료 약속을 잘 지키고 약을 제때 복용하도록 챙겨줄 만한 사람도 없었다. 그의 유일한 선택지는 4만 달러를 들여 제세동기를 몸 안에 이식하는 것뿐이었다. 아니면 꼼짝없이 호스피스 시설에 들어가야 할 형편이었다. 며칠 동안 그는 감감무소식이었다. 그러던 차에 숀이 전화로 잭이 다시 구역질을 하기 시작했다는 소식을 전해준 것이다. 폐에 물이 차오르는 탓에 곧은 자세로 의자에 앉은 채 잠들었다가 두 시간에 한 번꼴로 거친 숨을 몰아쉬며 깨어나기를 반복했고, 결국은 숀의 설득에 넘어가 장치를 부착하기로 마음먹었다나.

나는 잭을 벨뷰병원의 심장집중치료실에 입원시켰다. 그러곤 제세동기를 이식하기에 앞서 심장카테터 삽입술 일정을 잡았다. 아니나 다를까, 오래지 않아 그는 병원 직원들을 귀찮아하기 시작했다. 어느 아침 나는 심장집중치료실에서 긴급 호출을 받았다. 잭이 집에 가겠다며 간호사들과 다투고 있었기 때문이다. 내가 도착했을 때 그는 커튼이 드리워진 좁은 공간에 태아처럼 웅크린 채 누워 있었다. 몸 아래로는 구깃구깃한 시트가 깔려 있었다. 보충용 산소를 전달하는 얇은 플라스틱 튜브가 그의 움푹한 볼을 단단히 조이고 있었다. 나는 즉시 녹색 노브를 돌렸다. 산소 공급량을 조절하기 위해서였다. 산소를 높이자 플라스틱 계량기 속 작은 볼 베어링이 한껏 위로 떠올랐다.

"가슴 한복판이 계속 아파요." 잭이 나를 보지 않은 채 말했다. 머리에는 예의 중산모 대신 얼룩진 흰색 니트 모자를 쓰고 있었다. 몸은 외래 진료실에서 봤을 때보다 훨씬 수척해 보였다. 안쓰러운 마음이 들었다. 하지만 화도 살짝 치밀었다. "그래서 혈관조영사진을 찍는 겁니다." 내가 말했다.

"그럼 아침에 찍었어야지." 그는 투덜거렸고, 반쯤 감긴 두 눈이 분노로 번득였다. "하루를 완전히 버렸잖아."

나는 그에게 검사 일정이 이튿날로 잡혔다고 말했다. 검사 결과 관상동맥이 깨끗하면, 우리는 곧바로 제세동기를 이식할 예정이었다.

"선생님이 백날 그렇게 말해도, 다른 사람들은 딴소리를 한다니까."

"누가 뭐래도 담당자는 접니다." 나는 재빨리 받아쳤다. 다행히 나는 심장내과 상급 펠로였고, 적어도 내가 맡은 외래 환자의 치료에 관련해서는 내가 책임자라고 이제 당당하게 말할 수 있었다.

"동의서에 긴급 우회수술 얘기도 나오던데, 나는 그런 수술까지는 받고 싶지 않소." 잭은 건조하게 말을 이어갔다.

그건 그저 동의서의 표준 문안일 뿐이라고, 나는 해명했다. 심각한 합병증이 별달리 우려되지 않는 수술이라도 일단 동의서 서식에는 발생 가능한 모든 위험이 언급돼 있어야 한다고 말이다.

"내 인생은 썩 괜찮았소. 선생이 나타나 이래라저래라 간섭하기 전까진 말이지." 이렇게 말하며 잭은 자세를 애써 바르게 고쳐 앉았다.

"오해가 있으신 것 같군요."

"내 인생이오."

"당연히 그렇죠. 하지만……"

"아니!" 그의 외침이 구슬펐다. "선생이 뭘 하려 하는지 내가 모를까봐? 나를 어떻게 해서 돈을 좀 만져볼 속셈 아니오? 이봐요, 그러느니 나는 죽음을 택하겠어. 날 그냥 죽게 내버려둬요. 죽는 건 두렵지 않아. 다만 가더라도 제대로 가고 싶다, 이 말이라고."

진심으로 잭이 안됐다는 생각이 들었다. 잭은 자신이 살기 위해서는 나를, 혹은 현대 심장내과 의술을 필요로 한다는 사실을 끝까지 인정하려 들지 않았다. 하지만 그간 수련의로서 배워온 의술을 제외하면, 내가 제시할 수 있는 선택지는 많지 않았다. 물론 그때까지도 나는 제세동기가 과연 올바른 선택인지 확신하지 못했다. 하지만 일단 결정이 내려진 이상, 더 이상의 저울질은 무의미했다.

"다 어르신을 도우려고 하는 일이에요." 이렇게 말하며 나는 잭의 곁에 앉았다. "요구사항을 전부 들어드렸잖아요. 심지어 널 선생—예의 그 자연치료사—에게도 연락해서 치료 프로토콜을 상의하려 했다고요. 하지만 그쪽에서 통화를 거부했죠. 거기 직원 말로는 어르신이 누군지도 모른다던데요."

(나중에 안 사실이지만, 널은 유명한 대체의학 전문가로, HIV가 에이즈를 유발한다는 사실을 부정했고, 예방접종에 반대했으며, 다양한 중증 질환—암을 포함한—환자에게 자신이 제조한 건강 보조 식품을 판매했다.)

"그게 어째 내 잘못이오?" 잭이 악을 썼다.

"진정하세요. 저도 강요하고 싶진 않네요. 정 내키지 않으시면 안 해도 돼요." 나는 거의 체념하듯 말했다. "저는 어르신이 그 장치를 원한다고 생각했어요. 원하지 않았으면, 병원에도 오시지 말았어야죠. 지금까지 들인 온갖 노력이 물거품이 돼버렸잖아요."

커튼 밖에서 부스럭거리는 소리가 들려왔다. 아마도 인턴이 엿듣고 있는 모양이었다. 잭은 몸을 곧추세우더니 이렇게 말했다. "처음부터 얘기했지만, 선생은 너무 독단적이야. 애석하게도 선생이 처방한 약은 효험이 없었고. 결국 다시 원점으로 돌아왔구만. 선생을 비난하려는 게 아니오. 선생은 그저 늘 해오던 대로 환자에게 지시를 내린 것뿐이니까. 하지만 나에겐 그런 방식이 먹히지 않아요."

하지만 결국은 그 방식이 먹혀들었다. 아티반 주사 한 대에 안정을 되찾은 잭이 마침내 이식수술에 동의했으니까. 돌이켜 생각해보니 그때 잭은 자신에게 다른 선택지가 없다는 사실을 알고 있었던 듯하다. 하지만 그는 나를 향해 거짓된 분노를 표출하면서 이렇게 경고하고 있었다. "날 이겼다고 으스대기만 해. 그런 소리가 들리면, 내가 당신을 가만두지 않을 테니까."

조지 마인스가 심장 전기생리학 분야에서 선구적 연구를 시행하고 수십 년이 흐르는 동안 전기는 산업화된 나라들의 일반적인 에너지원이 되어 있었다. 1930년대 무렵에는 미국 도시 거주민의 90퍼센트가 전력의 혜택을 누렸다. 시내의 전차에서 전구와 가전제품에 이르기까지, 전기는 사람들의 생활방식에 일대 혁신을 일으켰다. 물론 그 무렵 과학자들은 전기가 심장에도 에너지를 공급한다는 사실을 알고 있었다. 하지만 심장의 배선이 망가지면 어떨까? 인공적으로 전력을 공급해, 마치 식기세척기 다루듯 심장을 제어할 수는 없을까? 연구자들은 거의 한 세대에 걸쳐 이러한 도전에 매달렸다.

관련 연구에 일찌감치 뛰어든 인물 중에는 보스턴에 위치한 베스이즈리얼디커너스 의료센터 소속 심장내과 의사 폴 졸이 있었다. 제

2차 세계대전 동안 졸은 잉글랜드의 한 군병원에 파견되어 심장내과 전문의 자격으로 수술 팀에서 복무했다. 외상외과 전문의들이 군인들의 심장에서 파편을 제거하는 모습을 지켜보면서 심장 근육의 강한 흥분성에 매료된 나머지 졸은 다음과 같은 글을 남겼다. "단순히 만지기만 해도 심장은 연달아 추가적으로 박동했다. 한데 왜 온갖 조작에 그토록 민감한 심장이 마땅한 자극원이 없다는 이유만으로 생명력을 잃어야 할까?"

전쟁이 끝난 뒤 졸은 완전심장차단complete heart block, 그러니까 심장의 전도계에 문제가 생긴 환자들을 치료하기 시작했다. 완전심장차단이 발생하면 심방에서 보내는 정상적 전기 자극이 심실에 도달하지 못한다. 심실은 심장이 펌프 기능을 수행하는 데 핵심적인 공간이다. 심실에 자극이 전도되지 않으면, 앞 장에서 설명한 예비 심박조율기를 통해 박동을 일으켜야 한다. 문제는 이러한 예비 심박조율기가 대개는 심방 고유의 심박조율기인 동방결절보다 훨씬 느리다는 점이다. 심장차단 환자들은 심장박동이 종종 위험할 정도로 느리다. 호흡곤란과 피로의 빈도도 높다. 가끔은 낮은 혈류량 때문에 기절하기도 한다. 그리고 아주 가끔은 심정지나 돌연사까지 일으킨다.

첫 번째 실험에서 졸은 마취한 개의 식도에 전극을 밀어 넣은 뒤, 좌심실에서 몇 센티미터쯤 떨어진 자리에 위치시켰다. 심장에 전기 자극을 최대로 가하기 위한 조치였다. 한데 놀라운 결과가 나타났다. 외부에서 발생시킨 자극으로도 심장박동이 유지된 것이다. 하지만 이내 그는 한계를 깨달았다. 응급 상황에서 의식을 잃은 환자의 구강과 식도에 전극을 밀어 넣을 시간이 있을 리 만무했기 때문이다. 고로 다음 실험에서 졸은 전극을 식도를 통해 삽입하는 대신, 가슴에 직접 부착하기로 했다. 결과는 고무적이었다. 가슴에 부착한 전극 역시 효과가 있었으니까. 다만 전류량을 높일 필요는 있었다. 갈비뼈와 가슴 근육 안쪽까지 전기를 전달해야 했기 때문이다. 더불어 외부 전기 자극을 가하는 타이밍이 완벽해야 했다. 취약기에 심장을 자극하면 오히려 세동을 초래할 수 있었다. 이런 이유로 졸은 심전도 기록을 집요하게 분석한 끝에, 전기 자극을 제대로 가하기 위한 연산법을 고안해냈다.

그는 인간 지원자를 대상으로 임상 시험을 실시했다. 결과적으로 체외 심박조율장치는 인간에게도 효과가 있지만, 극심한 통증을 야기한다는 단점이 있었다. 전류는 가슴 근육에 고통스러운 수축을 유발할뿐더러 피부에 수포와 궤양을 발생시키기 일쑤였다. 더욱이 다른 모든 병원과 마찬가지로 체외 심박조율기에 동력을 공급할 전기는 시의 전력망에 의존하는 실정이었다. 환자가 돌아다닐 때면 전선들을 병원 복도에 늘어놓거나 계단 통에 수직으로 매달아야 했다. 전력망이 끊기거나 고장나는 일도 부지기수여서, 인공심박조율기에 의존하는 완전심장차단 환자를 치료할 때 안정적 전기 공급을 기대하기란 어려웠다. 이런 이유로 체외 심박조율장치는 심장차단의 단기적 치료법에 불과했다.

장기적인 해결책을 모색하던 중 가히 혁명적인 아이디어가 떠올랐다. 바로 인공심박조율기를 몸 안에 이식하여 자극을 가슴근육이 아닌 심장에 직접 전달하는 것이다. 심장에는 감각신경말단이 거의 분포돼 있지 않다. 따라서 심장 안에 부착된 심박조율장치는 통증을 유발하지 않을 것이었다. 뿐만 아니라 자가 배터리에서 전력을 공급받으니 지속성과 확실성 면에서도 이식형 심박조율기는 체외 심박조율기의 성능을 앞질렀다.

심장박동의 직접적 조율이라는 개념이 구체화된 장소는, 이제 우리에게 익숙해진 미네소타대학교 외과학 교실이다. 교차순환법의 개척자 월턴 릴러하이는 자신의 심장절개수술 환자에게 종종 합병증으로 전도 차단 증세가 나타난다는 사실을 알아냈다. 비단 교차순환법을 사용했을 때만이 아니라, 1954년 이후 인공심폐기를 사용했을 때도 결과는 마찬가지였다. 심실중격결손의 봉합 과정에서 전도로가 끊겼거나, 조직의 염증으로 인해 전도로가 일시적으로 막혔을 가능성이 있었다. 1956년 미네소타대에서 열린 이환율과 사망률에 관한 회의에서 한 생리학자는 심장 표면에 전극을 부착해 심박을 직접적으로 조율하면 이러한 문제점을 바로잡을 수 있다고 제안했다. 흉벽에 부착하는 체외 장치에 비해 훨씬 낮은 전압에서도 심장에 무난히 자극을 전달하는 한편, 신뢰성 면에서도 월등하다는 것이다.

릴러하이의 팀은 이 아이디어를 바탕으로 밀러드홀 연구실에서 실험을 시작했다. 그들은 마취한 개의 심실 전도계 윗부분을 봉합해 인위적으로 심장차단을 유발했다. 예상대로 개의 심박수는 빠르게 곤두박질쳤다. 이어서 연구팀은 심장 외벽에 전선을 봉합한 뒤 그것을 심박발생기pulse generator에 연결했는데, 그러자 마치 기다렸다는 듯 심박수가 곧바로 상승했다.

대략 50마리의 개를 대상으로 실험을 마친 뒤 릴러하이는 이른바 '심근전선myocardial wire'을 인간에게도 사용해보기로 결심했다. 1957년 1월 30일 인간으로서는 최초로 문제의 수술을 받은 주인공은 6세 여자아이로, 심실중격결손 수술 도중에 심장차단이 발생한 환자였다. 전선을 위치시키고 심박발생기를 연결하자 소녀의 심박수는 곧바로 분당 30회에서 85회로 급상승했고, 수술 후에도 소녀는 살아남았다. 오래지 않아 릴러하이는 심장 수술 도중이나 이후에 환자가 심장차단의 징후를 보일 때면 언제나 심근전선을 사용하게 되었다. 그의 장치는 인간의 몸 안에 비교적 긴 시간 동안 장착된 최초의 전기적 도구였고, 기능 면에서도 기대를 멋지게 충족시켰다. 하지만 그의 장치는 단지 임시적 치료에 불과했다. 심박발생기를 연결하려면 피부를 절개해 전선의 한쪽을 가슴 밖으로 빼둬야 했기 때문이다. 이는 감염되기 쉬운 장소를 일부러 만들어두는 꼴이었다. 따라서 그 장치는, 체외 심박조율기에 비해 효율이 뛰어났음에도, 설계 목적상 수술 후 심장차단이 발생한 환자에게만 단기적으로 사용되었다.

릴러하이가 외과의사로서 이룩한 많은 업적과 마찬가지로 심근전선은 역사상 유례가 없는 장치였다. 따라서 그것이 제대로 작동하리라고 예측하는 일 자체가 당시로서는 불가능했다. 그런 장치가 감염이나 출혈, 흉터와 같은 일련의 합병증을 유발하지 않으리라고 그 누가 장담할 수 있었겠는가. 금속 조각을 인간의 몸 안에 넣고 일부를 피부의 구멍을 통해 밖으로 빼놓으면서, 그 구멍이 세균의 진입로로 쓰일 소지가 있다고 생각하지 않기란 정말이지 쉽지 않았을 것이다. 이 모두는 직접 해보지 않고서는 얻을 수 없는 지식들이다. 하지만 릴러하이는 20세기의 그 어떤 의사보다 남다른 시도에 일가견이 있었다.

어쨌건 완전심장차단을 치료하려면 장기적 해법이 필요했다. 연로한 환자들은 심근경색이나 세월이 남긴 흉터로 인해 빈번하고 상습적인 심장차단에 시달렸고, 생명을 유지하기 위해서는 몇 달, 심지어 몇 년 동안 심박조율기에 의존해야 할 수도 있었다. 1957년부터 1960년까지 전 세계적으로 다양한 연구 집단이 완전 이식형 심박조율기의 설계 및 실험에 뛰어들었다. 하지만 결국 최초로 성공한 인물은 버펄로대학교의 겸손한 전기공학자 윌슨 그레이트배치였다.

심장에 관련하여 지난 세기에 이뤄진 수많은 위대한 혁신과 마찬가지로 그레이트배치의 발명품 역시 실수에서 영감을 얻어 탄생했다. 1950년대 초엽 그레이트배치는 뉴욕주 이타카 근교의 가축 농장에서 양과 염소의 심박수 및 뇌파 모니터용 기기를 테스트하며 지내고 있었다. 그러던 어느 여름, 연구도 하고 머리도 식힐 겸 그곳에 머물던 외과의사 두 명으로부터 심장차단에 대한 이야기를 듣게 되었다. "그들의 설명을 듣다 보니, 이런 문제라면 내가 바로잡을 수 있겠다는 확신이 들었다." 훗날 그레이트배치는 이렇게 적었다. 몇 년 후 그는 버펄로대에서 새롭게 발명한 트랜지스터를 시험하다가 실험용 전기회로에 실수로 엉뚱한 저항기resistor를 갖다 댔다. 그러자 놀라운 일이 벌어졌다. 0.0018초 동안 박동하다가 1초 동안 멈추는—인간의 심장박동과 꼭 닮은—신호가 반복해서 방출되었던 것이다. 그는 자신의 "눈을 의심하며 장치를 뚫어지게 바라보았다. 그리고 이

내 그것이 심장을 다시 뛰게 할 열쇠라는 사실을 깨달았다". 이어지는 그의 글에 따르면 "이후로 5년 동안 세계의 거의 모든 심박조율기에 이 회로가 사용되었다". 단지 그가 실험에서 "엉뚱한 저항기를 집어 든 덕분에".

1958년 봄 그레이트배치는 버펄로보훈병원 외과 과장 윌리엄 차댁 박사를 찾아가 자신의 아이디어를 설명했다. 차댁은 열광했다. "계획이 성공하면 1년에 1만 명의 목숨을 구할 수 있다"는 것이었다. 이에 그레이트배치는 작업실로 돌아가 텍사스인스트루먼츠 사의 트랜지스터 두 대로 견본 장치를 제작했다. 3주 뒤 차댁은 그 장치를 개의 심장에 이식했다. 그러자 두 사람의 눈앞에서 놀라운 일이 벌어졌다. 그 작은 장치의 힘으로 심장이 다시 뛰기 시작한 것이다. "정말이지 대단한 광경이었다. 내가 직접 설계한, 겨우 2세제곱인치 넓이의 전자 장비가 살아 있는 동물의 심장을 제어하고 있었다. 살면서 그날처럼 기뻤던 적이 또 있을까." 그레이트배치는 당시의 감정을 이렇게 회상했다. 고대부터 현대에 이르기까지 철학자들과 의사들은 인간의 심장박동을 제어하는 날이 오기를 꿈꿔왔다. 그리고 마침내 그 꿈은 실현되었다. 그것도 단순하고 흔하디흔한 회로 요소를 사용해서 말이다. 과학사에 한 획을 그었다는 표현이 아깝지 않은 순간이었다.

하지만 그레이트배치의 장치는 약간의 문제점을 안고 있었다. 장치를 봉하는 재료로 전기테이프를 사용하는 바람에 몇 시간쯤 지나면 체액으로 인한 오작동이 발생했던 것이다. 그의 글을 옮기자면, "인간의 몸이라는 따뜻하고 습한 환경은 외부 공간이나 해저보다 훨씬 더 적대적인 환경임이 드러났다". 그는 문제의 전자기기를 단단한 에폭시로 감싸 체액의 침투를 막아보기로 했다. 그 결과 장치의 수명은 4개월로 늘어났다. 외부의 재정적 지원도 없이 시간을 쪼개 차댁의 붐비는 연구실과 자신의 집 뒤편 헛간의 작은 작업실을 오가며 그레이트배치는 영구적 심박조율장치의 완성을 가로막는 결정적 장애물—불충분한 배터리 수명, 적절한 격리의 실패, 자극에 대한 역치 상승으로 인해 시간이 갈수록 더 높은 전류를 공급해야만 심장의 제어가 가능해지는 상황 등—을 제거하기 위해 각고의 노력을 기울였다. (그 과정에서 수명이 길며 오늘날까지 사용되는 리튬 배터리를 최초로 발명하기도 했다.) 1959년 늦여름까지 그레이트배치는 사재 2000달러를 털어 이식형 심박조율기 50대를 손수 제작했다. 이 중 40대로는 동물 실험을 실시했고, 나머지는 인간의 몸에 이식했다. 첫 번째 이식수술은 1960년 4월 7일 77세의 남성 완전심장차단 환자를 대상으로 시행되었고, 환자는 18개월 동안 살아남았다. 당시에는 전선들을 심실 외벽에 연결했지만, 나중에는 저체온법에 앞장섰던 예의 그 캐나다 외과의사 윌프레드 비글로가 개발한 기법대로 전선들을 정맥을 통해 심장 안으로 밀어 넣었다. 차댁과 그레이트배치의 심박조율기는 탁월한 성공률을 자랑했다. 초창기 환자 중에는 그들의 심박조율기를 이식한 뒤로도 20년을 더 살다가 80세에 사망한 여성도 있었다.

1960년 가을 그레이트배치와 차댁은 자신들의 이식형 심박조율기에 대해 미니애폴리스의 작은 회사 메드트로닉과 라이선스 계약을 체결했다. 메드트로닉의 설립자 얼 배컨은 릴러하이와 함께 작업한 경험이 있는 전기공학자였다. 생산은 발빠르게 시작되었다. 그해 말까지 메드트로닉은 심박조율기 50대를 주문받았고, 가격은 개당 375달러였다. 그레이트배치는 장치 연구를 이어나갔다. 그는 뉴욕 북부에 자리한 자택 침실에 작업대와 오븐 두 대를 설치해놓고는 트랜지스터와 각종 부품에 대한 실험을 차근차근 실시했다. (그레이트배치가 고안해낸 다양한 품질관리법은 이후 미국의 미니트맨Minuteman 핵미사일 프로그램에도 활용되었다.) 심박조율기의 수요는 빠르게 치솟았다. 1970년에는 대략 4만 대가 이식되던 것이 1975년에는 약 15만 대로 증가했고, 오늘날에는 전 세계적으로 100만 대 이상이 사용된다. 1984년 미국기술사협회는 이식형 심박조율기를 지난 반세기 동안 사회에 가장 크게 기여한 공학 발명품 10가지 중 하나로 선정하면서, 발명자인 뉴욕 북부 출신의 겸손한 공학자 윌슨 그레이트배치에게 경의를 표했다.

완전심장차단, 즉 생명을 앗아갈 정도로 느린 부정맥과 더불어 20세기 중반 심장 전기생리학자들이 붙들고 씨름한 또 다른 심각한 문제는 심실세동, 즉 빠른 부정맥이었다. 전 세계적으로 거의 모든 돌연사가 심실세동으로 인해 야기되었다. 19세기가 끝나고 20세기가 시작될 무렵에 장 루이 프레보와 프레데리크 바텔리라는 제네바대학교의 두 연구자는 전기가 심실세동을 단지 유발하는 데 그치지 않고, 억제하기도 한다는 사실을 발견했다. 동물 실험에서 그들

은 상대적으로 약한 교류 전기를 사용해 세동을 유발할 수 있었고, 그런 다음에는 훨씬 더 큰 충격을 가해 '세동을 제거'하고 심장박동을 바로잡을 수 있었다. 그로부터 수십 년이 지난 1947년에는 미국의 외과의사 클로드 벡이 클리블랜드 소재 케이스웨스턴리저브대학병원 수술실에서 개흉수술 도중 심정지를 일으킨 14세 소년을 대상으로 전기를 이용한 세동 제거에 최초로 성공했다. 소년은 살아남았고, 무사히 병원을 퇴원했다. 이후에 벡이 쓴 글에 따르면, 전기 충격을 이용한 세동 제거는 "죽기에는 너무 건강한 심장"을 살리는 도구였다. 그가 생각할 때 이 치료법은 "목숨을 구할 어마어마한 잠재력을 이제 막 터뜨릴 시점"에 서 있었다.

전기를 이용한 심박조율기와 마찬가지로, 제세동기도 체외형이 먼저 개발되었다. 1956년 하버드대의 폴 졸은 체외 심박조율기 연구의 선구자인 동시에, 인간을 대상으로 체외에서 세동 제거를 실시해 최초로 성공을 거둔 인물이었다. 다른 과학자 중 눈에 띄는 인물은 단연 윌리엄 쿠엔호번이다. 존스홉킨스대학교 전기공학 교수인 그도 관련 분야의 발전에 지대한 공헌을 세웠다. 쿠엔호번은 체외 제세동기 연구에 수십 년 동안 매달렸고, 실험 대상은 주로 쥐들과 길 잃은 개들이었다. 1957년 무렵 존스홉킨스병원 11층에 위치한 그의 연구실에는 그가 몸소 조립한 제세동기 한 대가 위용을 뽐내고 있었다. 그해 3월 새벽 2시 응급실에 42세의 남성이 실려 왔다. 환자는 소화불량을 호소했지만, 실제 사유는 급성 심근경색이었다. 옷을 벗기는 와중에 그는 심실세동으로 쓰러졌다. 입원 담당 레지던트 고틀리브 프리징어는 일찍이 쿠엔호번의 제세동기 이야기를 들어본 적이 있었다. 그는 위층으로 쏜살같이 달려갔고, 그동안 인턴은 환자에게 심폐소생술을 시도했다. 프리징어는 경비원에게 자초지종을 설명한 뒤 허락을 얻어 쿠엔호번의 연구실에 들어갔고, 그곳에서 무게가 90여 킬로그램에 달하는 거대한 기계를 찾아내 응급실로 끌고 갔다. 전극 하나는 흉골 위쪽에, 다른 하나는 유두 바로 아래쪽에 위치시킨 뒤 프리징어는 두 번의 충격을 가했다. 죽어가던 남성은 극적으로 되살아났다. 심정지 환자에게 응급으로 실시한 세동 제거가 세계 최초로 성공을 거두는 순간이었다.

쿠엔호번의 연구는 뜻밖에도 귀중한 부수적 이익을 창출했다. 1950년대 말엽 쿠엔호번의 연구실 소속 대학원생 기 니커보커는 개 실험을 진행하던 중 제세동기 패들을 눌러 위치를 잡는 동안에도, 그러니까 전류를 아직 투입하지 않은 상태에서도 혈압이 미세하게 상승한다는 사실을 알아챘다. 이에 니커보커는 외과의사 제임스 주드와 합동 연구를 실시했고, 그 결과 흉부를 누르면 심장이 함께 눌려 혈액이 일시적으로 순환하므로 혈압이 상승할 수 있다는 사실을 입증해냈다. 그의 연구 결과는 심폐소생술 과정에 흉부 압박이라는, 오늘날 일반적으로 사용되는 기법을 도입하는 근거가 되었고, 채 1년도 지나지 않아 이 기법은 소방관을 비롯한 구조 요원들의 정규 교육 과정에 포함되었다. 또한 우연찮게도 이 발견은 니커보커 자신에게도 개인적 보탬이 되었다. 1963년 그의 아버지가 심장마비 후 심정지 상태에서 바로 이 심폐소생술 덕분에 극적으로 목숨을 되찾았으니 말이다.

체외형 제세동기는 1960년대에 새롭게 설치된 심장집중치료실을 중심으로 빠르게 보급되었다. 물론 그 기기로 심장질환 자체를 치료할 수는 없었다. 하지만 심장질환으로 인한 부정맥성 장애의 치료는 가능했다. 심장집중치료실 환자에 대한 모니터링은 심실세동이 심정지와 돌연사의 가장 흔한 원인이라는 사실을 확인시켰다. 1961년 하버드대 버나드 론의 연구팀은 취약기의 심장에 충격을 가하는 불상사를 방지하기 위해 제세동기를 심전도에 연계시키는 타이머를 고안해냈다.

그러나 심박조율기의 경우와 마찬가지로 체외형 제세동기는 지나치게 크고 무거워 다루기가 까다로웠고, 드문 경우지만 의식이 남아 있는 환자에게 충격을 가할 때면 참기 힘든 통증을 유발했다. 게다가 체외형 제세동기는 목격자의 참여 여부에 의존해야 했다. 즉, 응급 상황에는 무용지물일 가능성이 높았다. 이런 이유로 제세동기 연구자들의 최종 목표 역시 심박조율기의 경우처럼 크기 축소와 자동화, 기기의 체내 이식으로 수렴되었다.

유수의 연구팀이 체외형 제세동기 발명에 몰두하는 가운데 오직 한 사람, 볼티모어 시나이병원의 미헬 미로프스키가 이끄는 연구팀은 이식형 제세동기 개발에 뛰어들었다. 바르샤바에서 나고 자란 유대인으로서 미로프스키는 유랑자 같은 인생을 살았다. 1939년 독일이 폴란드를 침공했을 때 사춘기 소년이었던 그는 가족을 남겨둔 채 조국에서 도망쳤다. (그리고 가족 중에 유일하게 전쟁 뒤에도 살아남았다.) 나중에 다시 폴란드로 돌아갔지만, 전후에는 프랑스로 넘어가 의학 교육을 받았다. 시오니스트였던 그는 결국 이스라엘로 이주했다. 그리고 1966년 심장내과 개업의로서 인생을 바꿀 만한 비극을 경험했다. 가까운 친구이자 스승인 해리 헬러가 심실성 빈맥ventricular tachycardia으로 사망한 것이다. 심실성 빈맥이란 심실세동의 흔한 전구증상으로, 부정맥 중에서도 자칫 생명을 위협할 정도로 심박수가 빨라진 상태를 일컫는다. 급성심장사로 인한 정신적 충격이 대개 그렇듯, 이 비극적 경험은 평생 그의 머릿속을 떠나지 않았다.

1968년 미로프스키는 미국으로 근거지를 옮겼다. 시나이병원에 신설된 심장집중치료실의 총책임자로 바쁘게 지내는 와중에도 그는 틈틈이 병원 연구동 지하실에서 자신의 연구에 매진했다. 헬러의 죽음 이후로 이스라엘에서부터 줄곧 생각해온 이식형 제세동기 개발 연구에 본격적으로 뛰어든 것이다. 미로프스키는 모턴 모어와 의기투합했다. 같은 심장내과 전문의로서 두 사람은 지혜를 모아 장치를 설계했다. 심실세동을 멈추려면 강한 전기 충격이 필요하다는 사실을 미로프스키는 알고 있었다. 하지만 체외형 제세동기를 사용할 경우 이 에너지의 대부분이 심장 주변 조직에서 헛되이 소멸된다고 그는 생각했다. 그런데 만약 축전기—전하를 저장하는 전기 부품—를 심장에 직접 닿게 만들면 어떨까? 단순한 축전기가 내보내는 전류만으로 충분히 세동을 멈출 수 있지 않을까? 미로프스키와 모어는 공학자들과 협업하여, 심실세동을 감지하면 축전기가 배터리로 충전되는 방식의 전기 회로를 설계했다. 이는 결코 만만치 않은 도전이었다. 회로의 크기를 축소해야 했고, 그 어떤 상황에도 적절한 충격을 가하는 (그리고 건강한 환자에게 심실세동을 일으킬 만한 부적절한 충격은 가하지 않는) 전자기기를 제작해야 했으며, 세동이 발생할 때마다 여러 차례 충격을 가하기에 충분할 만큼 강력한 심박발생기를 조립해야 했다. 그레이트배치처럼 두 사람 역시 독자적으로 연구를 진행했다. 또한 그레이트배치처럼 두 사람 역시 실험동물과 전자 부품 구입비를 사재를 털어 지불했다. 한번은 이식형 전극을 만들기 위해 근처 식당에서 숟가락 몇 개를 훔친 적도 있었다. 미로프스키는 집중력과 의지가 대단했다. 평소 버릇처럼 입에 올렸다는 이른바 '3원칙'에도 그의 이런 성격이 잘 드러나 있다. 포기하지 마라. 굴복하지 마라. 놈들을 물리쳐라.

1969년 8월 미로프스키와 모어는 금속 카테터를 개의 상대정맥 안에 넣고 금속판—정확히는 망가진 제세동기 패들—을 가슴 부위 피부밑에 위치시킨 다음, 약한 전류로 취약기 심장을 자극해 심실세동을 유발했다가 훨씬 더 강한 충격(20줄)을 한 번 더 가함으로써, 세동을 끝내고 개의 목숨을 되살리는 실험에 성공했다. 성과를 홍보하기 위해 두 사람은 영화를 한 편 제작했다. 내용은 이러했다. 개 한 마리가 심정지로 의식을 잃고 쓰러진다. 이식형 제세동기로 충격을 가한다. 개가 다시 일어나 꼬리를 흔든다. 영화를 본 사람들은 문제의 개가 촬영 전에 미리 쓰러지고 일어나는 훈련을 받아두었을 가능성을 제기했다. 그러자 미로프스키는 심전도 기록이 함께 찍힌 장면들을 추가로 촬영하여 공개함으로써 개들에게 실제로 심실세동을 일으켰다는 것을 입증했다. 영화는 미로프스키가 임상적으로 매우 유익한 발견을 해냈다는 확신을 상당수의 의사에게 심어주었다. 1970년 봄에는 메드트로닉 대표 얼 배컨이 미로프스키를 찾아왔다. 미로프스키는 그가 보는 앞에서 실연에 성공했고 개는 되살아났다. 배컨은 제세동기가 작동하지 않으면 개에게 어떤 일이 벌어지느냐고

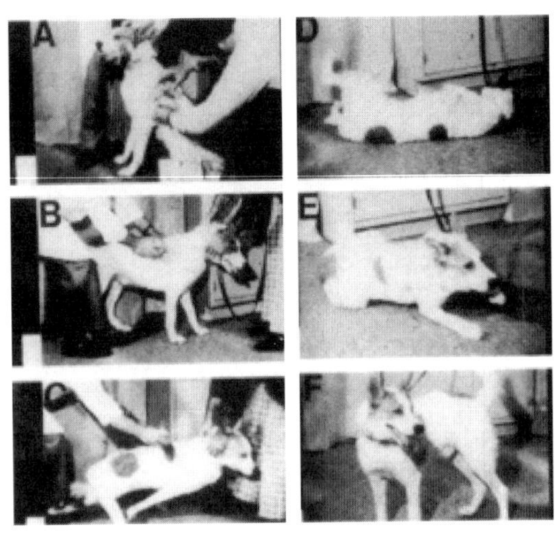

심실세동으로 쓰러진 뒤 세동 제거에 성공해 다시 일어난 실험견(*Pacing and Clinical Electrophysiology*의 허락으로 재수록).

물었다. 대답 대신 미로프스키는 제세동기의 전원을 끊은 뒤 개에게 다시 심실세동을 일으키고는 가만히 지켜보았다. 개는 거의 곧바로 숨을 거두었다.

이후 배컨은 역사에 길이 남을 실수를 저질렀다. 미로프스키의 장치가 상업적으로 성공할 가능성이 없다고 판단한 것이다. 돌연사란 본디 예기치 않은 순간에 발생하는 법이었다. 한데 그렇게 갑작스런 죽음을 맞을 가능성이 가장 높은 환자들을 대관절 어떻게 가려낸단 말인가? 배컨은 고개를 갸웃거렸다. (참고로 미로프스키는 과거에 심정지를 일으켰다가 살아난 경험이 있는 환자에게 집중하기로 가닥을 잡았고, 심정지 이력이 없는 심장질환 환자도 이식형 제세동기를 장착하는 편이 나은가 하는 물음에는 선뜻 대답하지 못했다. 사실 오늘날에도 심장내과 의사들은 여전히 이 질문과 씨름 중이다.) 또한 배컨은 장치의 시험 방식에 대해서도 의문을 표했다. 장치의 작동 여부를 확인한답시고 사람들에게 심정지를 일으키기라도 하겠다는 것인가? (미로프스키의 대답은 '그렇다'였다.) 과연 그것은 윤리적인 방식인가?

결국 미로프스키 연구팀은 자력으로 실험을 이어갔다. 재원이 턱없이 부족했지만 그들은 굴하지 않았다. 1980년 2월 4일 마침내 그들은 첫 번째 임상실험에 돌입했다. 대상은 캘리포니아의 54세 여성으로, 과거에 심정지를 일으킨 경험이 여러 번 있었다. 존스홉킨스 병원 외과의사들은 수술 중 그녀의 상대정맥 안에 전극을 이식했고 좌심실 표면에는 패치형 전극을 봉합했다. 심박발생기는 복강 내에 삽입했다. (일부 해부용 시체에서도 확인되듯이, 초창기에는 심박조율기와 제세동기의 심박발생기를 복강 내에 설치했다.) 이제 장치를 시험할 차례였다. 의사들은 환자에게 고의로 심실세동을 일으켰다. 하지만 어찌 된 일인지 장치가 작동하지 않았다. 미로프스키와 동료들은 환자가 의식을 잃어가는 모습을 홀린 듯이 바라보았다. 그렇게 15초쯤 지났을까. 체념한 의사들은 체외형 제세동기를 사용할 준비에 들어갔다. 그때였다. 이식형 제세동기가 마침내 작동하는가 싶더니, 단 한 번의 전기 충격으로 그녀는 되살아났다. 미로프스키의 첫 동물 실험 논문 게재를 거절한 바 있었던 『뉴잉글랜드저널오브메디신New England Journal of Medicine』 지는 언제 그랬냐는 듯, 3명의 환자에 대한 그의 임상실험 결과가 담긴 「이식형 자동 제세동기를 사용한 인간의 악성 심실 부정맥 종료 치험례Termination of Malignant Ventricular Arrhythmias with an Implanted Automatic Defibrillator in Human Beings」라는 제목의 논문을 발 빠르게 실었다. 게다가 5년 뒤인 1985년에는 미 식품의약국이 장치의 상업적 생산을 인허했다.

식품의약국의 승인이 떨어진 지도 어언 17년, 내 환자 잭은 미로프스키가 발명한 장치의 수혜자가 마지못해 되어보려 하고 있었다. 그는 미다졸람과 아티반 주사로 약하게 진정된 채 심장카테터실 수술대에 누워 있었다. 머리는 원활한 호흡을 위해 쐐기 모양의 거품고무 베개로 받쳐두었다. 그는 느긋하고 차분했다. 내가 카테터를 삽입하기 위해 서혜부에 주삿바늘을 찔러 넣었을 때도 놀라기는커녕 오히려 아주 즐겁다는 듯 이렇게 말했다. "어이쿠, 저게 뭐야. 내 피잖아!"

우관상동맥에 카테터를 밀어 넣는데 평소보다 움직임이 빡빡했다. 확인해보니 우관상동맥 시작 부위가 일반적인 위치에서 기형적으로 벗어나 있었다. 나는 폭스 박사에게 자리를 양보했다. 그는 모양이 다른 카테터를 동맥 안에 삽입했다. 내가 자초지종을 설명하자 잭은 이렇게 말했다. "기형이라, 내가 그렇지 뭐." 다행히 우관상동맥은 깨끗했다. 좌관상동맥도 대체로 정상이었다. 중간쯤에 작은 플라크가 껴 있긴 했지만, 문제를 일으킬 정도는 아니어서 우리는 그것을 손대지 않기로 결정했다. 나는 잭에게 혈관조영술이 끝났다고 말했다. 그러자 그는 "한 시간은 더 해도 끄떡없다"며 우리를 독려했다. 수술방 간호사가 웃음을 터뜨렸다. 오히려 잭은 사람들의 관심을 즐기고 있었다. 자신이 수술대에 누워 있다는 사실은 아랑곳하지 않고 이때야말로 숨겨둔 매력을 발산할 기회라고 여기는 듯했다.

우리는 잭을 이동식 침상에 옮겨 바로 옆 전기생리학실로 데려갔다. 호출기만 한 제세동기를 그의 심장에 이식하기 위해서였다. 천장의 밝은 불빛 아래 그의 환자복이 제거되었다. 나는 먼저 세 가지 소독용 비누로 그의 흉부를 닦기 시작했다. 그러고는 항생물질이 함유된 투명 필름을 그의 피부에 압착했다. 제세동기의 감염은 1000명을 수술하면 1명이 나올까 말까 할 정도로 드물게 발생한다. 하지만 일단 발생하면 다시 수술을 통해 장치를 제거해야 하기 때문에 우리는 수술 부위의 무균 상태를 유지하기 위해 극도로 주의를 기울였다. 오래지 않아 잭의 몸속으로 우윳빛 마취제가 투여되었다. 수술을 받는 동안 고통을 느끼지 않으면서도 스스로 숨을 쉴 수는 있을 정도로. 너무 적지도, 너무 많지도 않게.

전기생리학과 주치의 셔피로 교수가 예의 그 발랄하고 세련된 모습을 뽐내며 입장했다. "자기야, 나 왔어." 그가 우렁찬 목소리로 간호사들에게 말했다. 우리는 함께 가운을 입고 마스크를 쓰고 글러브를 꼈다. 나는 수술대를 아래로 기울여 잭의 머리가 다리보다 낮게 위치하도록 조정했다. 혈액을 가슴 쪽 정맥에 채워 혈관이 더 잘 보이도록 하기 위한 조치였다. 셔피로는 노보카인을 피부와 연조직에 주사했다. "아야." 잭이 웅얼거렸다. 셔피로가 주의를 주었다. "말씀을 많이 하시면 위험합니다." 이렇게 말하며 그는 나를 향해 한쪽 눈을 찡긋하더니 마취제의 투입 속도를 높였다.

셔피로는 전기 메스로 흉부의 좌측 상방, 그러니까 어깨와 가까운 위치에 약 2인치의 절개선을 그었다. 그러고는 수술용 가위의 뭉툭한 끝으로 노란 지방층을 양쪽으로 가르더니 희고 반짝이는 근막층을 지나 대흉근 안쪽까지 내려갔고, 그곳에 제세동기가 놓일 우묵한 공간을 마련했다. 장치를 굳이 대흉근 안쪽에 놓으려 한 이유는 잭이 깡마른 체형이었기 때문이다. 장치가 너무 심하게 불거져 나오지 않게 하려는 고육지책이었다고 할까. 대체로 나는 한쪽에 서서 묵묵히 상황을 지켜보았다. 그러다 이따금 작은 출혈 부위의 소작을 요청받으면, 전기 메스를 들고 검붉은 연기를 피워 올리곤 했다. 셔피로는 몇 분에 한 번꼴로 수술대에서 물러나 라디오에서 흘러나오는 노래(「록샌Roxanne」 「록 로브스터Rock Lobster」)에 맞춰 격하게 춤을 추었다.

얼마 지나지 않아 셔피로는 22게이지 주삿바늘을 흉부 정맥에 삽입했다. 그가 주사기 축을 당기자 투명한 겉통이 어느 순간 적갈색 피로 채워졌다. 혈액 내 산소분압이 낮다는 신호였다. 셔피로는 기타 줄을 닮은 가이드와이어를 주삿바늘의 구멍을 통해 정맥 안으로 부드럽게 밀어 넣고는 와이어가 무사히 들어갔다는 것을 확인한 뒤 주삿바늘을 제거했다. "와이어를 놓치면 절대 안 됩니다." 그의 이 말에 나는 잔뜩 긴장한 채 고개를 끄덕였다. 셔피로는 와이어를 따라 플라스틱 카테터를 원하는 위치까지 밀어 넣은 뒤, 카테터만 남겨두고 안쪽의 와이어를 혈관 밖으로 제거했다. 그런 다음에는 카테터 안으로 얇은 전극을 밀어 넣어 심장을 향해 조금씩 전진시켰다. 엑스레이 화면에서 도관은 마치 공격할 태세를 갖춘 뱀처럼 둥글게 구부러진 채 심장 안으로 진입한 상태였다. 우심실의 안쪽 면과 닿으면서 전극이 아주 살짝 휘어졌다. 전극이 제자리에 놓이자 이번에는 카테터가 혈관 밖으로 제거되었다. 이어서 셔피로는 두 번째 전선을 굵은 정맥을 통해 삽입하여 좌심실 표면에 안착시켰다. 심박발생기는 두께가 1센티미터라는 점을 제외하면 신용카드와 크기가 비슷했다. 셔피로는 그 장치를 대흉근 안쪽에 마련해둔 우묵한 공간에 살며시 밀어 넣은 뒤 전선에 연결했다.

수술이 끝났다. 지난 몇 달에 걸쳐 온갖 노력을 기울인 끝에 우리는 자석 애호가 잭의 몸에 제세동기를 장착시켰다. 이제 테스트를 위해 잭의 심장에 세동을 일으킬 차례였다. 메드트로닉 사의 정중하고 나이 지긋한 영업사원이 수술실 저편에서 나를 불렀다. 테스트를 돕기 위해 그곳에 와 있던 참이었다. 작은 컴퓨터 앞에 서서 그는 이렇게 말했다. "가까이 오세요. 이제 선생님 손으로 선생님 환자를 죽일 시간입니다."

나의 임무는 취약기 심장에 전기 자극을 가하여 심실세동을 유도하는 일이었다. 나는 우선 키보드 버튼을 몇 개 눌러 심장을 세 번 뛰게 했다. 그러고는 조금씩 다르게 지연된 타이밍에 추가 자극을 가했다. 취약기를 정확히 조준하여 심정지를 일으키려는 시도였다. 전기 펄스의 연속적이고 익살스러운 기계음은 팩맨 게임 속 동명의 캐릭터 팩맨이 쿠키를 삼킬 때 나오는 특유의 효과음을 연상시켰다. 처음에 나는 추가 자극의 지연 시간을 0.33초로 조정했다. 화면에 구불구불한 곡선들이 그려졌지만, 폭발적이고 무질서한 전기적 활동은 나타나지 않았고, 박동은 이내 정상으로 돌아왔다. 지연 시간을 0.32초에서 0.31초, 0.3초로 조금씩 당겨봤지만, 결과는 마찬가지였다. 하지만 0.29초에 맞춰 자극을 가하자 원하던 결과가 나타났다. 화면에 그려진 잭의 심장박동 리듬은 더 이상 말뚝 울타리 모양이 아니었다. 이제는 높이와 간격이 다양한 사인곡선으로 바뀌어 있었다. 마침내 심실세동이, 죽음의 박동이 시작된 것이다. "오, 가볼까요?" 영업사원이 흥분해서 이야기했다. 그는 숫자를 세기 시작했다. "5…… 10…… 15……." 제세동기는 사인파가 열여덟 번 발생하면, 충격을 가하도록 설정돼 있었다. 나는 잭을 흘끔 살펴보았다. 수술 내내 깨어 있던 그는 이제 의식을 잃은 상태였다. 이때 둔탁한 충격음이 들려왔다. 마치 누가 잭의 앙상한 가슴을 주먹으로 내리치는 것처럼. 그의 몸이 수술대 위로 미세하게 튀어 올랐다. 제세동기가 정상적으로 작동한 것이다. 화면의 곡선이 뾰족하게 솟았다가 납작하게 끌리는가 싶더니 이내 심전도가 정상으로 회복되었다. 간호사가 잭의 뺨을 가볍게 두드리며 이렇게 말했다. "일어나세요. 끝났습니다."

수술이 끝나고 나는 셔피로 교수에게 한 가지 질문을 던졌다. 만약 이식형 제세동기가 작동하지 않고 체외형 제세동기도 소용이 없으면 그때는 어떻게 해야 하느냐고. "예전에 그런 적이 있었죠." 그가 말했다. "심장은 축 늘어져 있지, 세동은 일으켜놨지, 충격을 줘도 박동은 안 돌아오지. 그럴 때도 있게 마련입니다." 그는 잠시 말을 멈추고 손을 닦더니 "달가운 경험은 아니죠"라고 말했다. 뭔가 나쁜 기억을 떠올리는 듯했다. 그는 나를 한 번 더 흘끗 바라보았다. 그러곤 좀 전의 말을 반복했다. "달가운 경험은 아니에요."

2주 뒤 잭이 외래 진료실로 나를 찾아왔다. 예의 그 중산모에 빈티지 블레이저 차림이었지만, 어쩐지 평소보다 훨씬 더 세련돼 보였다. 그는 몸 상태가 나아졌다고 말했다. 얼굴의 혈색도 전보다 좋아진 듯했다. 게다가 몸무게도 조금 늘었다.

그는 자석 요법을 단념했다. 자성 물질이 몸에 있으면 제세동기의 정상적 작동이 불가능하기 때문이다. (그가 그토록 오랫동안 장치 이식을 거부했던 이유도 어쩌면 거기 있을지 모른다는 생각이 그때서야 들었다.) 나는 이식 부위를 살펴보았다. 붉은빛이 돌기는 했지만, 건조하고 깨끗했다. 절개 부위는 작은 붕대로 덮여 있었다.

"방문간호사 말로는 이뇨제를 더 써야 다리의 부기가 빠질 거라던데." 이렇게 말하며 잭은 검사 테이블 위로 껑충 올라갔다. "선생님 생각은 어떻습니까?" 나는 그저 웃을 수밖에 없었다. 이미 내가 수개월 전부터 권고해온 방법이었으니까. "제 생각에도 그게 좋을 것 같네요." 나는 이렇게 대답했다.

그는 자신이 퇴원 전에 포시노프릴이라는 심장 약의 처방 용량을 늘리는 데 동의했다는 사실을 내게 상기시키며, 가끔 그 약을 먹으면 어지러워진다고, 혹시 반으로 잘라 복용하면 안 되느냐고 물었다. 나는 웃음을 터뜨렸다. 한때 잭은 나의 의학적 조언에 누구보다 심하게 반발하던 환자였다. 한데 그러던 그가 이제는 현대 심장내과의 신봉자로 완전히 바뀌어 있었다. 단지 내가 그를 죽음에서 되살렸다는 이유만으로.

하지만 내가 무슨 말을 꺼내보기도 전에 잭은 입원 당시 의사들이 약초 복용을 중단시켰던 일을 내게 상기시켰다. "대신에 마그네슘을 주더군. 하지만 글루콘산마그네슘이었어. 몸에 흡수되지도 않는 걸 말이야." 그는 짜증난다는 듯이 말했다. 집으로 돌아가자마자 그는 평소에 섞어 먹던 기능 식품들을 다시 복용하기 시작했다. "그제야 몸이 좀 나아집디다." 그는 말했다. "내가 다시 또 그런 말에 넘어가나 봐라."

최초의 완전인공심장(덴턴 쿨리 박사의 기증품, Division of Medicine and Science, National Museum of American History, Smithsonian Institution. 허가를 받아 재수록).

11

치환

죽어가는 남자에게 심장 이식은 어려운 결정이 아니다. (…) 만약 악어가 득시글거리는 강둑 위로 사자가 당신을 몰아간다면, 그 강을 헤엄쳐 건널 수 있다고 확신하며 물속에 뛰어들지 않겠는가.

크리스티안 N. 바너드 · 남아프리카공화국 외과의사

어머니의 입술에는 빨간 립스틱이 두껍게, 아무렇게나 발려 있었다. 두 눈은 부었고, 머리는 동그랗게 틀어 하나로 묶은 상태였다. 얽은 갈색 뺨에 눈물 자국이 남아 있었다. 나를 보자 그녀는 다시 눈물을 글썽이기 시작했다.

스물다섯 살 난 아들 라빈드라가 죽어가고 있었다. 그녀도 나도 알고 있는 사실이었다. 그의 죽음에 관한 이야기를 벌써 나눴어야 했지만, 그녀도 나도 그런 대화를 두려워하고 있었다. 내가 아들의 상태를 거론할 기미를 보일 때마다 그녀는 남편에게 대화의 책임을 미루곤 했다. 라빈드라의 아버지는 단순한 성격의 세일즈맨이었다. 아내가 슬픔에 잠겨 통곡할 때조차 그는 입을 꾹 다문 채 조용히 앉아 있고는 했다. 그러다 인내심에 한계가 오면 한 팔로 아내를 감싼 채 무뚝뚝하게 위로를 건네는 것이었다. "진정해, 여보, 진정해."

응급실 이동식 병상에 웅크린 채 부부의 아들은 숨을 헐떡거리고 있었다. 라빈드라의 호흡은 지난 며칠 사이 눈에 띄게 빨라진 상태였다. 부부가 아들을 응급실에 데려온 이유도 그것이었다. 부르튼 입술, 퀭한 두 눈, 쑥 들어간 관자놀이. 침대에 누운 그의 자세는 부자연스러웠다. 몸이 마치 꺾일 듯 접혀 있었는데, 프리트라이히실조증friedreich's ataxia 때문이었다. 이 유전성 신경질환은 팔다리의 운동 기능을 마비시키고 말기에는 심장 손상까지 일으킨다. 초음파 영상에서 본 그의 심장은 박동한다기보다 뒤틀리며 어떻게든 내용물을 내보내려 애쓰고 있었다. 그는 엄연한 성인이었지만 외모는 10대처럼 보였다. 희미하게 자란 콧수염만이 그를 병실의 여느 청소년 환자와 구분 짓는 유일한 단서였다. 크리스마스에 나는 아들 모한의 선물을 사면서 그에게 줄 엑스박스 게임기도 같이 샀다. 라빈드라의 가족에게는 아들이 바라던 유일한 선물인 그 게임기를 사줄 여력이 없었다. 안타깝게도 라빈드라는 한 번도 그 게임기를 가지고 놀지 못했다. 크리스마스 즈음에는 몸이 너무 쇠약해져 온종일 침대에 눕거나 전동 휠체어에 앉은 채 시간을 보내야만 했으니까. 언젠가 라빈드라의 어머니는 아들의 어린 시절 사진들을 내게 보여준 적이 있었다. 그때 그의 얼굴에 나타난 당황한 표정을 나는 떠올렸다. 한 사진에서 그는 넓은 바다를 등진 채 잔교 위에 서 있었다. 빨간 탱크톱을 입은 그의 어깨가 널찍했다. 그 사진을 좋아하느냐고 내가 물었을 때 그는 시선을 들지 않은 채 고개를 끄덕였다. 사진들이 정말 그의 것이냐고 간호사가 묻자 그는 큰 소리로 그렇다고 답하며 불편한 심기를 드러냈다.

어쨌건 그는 다시 병원으로 돌아왔다. 지난달에도 입원한 적이 있었다. 심부전 환자의 입원이 잦아진다는 것은 상태가 나빠지고 있다는, 마지막이 가까워졌다는 신호였다.

나는 무심코 라빈드라에게 똑바로 앉으라고 말했다. 등에서 나는 소리를 들어보기 위해서였다. 그러자 내가 미처 실수를 바로잡을 겨를도 없이 그의 아버지가 의자에서 벌떡 일어나 미안한 말투로 이렇게 말했다. "앉을 수 있는 상태가 아닙니다."

"예, 그렇죠." 이렇게 말하며 나는 조용히 자책했다. 그걸 깜빡하다니.

우리는 그의 몸을 일으켰다. 폐에서 타닥거리는 소리가 났다. 부풀어 오른 배를 누르자 목의 정맥들이 빨대처럼 튀어나왔다. 말기 심부전 환자의 전형적 증상인 호흡곤란과 피로, 욕지기, 정신적 무기력증이 라빈드라를 한꺼번에 괴롭히고 있었다.

나는 청진기를 치우고 침상에서 물러났다. 그의 부모가 나를 물끄러미 바라보았다. "우리 애를 포기하지 말아주세요." 그의 어머니가 마치 내 생각을 읽기라도 한 것처럼 작은 목소리로 말했다. "우린 아직 아이를 떠나보낼 마음의 준비가 돼 있지 않아요."

나는 라빈드라의 아버지를 데리고 밖으로 나갔다. 복도에서 우리는 서로를 마주보았다. 그의 단정한 턱수염이 눈에 들어왔다. 그는 매일 몇 시간씩 힌두교 성직자로 일하고 있었다. 붉은 가루를 발랐던 흔적이 이마에 아직 남아 있었다.

"심장이 갈수록 더 약해지고 있어요." 내가 두서없이 말을 꺼냈다.

"그렇게 조금씩 약해지다가 언젠가는 멈출 거란 말씀입니까?" 그가 말했다. 나는 고개를 끄덕였다. 생각을 바로잡아줄 기운이 남아 있지 않았다. 그의 절박한 심정을 느낄 수 있었다. 나도 아들을 가진 아버지였으니까.

일전에 그에게 들은 이야기가 머릿속에 떠올랐다. 라빈드라의 발병 과정에 대한 이야기였다. "그 앤 자기 머릴 쥐어뜯는가 하면, 자기 옷을 물어뜯고는 했어요. 학교 선생님이 그러더군요. 아이에게 뭔가 문제가 있는 것 같다고." 부부는 아들을 소아과에 데려갔고, 의사는 검사를 위해 혈액을 채취했다. "그분이 그걸 어디로 보냈는지는 저도 몰라요. 여하튼 우린 일곱 곳의 병원을 더 들러 일곱 통의 혈액을 더 채취했죠. 그러고 나서 이런 진단을 받은 겁니다. 병원에선 그러더군요. 아이가 결국은 휠체어 신세를 지게 될 거라고. 우린 믿지 않았지만 그쪽에선 100퍼센트 확실하다고 했어요. 지금까진 전부 그 사람들 말대로 돼가고 있고요. 하지만 한 가지는 틀렸죠. 그쪽에선 아이가 15년밖에 못 산다고 했지만 어느덧 25년을 살았으니까요."

이제 그는 죽어가는 아들의 병실 밖에서 내 눈을 바라보며 내가 두려워해오던 질문을 던지고 있었다. "우리 아이에게 새 심장을 주실 수는 없겠습니까?"

대부분의 질환에는 마지막에 공통적으로 거치는 단계가 있다. 심장질환의 마지막 단계는 심부전이다. 가장 흔한 형태는 심장마비나 화학물질, 바이러스 등이 야기한 손상으로 심장의 수축력이 약해져

혈류량이 감소하고 혈압이 떨어지는 것이다. 혈압은 신체 중요 기관으로 가는 산소의 공급을 좌지우지한다. 따라서 우리 몸은 떨어진 혈압을 다시 끌어올리기 위해 할 수 있는 모든 조치를 감행한다. 호르몬을 분비함으로써 심장에는 박동 속도를 높이라는 신호를, 신장에는 수분을 유지하여 혈액량을 높이라는 (그래서 궁극적으로는 혈압을 높이라는) 신호를 보낸다. 하지만 이 같은 호르몬은 임시적 처치에 불과하다. 심장박출량과 혈압은 대체로 정상적 수준을 회복하지만, 여기에는 크나큰 희생이 뒤따른다. 체액이 축적되어 조직에 스며들면서 몸에는 울혈이 발생한다. 환자는 쇠약과 영양실조에 시달리고 단백질 수치마저 떨어지면서 정맥 내 체액은 오히려 감소한다. 머지않아 물은 곳곳으로 퍼져 다리와 복부, 폐의 연조직을 가득 채운다. 프랑스의 작가 오노레 드 발자크는 울혈성 심부전을 앓았다. 그의 지기 빅토르 위고는 발자크의 다리가 마치 "소금에 절인 라드" 같았다고 표현했다. 물을 어찌나 많이 머금었던지, 의사들은 그 팽팽하고 꽉 막힌 피부를 금속관으로 뚫어 물을 빼내보려 했고, 이는 결국 괴저를 초래해 발자크의 목숨을 앗아갔다.

심부전 환자들은 자신의 체액에 잠겨 말 그대로 익사한다. 부족한 혈류량을 낮은 혈액량으로 오인한 신장이 물 배출량을 지속적으로 제한하기 때문이다. 울혈성 심부전의 치료는 시시포스의 바위 올리기처럼 끝이 보이지 않는 싸움이다. 이뇨제로 체액을 많이 제거할수록 체액 유지 호르몬은 더욱 활성화된다. 달리 말하면 치료 행위가 환자의 상태를 오히려 악화시키는 셈이다. 심부전 환자의 절반이 진단 5개월 이내에 사망한다. 라빈드라처럼 위중한 환자의 평균 생존 기간은 단 몇 개월에 불과하다.

말기 심부전 환자를 치료하는 가장 확실한 방법은 심장이식이다. 심장이식 분야는 지난 수십 년에 걸쳐 빠르게 발전해왔다. 오늘날 심장이식 환자의 1년 생존율은 약 85퍼센트에 달한다. 약물치료 환자의 평균 생존율과 비교할 때 거의 4배에 달하는 수치다.

하지만 비교적 최근인 1960년대 초반까지도 심장이식은 일종의 몽상처럼 여겨졌다. 장기 거부 반응과 치명적 감염은 감수하기에 너무나도 큰 위험이었다. 그러나 1960년대 후반의 동물 연구는 인간 장기이식이 그저 헛된 몽상은 아니라는 사실을 세상에 말해주고 있었다.

마침내 인간에 대한 최초의 심장이식을 목표로 경쟁이 시작되었다. 초기 주자는 남아프리카공화국 케이프타운에 자리한 그루트슈어병원의 크리스티안 N. 바너드 박사와 미국 스탠퍼드대학병원의 노먼 셤웨이 박사였다. 두 외과의사는 미네소타대학병원에서 월턴 릴러하이의 지도 아래 레지던트 과정을 밟았다. 들리는 이야기에 따르면, 두 사람은 냉랭한 관계였다. 셤웨이는 바너드의 쇼맨십과 공격성, 편의를 위해 절차를 무시하는 성향을 경멸했다. 그런가 하면 바너드 쪽에서는 셤웨이가 같은 미네소타대학병원 동료이면서 자신을 가난한 후진국에서 태어난 외국인 노동자쯤으로 여긴다며 불쾌감을 드러냈다. 하지만 사실 그들은 자신들의 경력 전반을 이끈 두 위대한 외과 스승의 영감을 공유하는 사이였다. 1958년 케이프타운에서 바너드가 생애 처음으로 인공심폐기를 마련하도록 상황을 조율해준 사람은 미네소타대학병원 외과 과장 오언 웨인진스틴이었다. 바너드가 아파르트헤이트 시대 남아프리카공화국 최초로 그 장치를 사용한 심장 수술을 앞두고 있을 때는 릴러하이가 그에게 격려 편지를 보내 "까다롭고도 간단한" 수술이니 "지나치게 요란스러울 것도 유난스러울 것도 없다"면서 제자를 향해 확고한 믿음을 보여주었다.

바나드에게는 강력한 경쟁자가 있었다. 1960년대 미국에서도 특히 스탠퍼드대학병원은 이식심장학transplant cardiology의 메카였다. 더욱이 셤웨이는 동물 이식수술 경험이 풍부했다. 그 분야의 선구자를 도왔던 경력 덕분이었다. 1959년 그와 스탠퍼드대학병원 레지던트 리처드 로어는 최초로 개에 대한 심장이식을 시행했다. 개는 심장을 이식받고도 8일 동안 살아남았고, 이는 신체 기관이 한 동물에서 다른 동물에게로 이식된 뒤에도 기능할 수 있다는 증거가 되었다. 1967년 무렵에는 셤웨이의 실험견 중 3분의 2가 이식수술을 받고도 1년 넘게 살아남았다. 1967년 말 『미국의학협회 학회지The Journal of the American Medical Association』와 가진 인터뷰에서 셤웨이는 자신의 스탠퍼드대학병원 연구팀이 인간에 대한 심장이식을 최초로 시행하기 위한 임상 실험에 조만간 돌입할 예정이라고 발표했다. "물론 동물 연구를 계속 진행해야 하고 진행할 예정이지만, 그와 별개로 임상적 적용의 준비를 거의 마쳤다"는 것이다. 당시 그는 이미 300마리의 개를 대상으로 심장이식을 실시해본 상태였다. 반면 바너드가 심장을 이식한 개는 약 50마리에 불과했다.

하지만 셤웨이는 인간 공여자를 찾는 일에 어려움을 겪었다. 당시 미국에서는 심장이 뛰는 뇌사 환자의 장기를 채취하는 행위가 법으로 금지되어 있었다. 심장이 완전히 멈추기 전에는 심장을 비롯한 장기들을 채취할 수 없었다.* 반면에 바너드가 활동하던 남아프리카공화국에서는 그에 관한 법률이 상대적으로 너그러웠다. 입법 과정에서 바너드 자신이 선견지명을 발휘해 공개적 지지 입장을 밝히기도 했던 문제의 법률에 따르면, 불빛이나 통증에 환자가 반응하지 않을 경우 신경외과 의사는 사망을 선언할 수 있었고, 이는 미국과 비교할 때 상당히 느슨한 기준이었다.** 남아프리카공화국의 기준을 근거로 이식 팀은 일단 가족의 동의가 확보되면 심장을 포함한 각종 장기를, 여전히 피가 도는 상태에서 재빨리 채취할 수 있었다.

아슬아슬한 경쟁이었지만, 결국 첫 테이프를 끊은 주인공은 바너드였다. 1967년 12월 3일 바너드는 셤웨이보다 34일 먼저 인간에 대한 심장이식 수술을 시행했다. 그의 첫 환자는 루이스 워시캔스키로 55세의 식료품상이었다. 심장 공여자는 길을 건너다 차에 치여 뇌를 다친 젊은 여성이었다. 워시캔스키는 수술 후 18일을 더 살다가 폐감염으로 사망했다. 장기이식 거부반응을 막기 위해 투여한 약물이 면역 체계를 약화시키는 바람에 벌어진 일이었다. 한편 셤웨이는 한 달 뒤인 1968년 1월 6일 미국 최초로 성인에게 심장이식을 시행하는 정도에 만족해야 했다. 그의 환자는 54세의 철강 노동자로 수술 후 2주를 더 살다가 위장출혈과 패혈증을 포함한, 셤웨이의 표현을 빌리자면 "기상천외하고 다양한 합병증"으로 끝내 사망했다.

* 다른 나라도 사정은 마찬가지였다. 1968년 일본의 한 외과의사는 여전히 뛰고 있는 뇌사 환자의 심장을 다른 환자에게 이식할 목적으로 제거했다는 이유로 이후에 살인죄로 기소되었다. 6년에 걸친 법정 다툼 끝에 고소는 결국 취하되었지만, 뇌사가 공식적으로 인정된 1997년까지 심장이식은 일본에서 불법이었을 뿐 아니라 '심장이식'이라는 용어의 사용조차 금기시되었다.

** 미국에서는 한 자문위원회가 그 주제와 관련하여 역사적인 보고서를 발표한 1981년에야 비로소 뇌사를 법적으로 인정하는 분위기가 널리 조성되기 시작했다.

오늘날에는 거부반응 억제제의 개발과 더불어 심장이식수술의 장기적 예후가 눈에 띄게 좋아졌다. 중위생존기간median survival time* 은 12년(조사 대상을 수술 후 첫 1년 동안 생존한 환자로 제한할 경우 14년) 이상으로 추정된다. 하지만 이러한 성공의 이면에는 어두운 그림자도 존재한다. 심장이식으로 많은 사람이 새 생명을 얻은 것은 사실이지만, 이식 가능한 장기가 나타나기를 기다리는 과정에서 훨씬 더 많은 사람이 목숨을 잃은 것 또한 사실이다. 이식 대기자 명단에 이름을 올린 사람 수가 대략 4000명에 달하고, 만약 장기의 확보만 가능하다면 그보다 10배쯤 많은 사람이 이식수술의 혜택을 누릴 것으로 추정되지만, 실제로 심장을 이식받는 환자의 수는 연간 3000명 정도에 지나지 않는다. 장기 기증을 독려하는 갖가지 공공 캠페인에도 불구하고 이식 가능한 장기의 수는 몇 년째 비슷한 정도에 머물고 있다. (부분적으로는 안전벨트와 오토바이 헬멧 착용이 법제화되면서 치명적 교통사고의 발생률이 줄어든 상황도 원인으로 작용했다.) 그러므로 약 25만 명에 달하는 미국의 말기 심부전 환자를 치료하는 문제에서 심장이식은 결코 정답이 될 수 없다. 밴더빌트대학병원 심장내과 의사 린 워너 스티븐슨의 글처럼 "심부전 치료를 이식에 의존하는 것은 가난 구제를 복권에 의존하는 것과 얼마간 비슷하다".

이런 이유로 심장내과 의사와 관련 종사자들은 인간의 심장을 기성품으로 대체하겠다는 목표를 지난 반세기 동안 야심차게 추구해 왔다. 처음에는 장애물이 워낙 많아 극복이 불가능해 보였다. 혈액

* 같은 질환을 같은 기간 동안 앓아온 환자 99명이 있다고 할 때, 생존 기간을 1등부터 99등까지 나열한 뒤 그중 50등에 해당되는 환자가 생존한 기간. — 옮긴이

은 플라스틱이나 금속과 만나는 순간 빠르게 응고된다. 적절한 혈액 희석 과정이 동반되지 않으면 인공심장에서 혈전이 배출되어 혈관을 타고 몸속을 흘러 다니며 동맥을 차단하고 뇌졸중과 같은 손상을 유발할 수 있다. 또한 인공심장은 절대로, 그리고 잠시도 펌프 기능을 멈춰서는 안 된다. 고로 장치에 동력을 공급할 내부 배터리가 없으면, 감염의 위험을 감수하고라도 전선을 몸속으로 집어넣어야 한다. 더욱이 비교적 최근인 1960년대까지도 인간의 몸속에, 그것도 혈류와 직접 닿도록 기계적 장치를 장착한 사례는 단 한 건도 없었다. 따라서 이에 대한 결과를 예측하기도 불가능했다. 이런 이유로 한 세대 전까지만 해도 인공심장의 제작은 터무니없는 망상처럼 여겨졌다. 그러나 이러한 어려움 속에서도 노력을 멈추지 않는 이들이 있었다.

그중 첫 번째로 성공을 거둔 인물은 네덜란드 의사 빌럼 콜프였다. 인공신장의 발명자이기도 한 그는 생명 유지에 더 필수적인 장기로 시선을 돌렸고, 1957년 클리블랜드의료원에서 동물을 대상으로 최초의 인공심장 이식수술을 시행했다. 콜프가 사용한 인공심장은 플라스틱 심실 내부에 혈액을 채운 풍선 모양 주머니 두 개가 들어 있는 구조였다. 심실에 가압 공기를 채우고 풍선을 압박하면 심장이 박동할 때와 마찬가지로 혈액이 배출되었다. 콜프의 실험견은 수술 후 약 90분 동안 살아남았다. 몇 년 후, 정확히는 1963년에 열린 한 의회 청문회에서 휴스턴 소재 베일러의과대학의 탁월한 외과의사 마이클 드베이키는 콜프의 연구와 유사한 연구를 시행하기 위해 연방정부의 재정적 지원을 신청했다. "인공 장치로 심장을 완전히 대체할 수 있고, 실제로 수술을 받은 동물들은 36시간까지 생존한다"고 드베이키는 입법자들에게 설명했다. 또한 여기에 재정적 지원이 더해져, 특히 생명공학을 중심으로 심층적 연구가 진행되면, 그 같은 발상이 비로소 '완전한 결실'을 맺게 될 것이라고 그는 전망했다. 드베이키의 호소는 사람들의 마음을 움직였다. 미국의 심혈관계 질환 연구자들은 앞선 10년에 걸쳐 생명을 연장시키는 혁신적 기술을 꾸준히 개발해왔다. 인공심폐기와 이식형 심박조율기, 체외형 제세동기와 이식형 제세동기가 그 예다. 하지만 이러한 발전에도 불구하고 심장질환은 여전히 미국에서 사망의 가장 흔한 원인으로 남아 있었다. 하원의원이자 하원세출보건분과위원회House Appropriations Health Subcommittee 의장을 지냈고, 스스로 심장질환 환자이기도 했던 존 포가티—1967년 심장마비로 사망했다—를 비롯한 비평가들은 인간 한 명을 달에 보내기 위해 수백만 달러가 소비됐다는 점을 지적하면서, 집에서 죽어가는 미국인들을 돕는 일에 더 많은 돈을 투자하면 왜 안 되느냐고 의문을 제기했다.

그래서 1964년 미국 국립보건원은 특별위원회의 충고에 따라 '절박한 심정으로' 인공심장 프로그램을 출범시켰다. 목표는 1960년대 말까지 인간이 만든 심장을 인간의 몸에 들이는 것이었다.

그리고 1960년대가 끝나기 직전인 1969년 4월 4일 드베이키의 막강한 경쟁자이자 휴스턴에 있는 성누가성공회병원 외과의사 덴턴 쿨리는 폴리에스테르와 플라스틱 재질에 압축 공기로 동력을 공급받는 최초의 인공심장을 해스컬 카프라는 47세의 일리노이 남성에게 이식했다. 그는 말기 심부전 환자였다. 하지만 인공심장만으로

버틸 수 있는 기간은 단 며칠에 불과했기에, 수술이 끝난 뒤 쿨리는 심장 기증자를 미친 듯이 수소문하기 시작했다. 적합한 장기는 3일 뒤 보스턴에서 나타났다. 휴스턴에서는 의료진과 함께 소형 전세기를 급파했다. 하지만 공여자를 싣고 돌아오는 길에 비행기 유압장치에 문제가 생겼고, 하는 수 없이 조종사는 긴급 착륙을 실시했다. 다른 비행기가 급파되었다. 하지만 공여자가 휴스턴에 도착했을 때쯤 한 가지 문제가 발생했다. 공여자의 심장이 손상된 것이다. 병원으로 향하는 구급차에서 공여자의 심장은 세동을 일으켰고, 펌프 기능을 유지하기 위해서는 전기적 충격과 압박을 가해야 했다. 어쨌건 심장이식은 성공적이었다. 하지만 카프는 수술 32시간 뒤에 사망했다.

연방정부의 자금 4000만 달러가 거의 10년에 걸쳐 투입됐지만 사람들은 대부분 쿨리의 시도가 시기상조라고 여겼다. 혈전이 형성되지 않는 표면을 설계하려면 더 많은 연구가 필요했다. 뿐만 아니라 환자가 외부 전력원에 접속해야 하는 번거로움을 없애려면 내장형 심박발생기도 개발해야 했다. 1970년대 전반에 걸쳐 인공심장은 설계 면에서 많은 개선이 이뤄졌다. 심장의 형태가 바뀌었고, 혈액 적합성 면에서도 더 뛰어난 재료들이 개발되었다. 1981년 쿨리는 다시금 도전을 감행했다. 이번에 인공심장은 총 39시간을 버텨냈다. 하지만 환자는 결국 심장이식 직후에 사망했다.

쿨리의 인공심장은 임시적 치료의 목적으로 사용되었다. 심장이식이라는 최종 목적지로 향하는 일종의 가교 역할이랄까. 사실 설계 단계에서도 장기적 대체제 역할은 염두에 두지 않았다. 하지만 수많은 말기 심부전 환자가 고령 혹은 앓고 있는 질환 때문에 심장이식 부적격 판정을 받는다. 그들에게는 인공심장이 영구적 보조 장치permanent mechanical support 혹은 '최종적 치료destination therapy'가 될 수 있다. 심장이식이 아니라, 죽음으로 이어지는 가교 역할인 셈이다.

영구적 보조 장치라는 개념은 쿨리가 두 번째 이식을 시행한 때로부터 1년 뒤 은퇴한 치과의사 바니 클라크가 바퀴 달린 병상에 실려 유타대 의료센터 수술실로 들어오면서 비로소 시험대에 오르게 되었다. 클라크는 61세의 말기 심부전 환자로, 발병의 원인은 바이러스 감염이었다. 본래 그는 1982년 12월 2일 오전으로—우연하게도 크리스티안 바너드가 최초의 심장이식수술을 시행한 지 거의 정확히 15년 만에—수술 계획이 잡혀 있었지만, 12월 1일 밤 거센 눈폭풍이 몰아치는 가운데 상태가 급격히 악화되었고, 의료진은 세계 최초의 영구적 인공심장 이식수술을 앞당기기로 결정했다. 7시간에 걸친 수술이 끝났을 무렵 그것은 다른 종류의 강력한 폭풍을 불러일으켰다.

사람들의 이야기에 따르면, 입원하던 11월 말까지만 해도 클라크는 금방이라도 인생을 마감할 것만 같았다. 수개월 동안 극심한 호흡곤란과 구역질, 피로에 시달렸고, 추수감사절에는 가족들이 그를 시애틀에 있는 그의 집 저녁 식탁 앞에 일껏 데려다 앉혔지만, 그는 먹을 수가 없었다. 솔트레이크시티에 있는 집중치료실의 어두운 방 안에 그는 누워 있었고 방문은 제한되었다. 의사들은 모종의 흥분이 심실세동을 촉발시키는 상황을 우려했다. 외과 주치의 윌리엄 데브리스는 "죽음이 몇 시간, 길어도 며칠 이내에 닥칠 것"이라고 확신했다.

고령과 심각한 폐기종 때문에 클라크는 심장이식을 받을 수 있는 상황이 아니었다. 의사들이 인공심장이라는 선택지를 제시했을 때 클라크는, 자빅7Jarvik-7이라는 장치를 사용해 송아지들의 목숨을 수 개월 동안 유지시켰다는 유타대 실험실을 찾아갔다. 자빅7을 개발한 인물은 유타대학교의 로버트 자빅으로, 빌럼 콜프의 연구실에서 일하던 공학자였다. 알다시피 콜프는 1957년 클리블랜드의료원에서 개의 몸에 최초로 인공심장을 이식했고, 이후에 솔트레이크시티로 연구소를 옮긴 상태였다. 비록 (관대하게도 콜프가 자신의 연구팀이 개발한 인공심장들의 명칭을, 가장 최근 모델의 작업에 참여한 실험실 동료의 이름을 따서 지은 덕분에) 자빅7에 자빅의 이름이 들어가 있긴 하지만, 대체로 그 장치는 콜프가 1950년대에 설계한 원안을 토대로 제작되었다. 문제의 인공심장은 알루미늄과 플라스틱 재질의 두 심실을 폴리에스테르 슬리브로 환자의 심방과 큰 혈관에 연결한 뒤 무게가 약 181킬로그램에 달하는 공기압축기에서 동력을 공급받는 구조였다. 그 모습이 꺼림칙했던지 클라크는 담당 의사들에게 그런 수술을 받느니 내과적 치료에 명운을 걸어보겠노라고 말했다. 하지만 갈수록 악화되는 심부전은 이 같은 결정을 재고할 수밖에 없는 상황으로 그를 몰아갔고, 결국 12월 2일 이른 아침 클라크는 자신의 가슴 밖으로 삐져나온 플라스틱 튜브를 냉장고만 한 기계에 연결한 상태로 수술실에서 나오게 되었다. 분명 그는 살아 있었다. 하지만 그의 심전도는 수평의 직선을 그렸다. 진짜 심장은 몸에서 제거되었지만, 자빅7이 제 역할을 해낸 것이다.

데브리스와 동료들은 그들의 실험에 전 세계적인 관심이 집중되리라고는 미처 예상하지 못했다. 그때 내 나이는 고작 열세 살이었지만, 내가 기억하기로 당시 뉴스에서는 그 소식을 하루가 멀다 하고 보도했다. 취재기자들과 방송국 직원들이 클라크의 상태를 알아보기 위해 의료센터로 몰려들었고, 심지어 집중치료실에 몰래 숨어드는 이들도 있었다. 병원의 카페테리아는 사실상 프레스센터로 탈바꿈했고, 병원 대변인은 하루에 두 번씩 브리핑을 실시했다. 클라크의 개인적 고투는 순식간에 대중의 구경거리로 변질되었다.

수술 세 시간 뒤 그는 눈을 떴고 사지를 움직였지만, 이후로는 줄곧 상태가 불안정했다. 3일째 되는 날 그는 흉벽에 생긴 공기 방울 때문에 탐색수술을 받았다. 6일째 되는 날에는 전신 발작을 일으켜 혼수상태에 빠졌다. 13일째 되는 날에는 인공승모판이 말썽을 부리는 바람에 다시 좌심실 교체 수술을 받아야 했다. 수많은 합병증이 잇따라 발생했고, 그중에는 기관 절개를 요할 정도의 호흡부전과 신부전, 폐렴, 패혈증까지 포함돼 있었다. 92일째 되는 날 데브리스는 한 영상 인터뷰에서 클라크에게 이렇게 물었다. “힘든 시간이었겠지요?” 클라크는 대답했다. “맞아요, 힘들었어요. 하지만 심장은 계속 박동하고 있잖아요.” 그의 심장은 다발성 장기부전multi-organ failure을 이겨내지 못하고 수술 후 112일째 되는 날 끝내 박동을 멈추었다.

클라크의 자빅7은 의학계의 스푸트니크*가 되었다. 의학적 신기술이 그토록 열광적인 논쟁에 불을 붙인 사례는 일찍이 없었다. 심지어 미국으로 범위를 한정했을 때도 마찬가지였다. 일부 의사들은

* 1957년 구소련이 발사한 세계 최초의 인공위성. — 옮긴이

20년에 걸쳐 2억 달러를 들여 진행된 그 실험을 성공으로 간주했지만, 대부분의 사람은 자신들이 목격한 장면에 깊은 불안감을 느꼈다. 일부는 인간의 심장이 금속과 플라스틱 재질의 기계로 대체된다는 사실에 거부감을 가졌다. 그들에게 심장은 여전히 영적으로나 정서적으로나 특별한 의미를 지니고 있어, 그것을 인간이 만든 장치로 대체한다는 것은 상상조차 할 수 없는 일이었다. (클라크의 아내 유나로이는 수술 후에 남편이 자신을 사랑하지 않게 될지도 모른다는 불안감을 드러내기도 했다.) 다른 이들은 클라크가 인공심장의 위험에 대한 정보를 충분히 제공받지 못했다고 여겼다. 나쁜 예후에 대해 사전 고지를 받았고, 규격에 맞춰 작성된 11쪽짜리 수술 전 동의서에, 혹시나 마음이 바뀌었을 때를 대비해 24시간 간격으로 두 번이나 서명을 한 상태였음에도 말이다. (이러한 우려들은 클라크가 자신의 참여를 일종의 인도주의적 임무로 여겼다는 사실을 간과한 듯 보인다. "사람들을 도울 수 있어 행복했습니다. 그 과정에서 여러분도 뭔가를 배웠을 테고요." 사망하기 3주 전 그는 이렇게 말했다.) 그런가 하면 또 다른 이들은 클라크가 죽을 때까지 병원 밖으로 나가지 못했다는 사실을 문제 삼았다. 그가 거의 4개월 동안 생존했다고들 말하지만, 그런 삶도 삶이라고 할 수 있을까?

클라크가 사망한 뒤 한동안 사람들 사이에서는 인공심장에 대한 환멸적 분위기가 감돌았다. 『뉴욕타임스』 지는 인공심장 연구를 '드라큘라'에 빗댔다. 더 가치 있는 프로그램에 쓰일 수 있는 돈을 흡혈귀처럼 빨아들인다는 논리였다. 클라크 이후로 미국에서 세 명, 스웨덴에서 한 명의 환자가 심장의 영구적 대체제로 자빅7을 이식받았다. (가장 오래 생존한 인물은 620일 동안 살아남은 한 남성으로, 생존 기간의 대부분을 병원 밖에서 보냈지만, 결국 뇌졸중과 감염으로 사망했다.) 1985년에는 새로운 인공심장 모델이 세 가지 더 소개되었다. 그중 자빅7-70은 이전 모델보다 크기가 작았고, 가압공기 대신 액체에서 동력을 공급받는 구조인지라 커다란 튜브가 몸 밖으로 불거져 나올 일도 없었다. 예의 공학자 자빅의 글에 의하면 그러한 디자인은 "사람들이 보통의 삶을 원한다는 것, 단순한 생명 유지만으로는 충분치 않다는 것을 이해하는 과정에서 나왔다". 하지만 합병증이 심각했다. 환자의 대부분이 몇 개월 이내에 사망했으니까. 1980년대 말엽에는 인공심장의 거의 대부분이 다시 과거처럼 심장이식 전 임시적 치료법으로만 쓰이게 되었다. 1990년 미 식품의약국은 자빅7의 사용 금지를 발표했다.

자연심장을 보조할 만한 더 작고 참신한 장치 쪽으로 초점이 이동하기는 했지만, 완전한 인공심장에 대한 연구는 이후로도 지속되었다. 2001년 7월 2일에는 동력을 공급하는 선 없이도 작동이 가능한 완전 자급식 인공심장이 켄터키주 루이빌에 위치한 유대인 병원에서 58세 남성 환자에게 최초로 이식되었다. 문제의 유압식 장치는 스케이트보드의 바퀴를 만드는 재료인 티타늄과 폴리우레탄으로 제작되었고, 크기는 자몽만 했으며, 배터리는 피부에 상처를 내어 외부의 동력원과 연결하지 않고도 충전될 수 있었다. 환자는 수술 후 5개월을 더 살다가 뇌졸중으로 사망했다.

인공심장에 대한 연구는 오늘날에도 진행 중이다. 100명에 가까운 환자들이 가장 최근 모델인 카디오웨스트CardioWest의 도움으로 생명을 유지할 수 있었다. 최장 사용 기록은 이탈리아 환자가 보유했는데, 그는 장치 덕분에 1373일을 더 살다가 심장을 이식받는 데 성공했다. 하지만 감염과 출혈, 혈액응고, 뇌졸중 등 심각한 난관은 여전히 존재한다. 최근에 개발된 인공심장들은 혈액을 연속적으로 흐르게 한다. 따라서 장치 이식 후 환자들은 맥박이 뛰지 않는 상태로 수술실을 나오게 된다. 이러한 연속류형continous-flow 인공심장은 박동형 인공심장, 즉 자연심장처럼 박동을 통해 혈액을 내보내도록 설계된 장치에 비해 더 단순하다. 연속류형 장치들은 판막이 불필요하고 움직이는 부분도 더 적어서, 마모나 균열이 상대적으로 드물게 나타난다. 물론 혈액을 내보낸다는 점에서는 두 장치가 동일하지만, 연속류형의 경우 흐름이 끊김 없이 연달아 이어진다. 그리고 이제 밝혀졌듯이, 놀랍게도 인간은 박동성 혈류가 없이도 오랜 기간 생존할 수 있다. 하지만 연속류형 인공심장 역시 나름의 합병증을 야기한다. 전단력을 발생시켜 혈구를 바스러뜨리는가 하면, 혈액에서 응고단백질을 없애기도 한다. 또한 불분명한 이유로 위장관에 미세혈관을 생성시키는데, 이러한 혈관들은 파열되기 쉬워 종종 내출혈을 초래하곤 한다. 뿐만 아니라 연속류형 인공심장은 동맥벽의 퇴화와 흉터 조직의 형성을 유발한다. 연속성 혈류는 인간의 진화를 통해 다듬어진 박동성 혈류와 정반대의 방식이다. 연속성 혈류로도 인간의 생명은 유지될 수 있다. 하지만 그러한 혈액의 흐름은 인간의 몸이 기능하는 방식을 특이하고 예측 불가능하게 바꿔버린다.

일전에 나는 시카고 외곽에 자리한 대형 3차 의료기관 애드버케이트크라이스트 의료센터 내 흉부외과 병동을 견학한 적이 있다. 안

내자는 60대의 인도계 심장내과 전문의로, 과거에 켄터키주 루이빌에서 미국 최고 수준의 인공심장 프로그램을 출범시킨 경력이 있었다. 그녀는 25인실 병동으로 나를 데려갔다. 환자들은 풍선 펌프부터 심실보조장치, 심장이식까지 다양한 심장소생치료를 받고 있었다. 완전인공심장의 전망을 묻는 나에게 그녀는 조심스레 이렇게 대답했다. "발전 중인 분야인 건 확실해요. 하지만 합병증이 어마어마한 골칫거리죠." 이어서 그녀는 난치성 부정맥으로 인공심장을 이식받은 어느 환자의 사연을 내게 들려주었다. 환자가 사망한 뒤 그의 유족은 장치가 너무 큰 통증과 괴로움을 유발했다는 이유로 병원과 그녀를 포함한 주치의들을 상대로 소송을 걸었다.

한 환자가 산소호흡기를 단 채 혈액투석을 받고 있었다. 광범위한 심근경색을 앓았던 그녀는 이제 심장 양쪽에 장착한 심실보조장치로 생명을 유지하고 있었다. 이런저런 기기의 제어장치들이 마치 한 무리의 동물처럼 그녀를 에워싸고 있었다. "아주 오랜 연구 끝에 제가 내린 결론은, 대부분의 환자에게 우리가 해줄 수 있는 최선은 약물치료라는 거예요." 나의 안내자가 심장내과 전문의로서 말했다. "물론 망가질 대로 망가진 환자에게는 기계적 장치가 필요하겠죠. 하지만 대부분의 환자에게 적용하기엔 기술적인 문제점이 아직 너무 많아요."

오늘날 심부전 환자의 생명을 유지하기 위해 가장 널리 쓰이는 장치는 인공심장이 아닌 좌심실보조장치LVAD다. 좌심실보조장치는 자연심장에 연결된 상태에서 좌심실의 혈액을 받아 펌프 작용을 통해 직접 대동맥으로 내보낸다. 본질적으로, 쇠약해진 심장의 우회로 역할을 담당하는 셈이다. 영구적 치료와 가교적 치료 모두에 적합하다는 식품의약국 승인을 받아낸 뒤 좌심실보조장치는 말기 심부전 환자를 살리는 방법 중 하나로 자리매김했다. 2006년부터 2013년까지 미국 부통령을 지낸 딕 체니를 포함하여 1만 명 이상의 환자들이 심장 기능을 유지할 목적으로 좌심실보조장치를 이식받았다. 아쉽게도 좌심실보조장치는 좌심실과 우심실 모두에 심각한 부전이 있는 환자에게는 아직 부적합하다. 그런 환자에게는 바니 클라크의 경우처럼 영구적 인공심장이 희망을 걸어볼 만한 최선의 방법일지 모른다. 물론 그 꿈은 지금도 이뤄지지 않았다. 하지만 부드러운 목소리를 가진 시애틀 출신의 한 치과의사가 모험을 결심한 1982년과 달리 이제 그 꿈은 더 이상 몽상이 아닐지도 모른다.

애석하게도 라빈드라의 아버지에게 내가 제시할 수 있는 선택지는 이제 남아 있지 않았다. 라빈드라는 기계적 심장이건 인간의 심장이건 이식받기에 적합한 몸이 아니었다. 어떤 선택으로도 그의 절망적 상태를 돌이킬 수 없었다. 그의 아버지는 이미 그 사실을 알고 있는 듯했다. "아내와 저는 중요하게 여기는 부분이 조금 다릅니다." 그가 말했다.

"아버님이 중요하게 여기는 부분이라면?" 내가 물었다.

"아이가 지금 겪고 있는 온갖 통증이죠." 그는 입술을 파르르 떨다가 이내 표정을 다잡았다. "아이가 더는 고통받지 않았으면 합니다.

고통은 이미 충분히 받았으니까요."

안타깝게도 라빈드라의 고통은 이후로도 얼마간 계속되었다. 며칠 동안 라빈드라는 끔찍한 다리 통증에 시달렸으니까. 근육으로 통하는 혈류가 원활하지 않을 가능성이 있었지만, 이를 원인이라고 확정할 수는 없었다. 그렇다고 아파하는 환자를 마냥 내버려둘 수도 없는 노릇이었다. 나는 그의 수액에 모르핀을 한 방울씩 투여했다. 졸음을 유도하고 마음을 안정시키기 위해서였다. 그의 아버지에게서는 DNRdo-not-resuscitate, 즉 심폐소생술 포기 동의서*에 서명을 받아 두었다. 이는 라빈드라를 돕기 위해 우리가 할 수 있는 조치를 전혀 취하지 않겠다는 의미가 아니었다. 다만 마지막 순간에 그를 평화롭게 보내주겠다는 의미였다. 라빈드라의 아버지는 우리 의중을 이해했다. 그는 시련을 끝낼 마음의 준비가 되어 있었다. 자신을 위해서도, 아들을 위해서도.

모르핀 때문에 라빈드라는 의식이 오락가락했다. 졸다가 공포에 질려 눈을 뜨는가 하면, 다시 눈을 감은 채 정신이 혼미해지곤 했다. 가끔은 '심정지호흡agonal breathing' 증세가 나타나, 공기를 크게 들이마셨다가 한동안 무호흡이나 호흡 정지 상태에 빠지기도 했다. 죽음을 예고하는 전형적 징후였다. 물이 고인 폐에서는 뱃고동처럼 깊고 걸걸한 소음이 들려왔다. 이따금 통증으로 몸을 뒤틀며 입에 거품을 물고는 이를 악문 채 표정을 일그러뜨렸다. 간혹 소리를 지를 때

* 좁은 의미로는 심폐 정지가 일어났을 때 심폐소생술을 하지 않겠다는 뜻이나, 넓은 의미로는 소극적인 안락사, 즉 자연스러운 죽음의 과정을 받아들이고 인위적인 연명치료를 거부한다는 뜻으로 쓰이기도 한다.—옮긴이

도 있었다. "엄마, 도와줘요, 엄마!" 어머니는 밤낮으로 아들의 다리를 주물렀고 기도문을 중얼거리다 흐느끼곤 했다. 의사이자 한 사람의 아버지로서 나는 그런 모습을 지켜보기가 곤혹스러웠다.

그러던 어느 아침 라빈드라는 결국 사망했다. 회진을 시작하려던 참이었고, 내가 위층에 도착했을 때 그의 병실 문은 닫혀 있었다. 하지만 안에서 심상치 않은 일이 발생했음을 소리로 짐작할 수 있었다. 간호사가 같이 들어가겠다고 했지만, 괜찮다고 말했다. 심부전을 전공한 심장전문의로서 많고 많은 죽음을 목격한 터였다. 한때는 유족들의 슬픔을 지켜보는 일이 힘에 부쳤다. 하지만 어느덧 나의 심장은 단단해졌다. 이제 나는 더 이상 지난날의 내가 아니었다.

병상 옆에는 서랍이 달린 나무 탁자가 놓여 있었다. 병실 저쪽 창문에 드리운 회색 커튼 사이로 주차장이 보였다. 라빈드라의 어머니는 슬픔과 혼란에 휩싸인 채 아들의 얼굴에 연신 입을 맞추었다. "끝났어, 끝났어, 우리 아들은 가버렸어! 오, 세상에, 우리 착한 아들을 데려가다니!" 그녀의 목소리가 공허했다.

꽃무늬 소파에 앉아 있던 친척이 그녀를 달랬다. "아이가 받았던 온갖 고통을 생각해봐. 이건 신의 뜻이야. 이제 다음 생에는 건강한 몸으로 돌아올 거야."

라빈드라의 아버지가 다가와 나를 안았다. 봄인데도 그는 오버코트를 입고 있었다. "시간이 지나면 진정될 겁니다." 그는 아내를 가리키며 내게 속삭였다. "아이가 고통받는 모습을 지켜봐왔으니까요."

"아이고, 우리 아들이 죽도록 고생만 하다가." 어머니는 울부짖었다. "우리 애가 엄마, 나 죽을 것 같다고, 숨을 못 쉬겠다고 말했어요.

그래서 내가 아이를 남겨달라고, 아이의 반이라도 내게 달라고 신께 기도했는데. 그마저도 주실 생각이 없었던 거예요."

그런 순간에 내가 해줄 수 있는 일은 많지 않았다. 나는 다시 오겠다고 말한 뒤 병실을 빠져나왔다. 라빈드라의 아버지가 따라 나왔다. 복도에서 그는 내게 다음 절차에 대해 물었다.

시신은 영안실로 옮겨질 것이고, 장례식장에서는 운송 계획을 문의하는 전화를 걸어올 것이었다. 내가 절차를 하나하나 설명하는 동안 그는 차분해 보였다. 그때 그의 휴대전화 벨이 울렸다. 그는 이어폰을 귀에 꽂았다. "여보세요……. 예, 아들아이가 떠났습니다." 그리고 마침내 그도 무너져 내렸다.

3부
미스터리

12

취약한 심장

심장에 병이 나면 뇌가 반응한다. 그리고 뇌의 상태가 변화하면 반대로 (…) 심장이 반응한다. 고로 어떤 식으로든 흥분하게 되면 신체에서 가장 중요한 이 두 기관 사이에는 여러 가지 공통된 행동과 반응이 나타날 것이다.

찰스 다윈, 『인간과 동물의 감정 표현』(1872)

시체보관소는 브룩스브러더스 매장 안쪽에 마련돼 있었다. 나는 처치앤드데이 쪽 모퉁이, 그러니까 세계무역센터 건물의 잔해 바로 옆에 서 있었다. 그때 원리버티플라자 건물 안 남성복 상점에서 의사를 찾는다는 경찰의 외침이 들려왔다. 그곳에 시체들이 쌓여 있다는 것이다. 잔해 건너편에 임시로 마련한 다른 시체보관소는 조금 전 문을 닫았다고 했다. 나는 자원봉사를 결심하고 잔해가 흩어진 거리를 따라 걷기 시작했다.

9.11 테러가 발생한 이튿날이었다. 플라스틱이 불에 타면서 악취와 연기를 내뿜었다. 공격이 발생한 화요일보다 오히려 심각한 듯했다. 거리는 질척거렸다. 어리석게도 나막신을 신고 온 탓에 양말이 진흙에 흠뻑 젖어 들었다.

이윽고 나는 문제의 건물에 도착했다. 로비 바닥에는 지칠 대로 지친 소방관들이 훈련된 셰퍼드들과 함께 앉아 있었고, 그들 주위로는 깨진 유리가 널려 있었다. 군인 한 명이 상점 입구를 지키고 있었다. 서성거리는 경찰들도 눈에 들어왔다. "의사 말고는 누구도 시체 보관소에 들어갈 수 없습니다." 군인이 소리쳤다.

나는 머뭇거리다 어두운 커튼을 비집고 들어갔다. 세인트루이스 워싱턴대 해부학 실험실에서 보낸 그 무더운 여름 이후로 나는 해부용 시체를 대할 때면 언제나 속이 메슥거렸다. 가까운 구석에는 의사와 간호사 몇 명이 모여 있었다. 그들 옆에는 플라스틱 들것이 놓여 있었다. 환자는 실려 있지 않았다. 무리 뒤로 보이는 나무 탁자 위에는 간호사 한 명과 의대생 두 명이 마치 죽음의 판관처럼 침울한 얼굴로 앉아 있었다. 매장 벽 선반에는 브룩스브러더스 사의 셔츠들이 단정하게 개켜져 있었다. 빨간색과 오렌지색, 노란색 옷들 위로 먼지가 수북하게 내려앉았다. 저쪽 구석에 부서진 문처럼 보이는 물체 옆으로 주황색 시체 운반용 부대가 어림잡아 20개 정도 쌓여 있었다. 군인들은 보초를 서고 있었다. 가게의 탈의실에는 사용하지 않은 시체 운반용 부대들이 차곡차곡 포개져 있었다.

예의 그 무리는 시신을 처리할 방식을 의논 중이었다. 젊은 여자 의사는 그 어떤 서식의 문서에도 절대 서명해선 안 된다고 말했다. 우리가 법적 권한도 없으면서 부대들 속 내용물을 확인해주었다고 누군가는 생각할 수 있다는 것이다. 그녀가 보기에 그런 일은 검시관의 소관이었다. 시신을 부위별로 각기 다른 부대에 담아야 하는지 묻는 사람도 있었다. 하지만 정확한 답을 아는 사람은 아무도 없었다. 리더는 50대로 보이는 남성이었다. 배지에 적힌 'PGY-3'이란 글자로 미루어보건대 그는 레지던트 3년 차였다. 이는 곧 내가 그곳에서 가장 숙련된 의사일지도 모른다는 뜻이었다. 사실이라면 나로서는 굉장히 부담스러운 상황이었다. 나 역시 경력이라곤 고작 두어 달 심장내과 펠로로 일한 것이 전부였으니까.

이때 주州 방위군 병사 몇이 시체 운반용 부대를 가져와 들것 위에 눕혔다. 아까 그 여자 의사가 지퍼를 열어 내용물을 살폈다. "세상에." 이렇게 말하고 그녀는 고개를 돌렸다. 부대 안에는 왼쪽 다리와 음경이 아직 붙어 있는 골반의 일부분이 들어 있었다. 다리 자체는 부상이 거의 없어 보였다. 하지만 골반이 절단된 부위의 붉은 근육 밖으로 파열된 창자들이 비어져 나왔다. 골반의 일부를 덮고 있던 바지 조각은 주머니에서 동전을 꺼낸 뒤 별도의 자루에 옮겨졌다. 앞서 들어온 시신의 일부에는 휴대전화가 딸려 왔다고 어느 경찰이 말해주었다.

좋은 소식이었다. 만약 그 희생자가 가족의 전화번호를 단축키에 저장해두었다면, 신원을 쉽게 파악할 수 있을 테니까. 하지만 신원 파악은 내 소관이 아니었다. 나는 분류 작업에 집중해야 했다.

5분 뒤 그 시체용 부대의 지퍼가 올려졌다. 몇 시간 전부터 와서 일하던 비교적 연로한 남자 의사가 이제 가야 한다고 말했다. 다른 여자 의사도 한 시간쯤 자리를 비워야 한다고 말하더니 내게 의사냐고 물었다. 내가 그렇다고 대답하자 그녀는 반색하며 나에게 인계하면 되겠다고 말했다. 그러더니 시신을 부위별로 분류하는 방법을 내게 설명하기 시작했다. 기본적으로 내 임무는 부대에 담긴 내용물을 확인하고 간호사에게 일러주는 일이었다. 그러면 간호사는 그 정보를 서식에 맞게 받아 적었다.

나는 적잖이 당황했다. 갑자기 책임이 주어졌지만, 나는 병리학자가 아니었다. 나는 단지 즉흥적 지원자에 불과했다. 아프리카에서 임상 실습을 했다던 친구들의 얼굴이 떠올랐다. 끔찍한 비극이 이어지는 가운데 의약품조차 제대로 구비되지 않는 상황이 주는 깊은 좌절감을 그들은 내게 토로한 적이 있었다. 적어도 우리는 의약품이 부족하지는 않았다. 내가 의술을 펼치는 이곳은 제3세계가 아니었다. 이곳은 다만 지옥이었다. 정해진 규칙이란 없었다.

시체용 부대가 새로 들어왔다. 안에는 온전한 비장과 훼손된 창자, 간의 일부가 담겨 있었다. 내용물을 살피고 나니 속이 메슥거리기 시작했다. 나는 머리가 없는 마네킹들을 지나 연기 자욱한 바깥으로 걸어 나갔다.

부상자 분류 센터는 세계무역센터에서 몇 미터쯤 떨어진 소방서에 꾸려져 있었다. 여기서부터는 파괴의 정도가 훨씬 더 심각했다. 폭발된 차량들은 두꺼운 시멘트 분진에 덮인 채 질척한 거리에 늘어서 있었다. 두 건물이 무너진 자리에는 강철 빔들이 마치 재떨이의 담배꽁초처럼 잔해 속에 우두커니 서 있었다. 거대한 호스와 와이어들이 건물을 나와 휘감겨 있었다. 어디를 둘러봐도 산산조각 난 창문과 깨진 유리가 널려 있었다. 땅에는 신문과 주인 잃은 신발 들이 흩어져 있었다. 마치 멀쩡히 길을 가던 사람들이 갑자기 온데간데없이 사라진 것처럼. 이스라엘 출신의 심장초음파실 주임교수 에이브럼슨 박사는 나와 같이 시내에 나갔다가 참사 현장을 가만히 바라보더니 이렇게 중얼거렸다. "살다 살다 이런 일까지 보게 될 줄이야."

센터에는 산소통과 식료품 상자를 비롯해, 구급차가 실어 온 각종 장비와 구호품이 갖춰져 있었다. 소방용 사다리는 수액 주머니 거치대로 사용되었다. 20명 남짓한 의사들과 간호사들이 정신적 외상, 화상, 부상, 골절 등 다양한 '부서'에 배치되었다. 나는 천식과 흉통 환자를 담당했다. 주로 연기를 흡입한 소방관들을 치료했는데, 산소를 주어 호흡을 돕기도 하고 알부테롤 분무제를 뿌려 기도를 열어주기도 했다. 하지만 그럴 때를 제외하면 사위는 으스스할 정도로 고요했다.

그 전날 오후의 일이다. 나는 심각한 부상자를 잔뜩 마주칠 각오로 벨뷰병원의 의사들과 함께 시내로 나갔다. 하지만 둘러봐도 그런 사람은 없었다. 보이는 사람이라곤 구조대원들뿐이었다. "환자들은 다 어디 있죠?" 나는 도착하자마자 불쑥 이렇게 내뱉었다. 환자들이 어딘가 다른 곳에 있으리라고 생각한 것이다.

"전부 사망한 겁니다." 한 동료가 대답했다.

언제부턴가 우리는 멍하니 앉아, 여전히 재가 눈처럼 내리는 가운데 이야기를 주고받기 시작했다. 한 내과의사는 첫 번째 빌딩이 무너질 때 마침 그 건물 밖에 서 있었다고 했다. "무작정 어떤 다리 아래로 달려갔어요. 커다란 파편들이 제 주위로 떨어지고 있었죠. 한 걸음 뗄 때마다 속으로 이렇게 되뇌었습니다. '말도 안 돼, 내가 아직 살아 있다니. 말도 안 돼, 내가 아직 살아있다니.'" 그러다 어느 순간 기이한 충격음이 잇따라 들리기 시작했단다. 한 소방관이 그에게 말했다. 사람들이 빌딩에서 뛰어내리고 있다고.

우리는 꽤 오랫동안 앉아 무슨 일이 일어나기를 기다렸다. 아직 이른 오후였다. 그때 희생자를, 정확히는 살아 있는 젊은 여성을 잔해 속에서 발견했다는 소식이 전해졌다. 해당 위치에 성조기가 세워졌다. 구조대원들은 그녀를 빼내기 위해 고된 작업에 돌입했다. 늦은 오후가 되자 의사를 비롯한 자원봉사자 약 50명이 거리에서 다층 건물 높이로 쌓인 잔해 꼭대기까지 인간 사슬을 형성했다. 그들은 파편을 한 조각씩 아래쪽 사람에게 전달했다. 대형 크레인 두 대가 거대한 턱으로 파편을 집어 대기 중인 트럭에 옮겨 실었다.

나는 어떤 식으로든 도움이 되길 바라며 저녁까지 그곳에 머물렀다. 하지만 거의 이틀을 그곳에서 보낸 상태였고, 아내의 걱정도 마음에 걸렸다. 설상가상으로 체력마저 바닥이었다. 결국 나는 여전히 구조에 여념이 없는 사람들을 뒤로한 채 현장을 떠났다.

그해 가을 내가 병원 업무에 복귀한 뒤로도 몇 주 동안은 벨뷰병원 밖 1번가와 29번가에 마련된 시체 보관용 천막에서 사체 냄새가 새어 나왔다. 이전에는 본원에서 열리는 회의에 참석할 때마다 지나던 길이었지만, 나는 더 이상 그 길을 이용하지 않았다. 그러던 어느 날 그라운드제로에서 구출된 그 젊은 여성이 다리 골절이 아닌 심장부정맥으로 치료 중이라는 소식이 들려왔다. 구조 이후 알 수 없는 이유로 재발성 심실부정맥이 발생하는 바람에 몇 번이나 기절했다는 것이다. 약물치료에도 부정맥은 가라앉지 않았고, 정신과 상담도 별무소용이었다. 결국 외과적 치료법이 남은 선택지로 거론되었다. 이식형 제세동기도 고려 대상 중 하나였다. 늦가을에 그녀는 심장카테터실 수술대에 올랐다. 그리고 벨뷰의 전기생리학자들은 그녀의 심장 속 무엇이 잘못되었는지를 꼼꼼히 살피기 시작했다.

심장박동 리듬은 정서적 상태에 강한 영향을 받는다. 그런데 감정은 어떻게 심장박동의 이상을 야기하는 것일까? 그 젊은 여성 외상 환자의 심장은 그간 아무런 문제없이 줄기차게 박동했을 것이다. 한데 그런 심장이 어떻게 정신적 상처로 망가지는 것일까? 버나드 론은 '핵전쟁 방지를 위한 국제의사기구International Physicians for the Prevention of Nuclear War'에서 활동한 공로를 인정받아 노벨평화상을 공동 수상한 인물로 위 질문들의 답을 찾기 위해 몇 가지 획기적인 연구를 실시했다. 고등학생 시절 론은 정신의학에 매료되었다. 하지만 의대에 입학하고 얼마 지나지 않아 정신의학이라는 분야의 주관성에 환멸을 느꼈다. 그러나 몸과 마음의 상호작용에 대한 근본적인 관심은 그가 의사로 사는 동안 꾸준히 지속되었다. 1960년대에 그는 심장내과 의사로서 정신적 스트레스가 실제로 급성심장사를 유발할 수 있는지 탐구해보기로 결심했다. 초기 실험에서 그는 마취된 쥐의 심실세동에 대해 연구했다. 론은 실험적으로 관상동맥을 차단하여 경미한 심장마비를 유발함으로써 쥐들이 심실세동을 일으키기 쉬운 조건을 조성했다. 그러자 녀석들 중 6퍼센트가 관상동맥 폐쇄로 인한 심실세동을 일으켰다. 하지만 론은 관상동맥을 차단하는 동시에, 뇌에서 불안을 매개하는 영역들에도 전기적 자극을 가할 경우 심실세동의 발생 빈도가 10배 더 높아진다는 사실을 발견했다. 또한

훗날 론과 동료들이 알아낸 바에 따르면, 치명적인 부정맥을 유발하기 위해 반드시 뇌를 자극할 필요는 없었다. 혈압과 심박수를 조절하는 자율신경을 자극해도 같은 결과가 나타났으니까.

하지만 론이 정말로 증명하려던 부분은 따로 있었다. 정신적 스트레스만으로 심각한 부정맥이 유발될 가능성을 그는 입증하고 싶었다. 론은 개를 대상으로 심실조기수축PVC을 연구해보기로 했다. 심실조기수축처럼 부가적인 심장박동은 치명적 부정맥으로 이어질 가능성이 농후하다. 자칫 취약기의 심장에 충격을 가할 수 있기 때문이다. 심실조기수축은 심장이 흥분했다는 것을, 그러므로 취약기라는 것을 의미한다. 정신적 스트레스를 유발하기 위해 론은 개들을 서로 다른 두 가지 환경에 노출시켰다. 한번은 우리에 가둔 채 별다른 자극을 가하지 않았고, 한번은 띠를 사용해 앞발이 살짝 뜨도록 매달아둔 상태에서 3일 연속으로 매일 한 번씩 경미한 전기 자극을 가했다. 그리고 얼마 뒤 론은 개들을 다시 이 두 환경에 노출시켰는데, 이때 눈에 띄는 차이점이 발견되었다. 우리에 가두었을 때는 평소와 다름없이 평온하게 보이던 녀석들이 띠로 묶인 상태에서는 안절부절못하는가 싶더니, 이내 심장박동이 빨라지고 혈압이 상승한 것이다. 심실조기수축의 발생률 역시 급격히 상승했다. 묶인 채 매달려 있던 때의 기억이 개들의 뇌리에 깊이 박혀, 심지어 수개월이 지난 뒤에도 심장의 반응성에 근본적인 영향을 미친 것이다. 론은 『잃어버린 치유의 본질에 관하여』에서 이러한 연구 결과야말로 정신적 스트레스가 일찍이 알려진 대로 관상동맥질환의 위험을 증가시키는 차원에서 나아가 악성 부정맥에 대한 감수성susceptibility 또한 유의

미하게 증가시킬 수 있음을 입증하는 근거라고 주장했다.

훗날 론의 연구팀은 보스턴에 있는 브리검여성병원 정신과 의사들과의 합동 연구를 통해, 급성 부정맥에서 살아남은 사람들이 종종 급격한 정신적 스트레스에 시달리다가 심정지를 일으키곤 한다는 사실을 발견했다. 117명의 환자 중 약 20퍼센트가 공개적 모욕이나 부부 간 별거, 사별, 사업 실패를 경험하고 24시간이 채 지나지 않아 심장마비를 일으켰다. 더불어 론과 동료들은, 이를테면 베타차단제처럼 교감신경계 활동을 차단하는 약물이 환자들을 치명적 부정맥으로부터 보호한다는 사실을 밝혀냈다. 명상도 대체로 같은 효과를 보였다.

론의 연구는 정서적 스트레스가 치명적 부정맥을 야기할 수 있다는 사실을 최초로 확인시켰다. 이러한 결론은 이제 의학계에서 널리 수용되는 분위기다. 예를 들어 우리는 외상후스트레스가 그라운드제로에서 구조된 그 젊은 여성의 부정맥을 악화시켰으리라는 의견에 다들 동의한다. 그러나 9.11 테러가 있고 몇 달 뒤 나는 론의 연구 결과에 수반되는 필연적이고 중요한 사실 하나를 알게 되었다. 그 사실이란 바로, 정신적 외상이 부정맥을 촉발할 수 있다면, 거꾸로 부정맥 또한 (아니면 적어도 그것의 치료 과정이) 정신적 외상을 야기할 수 있다는 것이다. 그러면 그 스트레스가 다시 심장에 영향을 미치므로, 유해한 악순환의 고리는 끝없이 반복될 것이다. 달리 말해 마음과 심장은 양방향으로 연결돼 있다. 테러 이후로 두 달이 지난 11월의 어느 밤, 나는 이 사실을 가까이에서 확인할 수 있었다.

내가 로레인 플러드를 만난 것은 비 오는 저녁 뉴욕대학교 의료센터 교직원 식당에서였다. 이식형 심장 제세동기를 장착한 스무 명쯤 되는 환자들이 정기적 지지모임을 위해 모여 있었다. 1998년 6월 플러드는 1시간에 걸친 수술을 통해 호출기만 한 제세동기를 왼쪽 가슴 피부밑에 이식했다. 아들의 결혼식 전야에 첫 심장마비를 일으킨 이후로 8년 만에 감행한 수술이었다. 대부분의 환자와 마찬가지로 그녀는 그 장치가 심박수를 모니터하다가 박동의 리듬이 위험한 수준으로 악화되면 심장에 충격을 가하리라는 설명을 들은 상태였다. "굉장히 마음이 놓이더군요. 아무래도 전에는 '만약 일이 터지면 그대로 죽을 수도 있다'는 걱정을 안고 살았으니까요." 플러드는 그날 밤 내게 이렇게 말했다. 하지만 어느 날 그녀의 제세동기가 작동하기 시작하면서 상황은 달라졌다.

플러드의 곁에는 남편 알이 앉아 있었다. 부부는 뉴저지주 콜로니아에서 이곳까지 차를 몰고 왔다. 콜로니아에서 알은 은행장이었고, 플러드는 여행사 대표였다. 플러드는 키가 큰 71세 여성으로 태도가 당당했고, 금발에 가까운 머리는 미용실에서 손질한 상태였다. 나는 그녀에게 모임에 온 이유를 물었다. "너무 끔찍한 경험이었으니까요. 요즘도 매일 아침 눈을 뜨면 하느님께 기도하죠. 부디 오늘은 충격이 없게 해달라고, 주님께 몇 번이고 비는 거예요." 그녀는 이렇게 대답했다.

충격이 시작된 것은 그녀가 제세동기를 이식하고 몇 주가 지난 시점이었다. 이후로 제세동기는 그녀에게 부정맥이 발생할 때면 어김없이 작동했다. "하늘색 불빛이 보이면 마음의 준비를 해야 했어요. 곧 충격이 시작된다는 경고였으니까요." 그럴 때면 그녀는 재빨리 자리에 앉아 가슴 속 장치가 방출하는 전기의 충격을 고스란히 느껴야 했다. "장치가 이런 식으로 작동한다고는 누구도 말해주지 않았어요. 단지 약간의 느낌이 있을 거라고만 했죠. 그 느낌이 마치 당나귀가 뒷발질할 때의 충격과 비슷하단 얘기는 한 번도 들어보지 못했다고요. 당나귀에게 가슴팍을 힘껏 차인다고 생각해보세요. 있는 힘껏, 뻥 하고!"

그녀는 9일 동안 16번의 충격을 경험한 적도 있다고 했다. "소파에 앉아 있는데 충격이 시작된 거예요. 깜짝 놀라 비명을 질렀죠. 딱한 우리 집 가정부는 당황해서 어쩔 줄을 모르더군요. 글쎄 위층으로 달려가더니 목욕 가운이랑 슬리퍼를 가져다주는 게 아니겠어요? 병원에 가야겠다면서요. 그래서 말했죠. '캐서린, 나도 옷은 입을 수 있어요!'"

주치의와 통화하는 와중에도 그녀는 다시 강한 충격을 느꼈다. "저는 통증을 잘 참는 편이에요. 치과에서도 마취 주사를 맞은 적이 없으니까요. 하지만 그땐 도저히 참을 수가 없더군요."

어느 오후 그녀는 손자의 유치원에 갔다가 문제의 하늘색 불빛을 보게 되었다. "저는 그걸 교실에서 나가야 한다는 경고로 받아들였어요. 안 그러면 아이들이 겁을 먹을 테니까요." 그녀는 기억을 더듬으며 말했다. 그녀는 화장실로 들어갔고 그곳에서 분명 '가벼운 충격'을 느꼈다. 하지만 나중에 병원을 찾아가 검사했을 때 주치의들은 제세동기가 작동하지 않았다고 말했다. "그분들 말로는 유령 충격 phantom shock이라더군요."* 그녀는 말을 이어갔다. "하지만 그게 제세동기와 무관하다고는 누구도 말하지 못했어요. 아주 여러 번 충격을 겪은 뒤에야 저는 비로소 그것의 정체를 알아낼 수 있었죠." 플러드의 제세동기는 부정맥에 덜 민감하게 반응하도록 조정되었다. 하지만 그녀의 신경과민은 그 후로도 이어졌고, 이는 충격의 발생 가능성을 증가시켰다.

그녀는 일을 그만두고 상근 운전기사를 고용했다. 친구들과 외출하거나 교회 성가대에서 노래하는 일도 그만두었다. 그러다 결국에는 교육위원회에서도 물러났다. 브로드웨이 뮤지컬 「라이언 킹」 티켓이 있었지만, 그녀는 관람을 포기했다. 혹여 공연 중에 충격이 발생할까 싶어서였다. "셔피로 박사님은 그러더군요. 혹시라도 공연 중에 비명이 나오면 그냥 비명을 지르라고. 그리고 공연의 나머지 부분을 감상하라는 거예요. 하지만 저는 그럴 수 없었죠."

머지않아 플러드는 흡사 파블로프의 개처럼 충격을 경험한 장소를 두려워하게 되었다. 샤워 부스도 그중 하나였다. "한번은 충격 때문에 샤워실 벽에 세게 부딪힌 적이 있어요. 아마 저처럼 샤워실에서 빨리 뛰쳐나온 사람은 세상에 없을 거예요. 머리에 샴푸를 바르고 온몸에 거품을 칠한 상태에서 비명을 지르며 침실로 뛰어들었으니까. 그러자 알이 달려 들어왔죠. 다시 생각해도 끔찍하군요." 그녀는 남편의 욕조를 사용하기 시작했다. "한동안은 그 샤워실을 쳐다

* 유령 충격이란, 환자들은 충격을 느꼈다고 호소하지만 장치에는 충격을 전달했다는 기록이 전혀 나타나지 않는 경우를 일컫는 용어다.

보지도 못했어요. 그 정도로 무시무시한 경험이었죠. 그러다 문득 이런 생각이 들더군요. '로레인, 언제까지고 이렇게 살 순 없어.' 그래서 어느 날 마음을 굳게 먹고는 샤워실 문을 열고 수도꼭지를 틀었죠. 하지만 안으로 들어가질 못하겠더라고요. 나오는 물을 바라만 볼 뿐이었죠."

그녀의 지속적인 조바심은 가족의 마음을 무겁게 짓눌렀다. "남편은 제가 살짝 미쳤다고 생각하는 것 같아요." 플러드가 말했다. 나는 그녀의 남편에게 의견을 물었다. 큰 키에 귀족적 얼굴을 가진 이 은발의 신사는 단어를 고르는 데 신중을 기하면서도 아내의 말을 부인하지 않았다. "저로서는 좀 이해하기 어려운 것이 사실입니다. 그게 그렇게까지 편집증적으로 두려워할 일인가 싶은 거죠."

옆 테이블에는 50대 후반의 모하메드 시디키가 잘 차려입은 모습으로 아내 안잘리와 조용히 앉아 모임이 시작되기를 기다리고 있었다. 시디키는 3년 전, 그러니까 제세동기를 이식한 뒤로 이 지지모임에 참여했지만, 전기 충격을 처음으로 경험한 것은 지난 3월이라고 했다. 그때 그는 아내가 운전하는 닛산 승용차 조수석에 앉아 있었다. "몸 전체가 들릴 정도의 충격이었죠." 그의 아내가 말했다. "눈앞에서 이이의 몸이 들썩했으니까요. 남편은 굉장히 이상한 눈빛으로 저를 바라봤어요. 제가 운전을 잘못한 줄로만 알았죠."

그러한 충격은 이후로 열흘에 걸쳐 두 번 더, 그것도 한 번은 수면 중에 발생했다. 검사를 위해 병원을 찾았을 때 의사들은 제세동기가 불규칙한 심장박동에 적절하게 반응하고 있으니 안심하라고 말했다. 하지만 안심하기는커녕 그는 끊임없이 다음 충격을 걱정하고 있었다. 한때 토지 개발 회사의 임원이었던 그는 이제 운전을 그만 두었다. 혹여 길에서 충격이 발생해 사고로 이어질까 겁이 났기 때문이다. 그는 좀처럼 집을 나서지 않으려 했다. 해외에 사는 가족에게 방문하는 일정은 한없이 뒤로 미뤄졌다. 몸무게는 4.5킬로그램 남짓 빠졌고 만성적인 무력감에 시달렸다. 여러모로 이는 외상후스트레스장애의 전형적 증상이었다. 악몽이 그랬고 충격의 경험을 반복해서 떠올리는 현상이 그랬다. 그의 심장은 9.11 테러 이후로 두근거림이 갈수록 심해져왔다고, 아내는 이야기했다.

나는 뷔페 테이블로 발길을 옮겼다. 이 모임에 나를 초대한 셔피로 박사가 거기서 닭고기 꼬치를 씹고 있었다. 수술 한 건을 막 끝내고 나온 참이라 여전히 파란 수술복 차림이었다. "시디키 씨를 만났다고?" 그가 내게 느물느물 웃으며 말했다. 나는 시디키가 했던 말을 그에게 들려주었다. 셔피로는 어깨를 으쓱했다. 마땅히 할 말이 떠오르지 않는 듯했다. 그는 해석을 보류하며, "한 번의 충격으로 아홉 달 동안 몸이 약해지는 게 과연 가능하냐"고 내게 되물었다.

셔피로의 설명에 따르면, 그 지지모임은 사람들이 자신의 제세동기에 대해 마음을 터놓고 대화를 나누는 자리였다. 9.11 테러 이후로 환자들은 제세동기 충격으로 인한 불편을 그 어느 때보다 자주 호소하고 있었다. 짐작되는 원인은 정신적 스트레스의 증가였다. 이식형 제세동기 환자에게 심실성 부정맥이 나타나는 비율은 두 배가 넘게 증가했다. 그의 환자 중에는 반복되는 충격에 너무도 불안해진 나머지 '악한 영혼'을 몰아내기 위해 집에서 교령회를 연 사람도 있었다. 또 다른 환자는 "그런 고통과 잦은 충격을 참고 사느니 차라리 인생을 마감하겠다"며 셔피로를 졸라 결국 제세동기를 끄게 만들었다. 셔피로는 그라운드제로에서 구조된 그 젊은 여성을 언급했다. 그 어떤 치료법도 그녀의 부정맥을 낫게 하지 못했다. 다음 단계로 의료진은 우심실에 대한 고주파전극도자절제술을 고려 중이었다.

알고 보니 셔피로 교수의 아버지도 심장마비를 연달아 겪은 후 제세동기를 장착한 상태였다. 이식수술 뒤 그의 아버지는 알 수 없는 이유로 심장의 끊임없는 부정맥, 말 그대로 '전기 폭풍'을 경험했다. 3시간 동안 무려 85차례의 충격이 발생한 것이다. 트라우마로 그는 몇 주간 잠을 이루지 못했다. 하지만 셔피로는 아버지에게 "제세동기는 좋은 장치"라고 끊임없이 말했다고 한다. 그저 "할 일을 하고 있는 것뿐"이라고, "그 덕분에 손주도 보실 수 있는 거"라고.

하고많은 죽음 중에서도 부정맥에 의한 급사는 다소 역설적인 면모를 지니고 있다. 그것은 가장 매력적인 동시에 가장 두려운 죽음의 방식이다. 갑작스럽고 치명적인 부정맥은 세계적으로 심혈관계 질환 관련 사망의 가장 주된 원인이다. 매년 수백만 명이 그 같은 부정맥으로 목숨을 잃는다. 더욱이 희생자의 대부분은 나의 두 할아버지와 마찬가지로 병원에도 가보지 못한 채 사망한다. 급성 심장사는 대개 사랑하는 이들에게 상실감을 남긴다. 하지만 개중에는 고인이 고통을 제대로 느낄 겨를도 없이 생을 마감했다는 사실에 고마움을 느끼는 이들도 있다. 비교적 최근인 30년 전까지도 부정맥

으로 인한 급사는 닥치면 속수무책으로 당할 수밖에 없는 운명처럼 여겨졌다. 가령 옛날 영화 속 진부한 장면을 떠올려보자. 책상에서 일하던 사업가가 쿵 하고 쓰러진다. 한 동료가 그의 경동맥에 손가락 두 개를 대보고는 죽음을 선언한다. 카메라는 이러한 죽음을 거의 우스울 정도로 무감하게 다룬다. 마치 그 죽음이 정해진 운명이라도 되는 것처럼. 더불어 이런 장면에는 이 살인적 질환을 대하는 사회의 무력함이 반영되어 있다. 하지만 미헬 미로프스키가 이식형 제세동기를 발명한 이후로 상황은 바뀌었다. 2016년에 미국에서만 약 12만 대의 제세동기가 이식되었다. 이는 10년 전에 비해 두 배 상승한 수치다. 이식 적격자의 범위도 확대되었다. 실제 심정지를 일으켰다가 살아남은 이들뿐 아니라 나의 환자이자 자석 신봉자였던 잭처럼 단지 심정지의 위험도가 증가한 환자들까지도 이제 이식의 적극적 고려 대상으로 간주된다. 오늘날 미로프스키의 발명품은 (이 책 한쪽에 제세동기 9대가 들어갈 정도로) 크기가 아주 작아졌고, 실패율이 낮아졌으며, 효과 또한 탁월해졌다. 배터리 지속 시간은 거의 10년에 달하며 수술을 통해 교체가 가능하다. 비록 한 대를 이식하는 데 대략 4만 달러의 비용이 든다는 점을 각오해야 하지만, 제세동기가 환자의 생명을 대체로 3년 이상 연장시킨다는 점을 고려하면, 수술비가 마냥 비싸다고 보기는 어렵다.

하지만 모든 의료 기술은 다른 대가를 수반하게 마련이다. 인공심장은 혈전을 생성하는가 하면, 장애를 초래할 정도의 뇌졸중을 유발한다. 투석은 생명을 살리지만, 종종 고통스럽고 치명적이기까지 한 감염증을 야기한다. 이식형 제세동기의 경우 마음의 평화를 제공할 목적으로 고안되었지만, 역설적이게도 그것의 가장 큰 단점 중 하나는 다름 아닌 두려움이다.

예의 그 지지모임에 참석하기 몇 주 전 나는 심장내과 선배 펠로와 함께 24세 남성 환자를 봐달라는 호출을 받았다. 유럽에서 프로 농구 선수로 활동 중인 그는 그날 이식한 제세동기가 처음으로 가한 충격을 이제 막 경험한 참이었다. 그는 며칠 전 연습 중에 실신하는 바람에 벨뷰병원에 입원했고, 의사들은 그의 몸에서 유전적 심장 기형을 발견했다. 그는 근육질에 위협적인 용모를 지닌 남성이었다. 하지만 우리가 도착했을 때는 고통으로 흐느끼고 있었다. 그의 여자 친구는 제세동기의 작동 원인을 알고 싶어했다. 선배와 나는 특수 컴퓨터로 장치를 '면밀히 검사'했고 '부적절한' 충격의 흔적을 확인했다. 풀어서 설명하자면 그의 심장에 세동이 발생하지 않았음에도 세동이 발생했다고 장치가 판단했다는 뜻이다. 우리는 몇 가지 조정을 실시했다. 그리고 병실을 나서기 전, 충격으로 대단히 예민해진 듯 보이는 환자에게 나는 "걱정하지 않으려고 노력"하라고, "다음에는 반드시 필요한 경우에만 충격이 가해질 것"이라고 말했다. 여자 친구는 그가 앞으로도 농구 선수로 활동할 수 있느냐고 물었다. 가령 패스한 공이 가슴을 치거나 경기 중에 심박수가 빨라져도 제세동기가 작동할 가능성이 없느냐는 것이다. 그럴 가능성은 희박하지만 완전히 불가능한 일도 아니라고 선배 펠로는 대답했다. 환자는 우리에게 고맙다고 말했다. 병실 문을 나서며 나는 그가 다시는 농구 코트로 돌아가지 않으리라는, 알 수 없는 예감에 휩싸였다.

로레인 플러드는 제세동기를 이식하고 몇 달 뒤부터 그 지지모임에 참석했다. "다른 사람들의 이야기를 듣는 게 도움이 될 수도 있겠다는 생각"이 들었다는 것이다. 다른 환자들이 굉장히 잘 극복해내고 있다는 사실은 그녀에게 적잖은 놀라움으로 다가왔다. 사람들은 일을 나가고 휴가를 떠나기도 하며 그럭저럭 괜찮은 삶을 꾸려가고 있었다. 이는 고무적인 동시에 조금은 허탈한 사실이었다. 그도 그럴 것이 그녀는 참가자 중에 장치를 받아들이는 데 심리적 어려움을 겪는 사람도 있으리라고 생각했다. "이따금 사람들이 마음을 온전히 터놓지 않는다는 인상을 받았어요. 충격이 얼마나 고통스러울 수 있는지를 100퍼센트 솔직하게 말하는 것 같지는 않았거든요. 나와 친해진 한 여자분은 충격을 처음으로 경험한 곳이 은행이라고 했어요. 그러면서 '아무것도 아니다'라고 말하더군요. 하지만 글쎄요, 아무것도 아닌 건 아니지 않나?" 플러드는 내게 이렇게 말했다.

이 지지모임을 계기로 플러드는 자신의 삶을 다시 열심히 꾸려가야겠다고 결심했다. 하지만 불안감은 가시지 않았다. 얼마 뒤 그녀는 상당히 심각한 공황 발작을 일으켰고, 그녀의 부정맥은 악화일로를 걸었다. 어느 저녁 혼자 집에 있다가 그녀는 곧 제세동기가 가동될 거라는, 감당하기 힘든 두려움에 불현듯 휩싸였다. 그녀는 땀을 흘리기 시작했다. 그녀는 이웃집으로 향했다. 그의 집 차고로 이어지는 도로에는 동작 센서가 연결된 램프가 있었다. 램프가 켜지는 순간 플러드의 제세동기도 작동을 시작했다. "저는 비명을 질렀어요. 걷잡을 수 없이 울음이 터져 나오더군요. 이웃집 문을 쾅쾅 두드리며 머리를 사정없이 쥐어뜯었죠. 저는 모든 것이 제자리에 있어야만 직성이 풀리는 사람이에요. 하지만 그때 제 몰골은 정말이지 처참하기 짝이 없었죠."

외상후스트레스장애에 시달리는 여러 환자와 마찬가지로 그녀는 아티반을 복용하기 시작했고, 덕분에 어느 정도 안정을 되찾았다. 하지만 어느 밤 침대에 누워 있다가 그녀는, 검은 정장을 입고 중절모를 쓴 채 침대 발치에 서 있는 남자를 보게 되었다. 환영은 흔치 않은 부작용이다. 하지만 문제는 아티반의 그 흔치 않은 부작용이 하필 그날 그녀에게 나타났다는 점이었다.

정신과 의사들은 이식형 제세동기를 장착한 환자들이 장치의 충격을 경험한 뒤로 외상후스트레스장애에 시달리는 이유를 다음 두 가지 이론으로 설명한다. 첫 번째는 고전적인 조건반사 이론이다. (이를테면 샤워하기처럼) 이전에는 대수롭지 않았던 자극이 (이를테면 고통스런 전기 충격처럼) 유해한 자극과 정신적으로 짝을 이루어 동일하게 두려운 반응을 끌어낸다는 것이다. 플러드를 비롯해 그 지지모임에 참가한 여러 환자—그리고 추정컨대 그라운드제로에서 살아남은 그 젊은 여성—의 사례에서처럼 두려움은 각성을 촉진시켜 훨씬 더 잦은 부정맥과 충격을 초래할 수 있다. 두려움이 두려움을 촉진하는 셈이다.

두 번째 이론은 실험에서 유래되었다. 개들에게 반복적으로 전기 충격을 가하는 실험에서 자신에게 가해지는 충격을 조절할 능력이 없는 개들은 통제 집단과 달리 신체적으로 기진맥진한 나머지, 충격을 피할 기회가 주어져도 금세 반항을 멈추었다. 연구자들은 문제의 개들이, 1장에 등장한 커트 릭터의 실험에서 물이 가득한 항아리에 갇혔던 쥐들처럼 이른바 '학습된 무기력'을 갖게 됐다는 결론을 내렸다. 인간도 잦은 충격을 경험하면 유사한 반응을 보인다.

이 같은 무력감에서 벗어나려면, 놀람을 유발하는 요소를 제거해야 한다. 경고 없이 반복적 충격에 노출된 쥐들은 위궤양에 걸린다. 즉, 강한 각성이 발생한다는 뜻이다. 하지만 경고성 버저 덕분에 충격 발생 시기를 예상할 수 있는 쥐들은 위궤양 발생률이 현저히 낮다. 뿐만 아니라 레버를 눌러 일부 충격을 예방할 수 있는 쥐들은 충격을 제어할 수는 없는 쥐들에 비해 위궤양 발생률이 더 낮다. 충격 횟수가 같더라도 말이다. 레버를 눌러 충격을 성공적으로 방지했다는 신호까지 주어질 경우 쥐들의 위궤양 발생률은 더더욱 감소한다. 정리하자면, 예측 가능성과 제어 능력, 대처의 효과에 대한 피드백은 모두 충격으로 인한 스트레스를 감소시킨다.

이를 토대로 웨이크포레스트대 학자들은 갑작스런 제세동기 충격으로 인한 인간의 놀람 반응을 완화할 방법에 대한 연구를 실시했다. 그들은 실험 지원자 20명의 팔에 150볼트의 충격을 가하고 통증의 정도를 물었다. 이때 충격의 일부는 독자적으로 가해졌고, 나머지 일부는 미미하고 통증이 없는 일종의 '예비 진동' 이후에 가해졌다. 예비 진동 이후에 가한 충격은 아무런 경고 없이 가한 충격보다 통증이 덜했다. 또한 처음에 통증을 가장 예민하게 느낀 피험자에게 가장 탁월한 진통 효과가 나타났다.

그러나 불안해하는 환자에게 가장 효과적인 방법은 무엇보다 충격의 횟수를 줄이는 것이다. 치료의 핵심은 제세동기의 프로그램을 다시 설정해 부정맥에 덜 민감하게 반응하도록 만드는 것이다. 또한 대부분의 환자는 이를테면 아미오다론과 같은 항부정맥제를 복용하는데, 이러한 약제는 폐질환이나 갑상선질환과 같은 심각한 부작용을 야기할 수 있다. 하지만 대부분의 심장내과 의사들은 만약 그 약제가 간헐적으로 발생하는 잘못된 충격과 그로 인한 정신적 연쇄작용을 예방한다면 사용해도 괜찮다고 생각한다. 또한 환자들 중에는 충격유도성불안shock-induced anxiety 문제를 전문적으로 다루는 임상심리학자에게 인지행동치료를 받는 이들도 제법 존재한다. 많은 환자가 (플러드처럼) 항불안제나 항우울제를 복용한다. 일부 환자에게는 제세동기의 충격을 유도하는 활동을 처음부터 삼가는 것이 단순하면서도 가장 좋은 치료법이다. 가령 격정적 성행위 도중에 지속적으로 충격을 경험한 환자에게는 이러한 방식이 최선일 것이다(참고로 그의 파트너 또한 문제의 충격을 느낀다고 주장했다).

그러나 사용자에게 좀더 친근하게 다가가려는 온갖 노력에도 불구하고 제세동기는 다른 모든 의료 기술과 마찬가지로 일종의 타협을 환자에게 요구한다. 조금 더 오래 사는 대가로 당신은 무엇을 기꺼이 포기할 것인가? 근본적으로 나는 우리 외할아버지의 죽음이 그분께 어울리는 방식으로 이뤄졌다고 생각한다. 외할아버지는 가족의 짐이 아니었다. 또한 생의 마지막 날까지 걷고 말하고 매일 아침 BBC 라디오를 들었다. 그런 어른이 언제 자신을 걷어찰지 모를 당나귀 한 마리를 가슴에 품은 채 살기를 원했을 리 만무하다. 제세동기는 외할아버지의 수명을 1년 혹은 2년쯤 더 연장해주었을지 모른다. 하지만 그 여분의 시간을 얻기 위해 할아버지는 과연 무엇을 기꺼이 내놓을 수 있었을까?

지지모임이 끝나고 얼마 뒤 나는 뉴저지에 있는 로레인 플러드의 집을 방문했다. 춥고 비가 부슬부슬 내리는 12월의 저녁이었다. 그녀의 이층집은 도로 양쪽에 나무가 늘어선 고급 주택가의 막다른 골목에 위치해 있었다. 우리는 거실에 앉았다. 그녀가 미리 준비해둔 칵테일 새우와 과일 샐러드가 푸짐하게 차려져 있었다. 그녀는 황갈색 슬랙스와 크림색 스웨터 차림이었다. 차분하고 평온해 보였다. 위층에서는 은은한 재즈 음악이 흘러나왔다. "저기서도 전기 충격을 느낀 적이 있어요." 그녀가 한 흔들의자를 가리키며 말했다. "아직도 저긴 앉을 엄두를 못 내고 있죠."

그녀는 지금도 매일같이 두려움을 느낀다고 말했다. 물론 예전처럼 정상적 생활이 불가능할 정도는 아니었다. 하지만 여전히 휴대전화가 근처에 있으면 '공황 상태'에 빠졌다. (환자들 사이에는 휴대전화가 제세동기를 자극할 수 있다는 사실무근의 두려움이 만연해 있다.) "제세동기가 머릿속에서 며칠이고 떠나지 않을 때도 있다"고 그녀는 털어놓았다. "어떨 땐 심장이 쿵쾅거리고 돌고 뒤집히는 것 같다니까요. 그럴 때면 정말 겁이 나요. 충격이 임박했다는 신호일지도 모르잖아요. 내가 다 큰 어른이고 그런 일쯤은 극복해야 한다는 생각은 머릿속에서 사라지는 거예요."

그런 두려움이 엄습할 때면 그녀는 단순한 방법으로 생각을 전환한다고 했다. 어린 시절에 배운 노래들을 혼자서 흥얼거리는가 하면, 젊은 시절 요가 강사로 활동할 때 배워둔 산스크리트어 만트라를 읊조리기도 했다. 그리고 그녀는 기도했다.

플러드는 다시 운전을 하기 시작했다. 하지만 집에서 약 6킬로미터 이상은 벗어날 수 없었다. 기껏해야 사무실과 쇼핑몰, 교회를 오가는 정도가 전부였다. (더 먼 거리를 움직여야 할 때는 운전기사가 데려다주었다.) 하지만 매일 하는 샤워만은 피할 수 없었다. "심지어 지금도 샤워하러 들어갈 때면 이렇게 되뇌죠. 충격에 대비해서 이쪽을 보고 있어야 해. 샤워실 문밖으로 나가떨어지지 않으려면."

극복을 위해 나름대로 열심히 노력했지만 제세동기의 충격에 대한 두려움은 여전히 가끔 그녀의 사기를 꺾어놓았다. "사실 예전에 저는 뭐랄까, 낙천적이고 자유로운 영혼이었어요." 그녀가 말을 이어갔다. "하지만 지금은 굉장히 내성적이죠. 굉장히 신중하고요. 뭔가를 하는 게 두려워졌어요."

이쯤 되니 나는 궁금해졌다. 그럼에도 제세동기는 장착할 가치가 있을까? "있지요." 그녀는 대답했다. "그래도 그 덕분에 제가 6개월에서 1년은 더 살 수 있는 것 아니겠어요?" 여기까지 말하고 그녀는 잠시 숨을 돌리더니 이렇게 덧붙였다. "가끔은 마음이 도무지 진정되지 않을 때가 있어요. 오늘이 내 생의 마지막 날이 될 거란 생각이 드는 거예요. 주님께 기도하죠. 만약 지금이 그때라면, 제발 저를 자는 도중에 데려가달라고."

2년쯤 전에 나는 드디어 우리 집 아이들을 데리고 맨해튼 다운타운에 위치한 9.11 추모 공원을 보러 갔다. 10년이 넘는 시간 동안 9.11 테러에 관련된 거의 모든 것을 의도적으로 외면해온 터라, 막상 가면 어떤 풍경이 펼쳐질지 짐작조차 할 수 없었다. 중앙광장이 가까워지면서 속이 메슥거리기 시작했다. 사건 당시 내가 브룩스브러더스에서 조각난 시체들을 분류하던 장소였다. 겨드랑이가 축축해지고 심장이 빠르게 뛰었다. 조망용 벽 앞은 사람들로 북적거렸다. 그 벽으로 둘러싸인 안쪽에는 반사의 연못이라는 화강암 건축물이 자리했다. 한때 월드트레이드센터 남쪽 건물이 서 있던 곳이었다. 테러 발생 이튿날 구조된 젊은 여성 부정맥 환자가 다시금 머릿속에 떠올랐다. 그녀의 소식에 대해 전혀 들은 바가 없었다. 어쩌면 그녀의 부정맥은 결국 약물치료(혹은 명상치료)에 반응해 차도를 보였을지 모른다. 어쩌면 그녀는 셔피로 교수가 말했던 고주파전극도자절제술을 받았는지도 모른다. 아니면 정서적 스트레스에 대한 심장의 반응을 조절하기 위해 교감신경 절단 수술까지 감행했는지도 모른다. 더 그럴듯하게는 심장의 두서없고 혼란스런 움직임으로부터 자신을 보호하기 위해 제세동기를 이식했을지도 모른다. 어느 쪽이건 나는 그녀가 여태 살아남아 그 기념 건축물을 볼 수 있는지 알고 싶었다. 우리는 어마어마한 인파를 헤치고 앞으로 나아갔다. 나는 아이들을 데려다 돌벽 가까이 세웠다. 그리고 그때 그것을 보았다. 바닥이 보이지 않는 구덩이 속으로 물이 소용돌이치며 흘러내리고 있

었다. 마치 재진입하는 나선형 파동을, 심장의 죽음을 뜻하는 바로 그 파동을 보는 듯했다. 나는 두 눈을 감았다. 머리가 빙빙 돌았다.

13

어머니의 심장

치명적인 순환계질환 환자처럼 민감한 사람에게는 죽음이 특정한 상황에 한밤의 도둑처럼 찾아올 수 있다.

존 A. 맥윌리엄, 『브리티시메디컬저널British Medical Journal』(1923)

어머니는 잠을 좋아하셨다. 매일같이 짜증을 부리는 구식 남편의 아내였고, 대학의 전임 연구원이었고, 개구쟁이 세 아이의 어머니이기도 했던 그분에게 잠은 일종의 안식처였다. 하지만 어머니가 온전히 쉴 수 있는 밤은 거의 없었다. 어머니는 수면장애에 시달렸고, 정확한 진단은 끝내 받아보지 못했다. 비명을 지르는가 하면 발길질을 하거나 뒤척거리며 잠에서 깨어났고, 심지어 가끔은 침대에서 뛰쳐나갈 때도 있었다. 마치 무언가에 쫓기거나 어딘가에서 뛰어내리는 것처럼. 맥박이 빨라졌고, 거친 숨을 몰아쉬었다. 식은땀까지 흘리며 어머니는 우리가 당신을 보호하려고 바닥에 깔아둔 베개들 위로 몸을 던졌다. 그럴 때면 아버지는 어머니를 달래곤 했다. 하지만 어머니는 좀처럼 안정을 찾지 못했다. 가장 큰 원인은 이 모든 사건의 전말을 어머니 스스로 전혀 모른다는 데 있었다. 우리는 어머니를 정신과 의사에게 모시고 갔다. 의사는 어머니에게 결혼생활이 불행하냐고 물었다. (어머니 대신 아버지가 곧바로, 그 가능성을 부인했다.) 의사는 발륨을 비롯해 이런저런 진정제를 처방했다. 하지만 약물 때문에 어머니는 비틀거리기 일쑤였고 맡은 일을 제대로 해낼 수도 없었다. 무엇보다 그 약들은 전혀 효험이 없었다. 할 수 없이 어머니는 진정제의 복용을 중단했다. 결국 아버지에게 휴식이 필요할 때마다 두 분은 다른 방에서 주무시기 시작했다. 성인이 된 뒤로 거의 모든 밤을 어머니는 그 같은 공포와 더불어 지내야 했다.

하지만 내가 기억하는 한, 어머니의 악몽은 내게 그다지 큰 걱정거리가 아니었다. 오히려 어머니의 관상동맥에 스텐트를 삽입한 뒤로 우리 가족은 걱정이 더 많아졌다. 스코틀랜드의 생리학자로 심실세동이 돌연사의 주된 원인임을 밝혀낸 존 맥윌리엄은 1923년에 발표한 획기적인 논문 「잠을 자고 꿈을 꾸는 동안 혈압과 심장 활동에 관하여Blood Pressure and Heart Action in Sleep and Dreams」에서 수면 중에 "갑작스런 상황이 펼쳐질 경우" 혈압과 심박수, 호흡수가 급격하게 상승한다고 설명했다. 그의 글에 따르면 대개 이러한 생리학적 변화는 여러 층의 계단을 뛰어오르고 난 뒤보다 더욱 뚜렷하게 나타났다. 논문에서 맥윌리엄은 동물들이 숙면과 수면장애를 모두 경험한다고 언급했다. 편안하게 잠을 자는 동안에는 혈압과 심박수, 호흡수가 같이 감소한다. 반면에 수면장애를 경험하는 동안에는 대개 폭력적 성향이 두드러진다. 신음하고 물고 으르렁대는가 하면(개의 경우), 난데없이 폭언을 내뱉곤 하는 것이다. 이러한 변화는 "심장이 온전히 감당하기엔 갑작스럽고 위험했다". 뿐만 아니라 맥윌리엄이 보기에 심장 관련 돌연사는 신체가 명백히 휴식을 취하는 상황에서도 발생할 수 있었다. "세동에 취약한 심장의 경우, 깨어 있는 동안 근육의 격한 활동과 흥분으로 인해 갑작스런 요구를 받게 되면 종종 치명적 상태에 놓일 수 있는데, 때로는 선잠을 자며 악몽을 꾸는 동안에도 비슷한 메커니즘이 돌발적으로 강하게 작동한다"는 것이다.

강렬한 꿈이 급성심장사를 유발한다는 믿음은 민간 설화에서 그 뿌리를 찾을 수 있다. 가령 타이에는 한밤중이면 '과부 귀신들'이 남자들을 데려가고, 남자들은 스스로를 보호하기 위해 잠자리에서 여자로 변장한다는 전설이 전해 내려온다. 하지만 이러한 현상에 대한 연구는 겨우 100년쯤 전에야 시작되었다. 이제 우리는 심혈관계 질환 관련 사망의 12퍼센트와 심근경색의 14퍼센트가 수면 중에, 겉보기에는 환자가 휴식을 취하는 동안에도 발생한다는 사실을 알고 있다. 교감신경계 활동의 강렬한 변화는 눈이 빠르게 움직일 때나 렘REM수면 상태, 그러니까 가장 생생한 꿈을 꾸는 동안에도 나타날 수 있다. 렘수면 상태는 아드레날린의 급격한 분비를 초래하여, 죽상경화판의 파열과 혈액 응고의 촉진 및 관상동맥 경련과 심실성 부정맥을 유발할 수 있는데, 이러한 증상은 잠에서 깨어난 뒤에야 비로소 나타날 가능성이 있어서, 자칫 수면에 기인한 문제가 아니라 이른 아침 시간대와 관련된 문제로 오인될 소지가 있다. 특히 취약한 시간대는 새벽 2시와 새벽 4시로, 각각 관상동맥 관련 사고와 급성 부정맥 환자 사망이 가장 빈번하게 나타난다. 또한 렘수면에서 깨어나기 직전에는 온 밤을 통틀어 가장 강렬한 증상이 발현될 때가 많다. 이 경우 호흡은 종종 빠르고 불규칙해지며, 혈압은 극적으로 상승할 수 있다. 심박수 또한 악몽에 빠져드는 불과 몇 초 사이에 분당

50회에서 170회로 증가할 수 있다. 우리 어머니도 이런 메커니즘을 거쳐 돌아가셨을 가능성이 다분하다.

어머니는 2006년, 그러니까 64세의 나이에 처음으로 스텐트를 장착하셨다. 종종 나는 어머니가 우리 직계가족 중 처음으로 심장마비에 굴복할지 모른다는 걱정에 사로잡히곤 했다. 하지만 어머니의 가장 큰 문제는 심장질환이 아니었다. 2011년 어머니는 몇 달 새 움직임이 끈적이는 기름을 헤치듯 굼떠지는가 싶더니 결국 파킨슨병 진단을 받았다. 파킨슨병 치료제 시네메트는 어머니의 굳어가는 근육을 조금도 풀어주지 못했다. 어머니는 급속도로 쇠약해졌고, 건망증까지 생겼다. 대화의 흐름은 과거와 달리 끊기기 일쑤였다. 말을 더듬거렸고, 입술은 가느다란 빨대로 걸쭉한 음료를 마실 때처럼 오므라들었다. 혈압이 위험 수준까지 떨어져 쓰러지는 경우도 다반사였다. 약 1년 뒤 우리는 날로 기억력이 떨어지는 아버지를 설득해 노스다코타대 유전학 교수직을 은퇴하고 우리 형제의 집과 가까운 롱아일랜드로 이사하시게 했다. 부모님이 도착하던 2014년 8월 무렵에는 어머니의 상태가 이미 무서울 정도로 악화돼 있었다.

어머니는 사실상 몸을 자유롭게 놀리지 못했다. 밤에 내가 들를 때면 어머니는 저녁 식탁에 앉아 계셨다. 주변에는 서류가 흩어져 있었고, 턱받이로는 음식이 흘러내렸다. 어머니의 급작스러운 병환은 당연하게도 아버지를 막다른 골목으로 몰아넣었다. 무엇보다 격분하는 일이 잦아졌는데, 예전의 아버지와는 확연히 달라진 모습이었다. 이사를 돕던 한 친구분은 부모님이 도착하신 뒤 나를 한쪽으로 데려가더니, 아버지에게 희망이 필요하다고 말했다.

"무슨 희망이요?" 나는 그녀에게 물었다.

"언젠가는 어머니가 지금 할 수 없는 일들을 할 수 있게 되리라는 희망."

우리는 어머니가 당신 집에서 계속 사시기를 바랐다. 하지만 그러기 위해서는 우리 삼남매의 적극적 도움이 필요했다. 부모님의 독립적인 생활을 위해서라면 적어도 그 정도 대가는 지불해야 한다고 우리는 생각했다. 미니애폴리스에 사는 누이는 틈틈이 부모님 댁에 들러 어머니를 목욕시키고 옷을 입혔다. 나는 어머니의 약물치료를 관리하고 식사를 도왔다. 형 라지브는 집안일을 돌봤다. 그럼에도 그 집은 마치 부모님의 상태를 반영하듯 내내 황폐한 모습이었다.

물론 우리는 더 많은 도움을 드리고 싶었다. 하지만 어머니는 당신의 장애에 당황한 나머지 죄책감을 느꼈다. 어느 밤 내가 어머니를 부축해 침실로 난 계단을 오를 때였다. 어머니의 걸음은 조심스러웠다. 불과 얼마 전 몇 차례 쓰러지신 터라 혹여 다시 넘어질까 겁이 났던 것이다. 하지만 난간을 붙잡은 두 손이 하얗게 변하도록 안간힘을 쓰는 와중에도 어머니는 나를 돌아보며 이렇게 말씀하셨다. "많이 힘들지?"

신경 쓸 일이 많아지면서 우리는 간병인을 고용했다. 어머니를 위해서도 우리를 위해서도 그 편이 좋을 듯했다. 하지만 몇 번의 도난 사건을 겪은 후 우리는 집에 들일 사람을 고를 때 더욱 신중해야 한다는 것을 깨달았다. 간병인 중에는 아이폰과 은수저에 어머니의 다이아몬드 귀걸이까지 훔쳐간 사람도 있었다. 나는 미친 듯이 차를 몰아 퀸스 구 빈민가에 자리한 간병인의 집으로 물건들을 찾으러

갔다. 그녀는 지하실에서 두 아이와 함께 살고 있었다. 싱크대에는 씻지 않은 그릇이 가득했다. 조금이라도 건드리면 작은 바퀴벌레가 우글우글 기어 나와 벽 틈으로 재빨리 숨어들 것만 같았다. 아이들이 두려움 가득한 눈빛으로 바라보는 가운데, 여신 락슈미가 그려진 대형 포스터 앞에서, 나는 간병인에게 어머니가 실의에 빠져 있으니 귀걸이를 돌려달라고 요구했다. 하지만 그녀는 끝끝내 자신의 절도 혐의를 단호히 부인했고, 결국 나는 빈손으로 그 집을 뛰쳐 나왔다.

어머니의 병세는 나날이 심각해졌다. 한번은 넘어져 발이 부러지는 바람에 한나절을 응급실에서 지내셔야 했다. 멍하니 허공을 바라보는 시간이 많아졌고, 그러다 반응이 사라지면서 다시금 공황 상태에 빠지곤 했다. 일주일에 한 번 이상 우리는 어머니를 응급실에 데려가 뇌졸중 발생 여부를 확인해야 했다. 시네메트의 부작용으로 어머니는 환시 속에서 벌레들이 침대 위를 기어 다니거나 사람들이 카펫에서 잠을 자는 장면을 보기 시작했다. 침실용 변기를 완강히 거부해서 한밤중에도 아버지가 늘 어머니를 부축해 화장실에 데려가야 했고, 우리는 우리대로 어머니가 자칫 낙상해 고관절이라도 부러질까 노심초사했다. 어머니는 여전히 악몽을 꾸셨다. 하지만 파킨슨병 때문에 더는 침대 밖으로 뛰쳐나갈 수 없었다. 결국 어머니는 입주 도우미를 들이자고 말씀하셨다. 매일의 기본적 활동을, 그러니까 목욕과 식사와 걷기와 옷 입기를 도와줄 사람이 필요했던 것이다. 한번은 내게, 하고 싶은 일이 있으면 젊을 때 다 해보라고, 몸이 망가지는 건 생각보다 순식간이라고 말씀하신 적도 있었다.

우리는 다른 약을 몇 가지 더 써보기로 했다. 저혈압에 대해서는 플루드로코티손을, 환시에 대해서는 세로켈을 처방했는데, 말하자면 원래 쓰던 약의 부작용을 치료하기 위해 새로운 약을 추가하는 셈이었다. 하지만 별다른 효과를 보지 못했다. 처음부터 약물을 조절하지 않았더라면 오히려 어머니의 고생이 덜했을지도 모를 일이었다. 파킨슨병은 평소 어머니가 즐기던 삶을 그분에게서 앗아갔다. 아이들을 훌륭하게 기르고 집안을 살뜰하게 돌보는, 늘 힘에 부쳤지만 온전했던 삶을, 송두리째 거둬간 것이다. 하지만 그런 와중에도 어머니는 결코 "왜 하필 나인가?"라고 묻지 않았다. 그러나 우리는 항상 "왜 하필 어머니인가?"라는 물음을 입에 달고 살았다.

몸이 차츰 약해질 때마다 어머니는 이렇게 말씀하시곤 했다. "이 정도 상태만 유지해도 괜찮을 것 같구나." 어머니는 당신의 상태가 악화되면 그에 맞춰 기대치를 조절할 줄 아는 분이었고, 그런 와중에도 정신은 거의 온전한 상태를 유지했다. 하지만 그런 모습을 지켜보는 입장은 괴로웠다. 어느 날 라지브 형은 실용주의자답게, 어머니가 순식간에 돌아가셨으면 좋겠다고 말했다. 여든세 살 생신 직후에 심근경색으로 돌아가신 외할아버지처럼 말이다. 그리고 내 기억으로는 어머니도 당신의 아버지가 고통을 느낄 새도 없이 순식간에 돌아가셨다는 사실을 감사히 여겼다. 하지만 나는 형을 맹렬히 비난했다. 아직은 어머니를 잃을 마음의 준비가 되어 있지 않았다. 나는 어머니가 되도록 오래 살아 계시길 바랐다.

어머니가 돌아가시던 날 아침 라지브 형이 차 안에서 내게 전화를 걸었다. 평소에는 전화를 걸지 않던 시간이었다. 출근 준비를 하던 나는 뭔가 잘못되었음을 직감했다. "엄마가 좀 안 좋아." 그가 담담히 말했다. "네가 가서 들여다보는 게 좋겠다."

나는 애들을 학교에 데려다주고 가겠다고 했지만 형은 완강했다.

"지금 가. 엄마 방금 돌아가신 것 같아."

햇살이 눈부신 4월의 어느 날이었다. 구름이 거의 없는 담청색 하늘 아래 포근한 산들바람이 불고 있었다. 도로를 빠르게 달리며 나는 아버지에게 전화를 걸었다. 아버지는 차분하게 전화를 받았다. 하지만 내 목소리를 듣고는 이내 흐느끼기 시작했다. 아버지는 내게 운전 조심하라는 말만 할 뿐, 더 이상 말을 잇지 못했다. 할 수 없이 나는 하원더를 바꿔달라고 말했다. 하원더는 어머니의 도우미였다. 하원더는 새벽 5시쯤 신음 소리를 듣고 잠에서 깼다고 했다. 그녀는 간이침대에 누운 채 방 저쪽의 어머니를 불렀지만 대답이 없었다. 하원더는 어머니를 살펴봐야겠다고 생각했다. 하지만 침대에서 일어나려는 찰나 어머니는 깊은 숨을 세 번쯤 들이쉬더니 이내 잠잠해졌다. 하원더는 어머니가 다시 잠든 모양이라고 생각했다. 전에도 악몽을 꾸다가 그런 적이 있었으니까. 하지만 아침에 그녀가 깨우러 갔을 때 어머니는 반응하지 않았다. 숨은 멎어 있었다. 피부는 창백하고 차가웠다. "그렇게 생을 마감하신 거예요." 하원더가 여기까지 말했을 때 밖에 앰뷸런스가 서 있다고 외치는 아버지의 목소리가 들려왔다.

전날 밤에 나는 어머니를 찾아봤다. 그날따라 어머니는 평소보다 걷기를 힘들어했다. 안부를 묻자 어머니는 가슴 왼쪽이 살짝 눌리는 느낌이라고 했다. 나는 그 압박감이 얼마 전 낙상의 후유증일 거라고 생각했다. 그리고 미칠 지경으로 꽉 막힌 도로 위 어느 스쿨버스 뒤에 서 있던 그때 나는 비로소 그날의 흉통이 관상동맥 협착으로 인한 협심증의 징후일 수 있고, 어머니는 수면 중 심장마비로 돌아가셨을 가능성이 높다는 사실을 깨달았다. 다른 그 무엇도 어머니의 목숨을 그토록 빨리 앗아갈 수는 없었다.

내가 부모님 댁에 도착했을 때는 진입로에 차가 한 대도 보이지 않았다. 나는 현관문을 향해 달려갔다. 하지만 문은 잠겨 있었다. 나는 미친 듯이 초인종을 눌렀다. 하지만 집에는 아무도 없었다. 라지브 형에게 전화를 걸었다. 형은 의사들이 어머니를 3킬로미터 남짓 떨어진 플레인뷰병원 응급실로 데려갔다고 말했다. 형이 도착했을 때 마침 의료진은 구급차에서 심폐소생술을 시행하려던 참이었다. 형의 만류에도 불구하고 의료진은 소생술을 강행하려 했다. 그도 그럴 것이 어머니는 심폐소생술 포기 동의서를 작성해두지 않은 상태였다. 하지만 형은 병원 신분증까지 들이대가며 결코 물러서지 않았다. 그들이 어머니를 괴롭히도록 내버려둘 마음이 형에게는 추호도 없었던 것이다. 어머니가 떠나셨다고 그들에게 말하는 형의 모습이 마치 눈앞에 보이는 듯했다.

응급실에서는 커튼이 드리워진 공간으로 나를 안내했다. 라지브 형과 하원더, 아버지가 그곳에 앉아 어머니 곁을 지키고 있었다. 어머니는 이동식 침상 위에 보라색 모포를 덮은 채 누워 계셨다. 손톱에는 빨간 매니큐어가 칠해진 채, 선명하게 붉은 빈디가 여전히 이마를 장식하고 있었다. 아버지는 침상 옆 스툴에 앉아 두 팔로 시신을 감싼 채 어머니의 팔을 베고 계셨다. 아버지는 어머니의 손을 어루만지고 발을 주물렀다. 어머니의 입은 벌어져 있었다. 아버지는 장례식을 치러야 할 텐데 누가 어머니의 입을 닫아주느냐고 내게 물었다. "정말 예쁜 사람이었다." 이렇게 말하고 아버지는 감정을 주체하지 못한 채 울음을 터뜨렸다.

그날 아침 늦게 나는 하윈더를 부모님 댁에 데려다주었다. 조문객 맞을 준비를 하기 위해서였다. 차를 세우는데, 이웃집 스프링클러에서 피어오르는 안개가 침통한 우리를 비웃듯 형형색색의 무지개를 그렸다. 집 안에 들어간 나는 간신히 층계참까지 올라간 다음 결국 무너져 내렸다. 어머니가 쓰던 침실의 환풍기는 여전히 돌아가고 있었다. 놋쇠로 된 침대 프레임에는 어머니의 숄이 걸려 있었다. 생전에 발을 받치기 위해 사용하던 베개는 깃털 이불 밑에 얌전히 놓여 있었다. 옷장 안에는 몇 년 전 내가 어머니께 선물한 등 마사지 기계가 여전히 상자에 담긴 채 자리를 차지하고 있었다. 어머니는 차일피일 미루며 그 상자를 열어보지 않았으리라. 침실 바닥에는 약병 뚜껑들과 거즈, 부정맥 체크용 '스마트 패드'가 버려져 있었다. 그 허무하게 실패한 소생술의 흔적은 구급대원들이 남기고 간 것들이었다. 비록 수면 중에 생긴 일이긴 하지만 어머니의 사인도 두 할아버지와 마찬가지로 급성 심장마비 후 심실세동이었다. 심장사는 주무시는 어머니를 덮쳤고, 그 사실은 심장을 더욱더 위협적으로 보이게 만들었다.

습하고 단조로운 날들이 이어졌다. 할 일이 참 많았다. 일가 친지들에게 소식을 알려야 했고, 조문객을 받아야 했으며, 장례식과 화장 절차를 치러야 했다. 슬픔에 잠겨 있을 시간은 거의 주어지지 않았다. 하지만 일단 모든 의식이 끝나자 슬픔이 거센 파도처럼 밀려들었다 물러나기를 반복했다. 2년 전 친구 어머니의 장례식에서 한 동료가 "부모님이 돌아가시기 전에는 절대 진정한 어른이 될 수 없다"고 말한 적이 있었다. 나는 그제야 비로소 그 말뜻을 이해할 수 있었다. 요컨대 부모님이 살아계시는 동안에는 우리를 아이로 여기는 사람이 항상 존재한다는 뜻이었다. 내가 어릴 때 어머니는 힌두교 신화 속 한 남자의 이야기를 들려주시곤 했다. 그는 어머니를 물에 빠트려 죽이는 조건으로 온 세상, 무한한 부를 약속받았다. 아들이 얼음장처럼 차가운 물에 어머니를 가라앉히기 시작했을 때 그녀는 강바닥에서 이렇게 간청했다. "아들아, 물에서 물러서려무나! 그러다 감기 걸릴라." 우리 어머니도 그런 분이었다. 우리 가족이 하나의 몸이라면, 어머니는 그 몸의 심장이었다. 우리 가족 모두가 무탈하게 활동할 수 있도록 양분을 공급하고 든든히 지켜주는 존재가 바로 어머니였다. 장례식 날 아침 거울 앞에서 넥타이를 매고 있는데 귓가에 어머니의 목소리가 들리는 듯했다. 어깨를 펴라. 정장을 갖춰 입어라. 자신 있게 말해라. 문득 고등학교 시절의 개구리들이 생각났다. 이내 울음이 터져 나왔다. 그때 어머니의 목소리가 다시금 귓가에 들려왔다. "다른 실험을 해보는 게 어떻겠니? 이런 실험을 하기엔 네 심장이 너무 작은 것 같구나."

일면 어머니의 죽음은 그간의 고통을 끝냈다는 점에서 다행스러운 일이었다. 하지만 워낙 갑작스레 벌어진 일이라 그 빈자리는 쉽사리 메워지지 않았다. "세상일이 다 그렇죠." 생전에 어머니가 즐겨 찾던 과자 가게의 여주인은 내가 찾아갔을 때 그렇게 말했다. 그녀는 앞선 3개월 동안 시어머니와 시아주버니에 친정 부모까지 잃었다고 했다. 물론 나보다 훨씬 참담한 비극으로 괴로워하는 사람이 많다는 것쯤은 나도 알고 있었다. 하지만 어머니의 갑작스런 죽음을 나는 담담히 받아들일 수 없었다. 가끔은 화가 났다. 어머니가 아버지의 그림자 역할에 만족했다는 사실에 화가 났고, 성인이 된 나를 한없이 조심스러워했다는 사실이 원망스러웠다. 그리고 당연히 죄책감도 느꼈다. 돌아가시기 전날 밤 어머니는 가슴의 통증을 호소했다. 내가 그 호소를 더 심각하게 받아들여야 했던 건 아닐까? 심장내과 의사로서 나는 여성 2명 중 1명이 사는 동안 심장질환에 걸리고, 3명 중 1명이 그로 인해 사망하며, 그 가운데 3분의 2는 증상을 인지하지도 못한 채 사망한다는 사실을 잘 알고 있었다. 하지만 막상 어머니에게 그런 상황이 닥치자 이런 사실들은 내 머릿속에서 사라졌다. 형은 내 뒤늦은 자책에 불같이 화를 냈다. "네가 엄마의 상태를 잘못 판단했다는 소리 따윈 듣고 싶지 않아." 그는 소리쳤다. "아니, 아니야, 넌 실수하지 않았어! 우리 중 누구도 어머니가 돌아가신 원인을 함부로 단정할 순 없어. 우리가 아는 거라곤 단지 그 죽음이 축복이었다는 것뿐이야."

생리학에는 연관통이라는 개념이 있다. 특정 장기의 손상을 마치 다른 신체 부위의 손상처럼 느끼는 현상이다. 이를테면 손상된 부위는 심장인데 정작 통증은 팔이나 턱에서 느끼는 식이다. 어쩌면 정서적 고통에도 비슷한 현상이 존재하는지 모른다. 내 실제적 감정은 살날이 얼마 남지 않은 어머니에게 무심했다는 회한이었다. 나는 스스로의 관심사에만 지나치게 몰두한 채 그것에 사로잡혀 있었다.

세상에서 보낸 마지막 두 달 동안 어머니는 아팠고 지독하게 외로웠다. 그런 나날 속에서 나에게 집에는 언제 놀러 올 거냐고 물어보시곤 했다. 하지만 그런 뒤에는 예외 없이 그날은 오지 않는 게 좋겠다고 말씀하셨다. 이유는 언제나 날씨였다. 너무 춥거나 너무 덥거나 너무 습해서 혹시 내가 병에 걸릴까 걱정된다고 했다. 어머니가 돌아가신 뒤 나는 그런 후회들에 잠식당하지 않도록 마음을 꿋꿋이 다잡아야 했고, 이는 실로 힘겨운 싸움이었다. 하지만 그런 후회들에 맞서느라 누구보다 힘겨운 시간을 보냈을 사람은 내가 아닌 어머니였다.

나는 어머니에게 당신의 장례식을, 각지에서 찾아온 수많은 지인을 보여드리고 싶었다. 어머니는 당신의 성공한 남편과 아이들에게 기꺼이 스포트라이트를 양보하던 분이었다. 한데 그런 당신에게 조의와 존경을 표하기 위해, 그것도 당신의 업적 때문이 아니라, 어쩌면 세상에서 가장 위대한 성취일지 모를 당신의 존재적 가치 때문에 이토록 많은 사람이 찾아왔다는 사실을 눈으로 직접 확인했다면, 얼마나 놀라워하셨을까.

어머니의 유해는 거의 두 달 동안 아버지의 벽장을 지켰다. 아버지는 유해를 인도의 하리드와르에 흐르는 신성한 갠지스강에 뿌릴지 대서양의 롱아일랜드 연안에 뿌릴지 마음을 정하지 못했다. 결국 아버지는 긴 여행을 포기했다. 라지브 형이 프리포트에서 모터보트

한 대를 예약했다. 전몰장병추모일이 갓 지난 어느 화창한 아침 우리는 어머니의 유해를 물에 떠내려 보내기 위해 길을 나섰다. 사제가 여행 가방을 열더니 향이며 솜뭉치며 항아리며 약간의 먹을거리며 의식에 필요한 갖가지 물건을 꺼내 탁자 위에 배열했다. 아버지는 갈색 슬랙스에 노란 셔츠 차림으로 그 모습을 묵묵히 지켜보았다. 살면서 단 한 순간도 종교적으로 독실했던 적이 없는 아버지에게 어머니의 죽음은 이 마지막 의식과 별개로 이제 과거의 일이었다. 넘실거리는 파도 위에서 배가 속도를 내자 배 속이 뒤틀리기 시작했다. 나는 사제의 탁자에 허리를 기댄 채 넘어지지 않으려고 안간힘을 썼다.

사제는 형과 나의 머리에 길고 붉은 실 한 가닥을 걸쳐 양 어깨 위로 늘어뜨렸다. 그러고는 붉게 이긴 티카*를 우리 이마에 발랐다. 그런 다음에는 향을 피우고 솜뭉치를 기름에 담갔다. 라지브 형과 나는 밀가루와 물, 우유를 섞어 만든 반죽으로 도넛 구멍 크기의 동그란 덩어리 열여섯 개를 빚은 뒤, 그것들을 하리드와르에서 공수한 신성한 물과 도토리며 쌀이며 갖가지 씨앗 등의 먹을거리가 담긴 금속판 위에 올려놓았다. 사후세계로 떠나는 여정에서 어머니를 버티게 해줄 양식이었다. 사제가 유골 항아리 뚜껑을 돌려 열었다. 우리는 유해가 담긴 비닐봉지 위에 신성한 물을 뿌리고는 봉지를 열어 물과 우유 조금, 금속판에 담아둔 양식 전부를 쏟아 넣었다. 이어서 우리는 봉지의 내용물을 하얀 고리버들 바구니에 모조리 옮겨 담았

* 힌두교에서 하얀색 진흙이나 붉은색 가루로 이마에 그려 넣는 종교적 표식. 틸라크 또는 틸라카라고도 불린다. — 옮긴이

다. 유해는 짙은 회색빛이었다. 그 재가 어머니의 몸이 남긴 모든 것이라는 사실이 좀처럼 믿기지 않았다. 우리는 비워낸 봉지까지 바구니에 담고는 먼지가 가라앉을 때까지 잠자코 기다렸다.

배가 속도를 늦추는가 싶더니 이내 멈춰 섰다. 유해를 뿌리는 일은 맏아들인 라지브 형의 몫이었다. 꼭 그런 이유가 아니더라도 나는 어차피 유해를 뿌리지 못했을 것이다. 그 무렵 나는 지독한 뱃멀미에 시달리고 있었으니까. 갑판에서 사제가 태양 빛에 대머리를 반짝이며 기도문을 읊조리는 동안 라지브 형은 예의 그 고리버들 바구니를 긴 막대 끝에 달린 금속 고리에 걸었다. 사제의 입이 뜻 모를 산스크리트어 몇 마디를 뱉어내는 동안 형은 이렇다 할 의식이나 발언도 없이 보트 너머로 몸을 구부리더니 바구니를 내려 물속에 담갔다. 금속의 무게 덕분에 침몰은 제법 순조로웠다. 바구니가 흡사 누군가의 머리 혹은 유령처럼 잠겨 들어가면서 내용물이 초록빛 물속으로 먹구름처럼 퍼져나가는 모습을 바라보았다. 사제가 두 손을 모으며 기도하자고 말했다. 그가 열성적으로 기도문을 읊는 동안 우리 중 누구도 입을 열지 않았다. 이윽고 기도가 끝나자 선원이 밧줄로 바구니를 건져 다시 배에 실었다. 우리는 뱃머리를 돌려 해안으로 돌아왔다.

집으로 가는 길에 아버지와 나는 같은 차에 탔다. 둘 다 피곤했고 나는 속이 겨우 가라앉기 시작한 참이었다. 베토벤 피아노 소나타 8번 「비창」을 틀었다. 그러고는 아버지를 살펴보았다. 아버지는 조용히 앞을 응시한 채 음악을 감상하다가는 차창을 내렸다. 더운 바람이 내 쪽으로 불어왔다. 아버지는 한동안 아무 말씀이 없었다.

지나가는 차들의 비명과 울부짖음이, 들리는 소리의 전부였다. 이윽고 아버지가 입을 뗐다. "우리는 평생을 함께했단다. 네 엄마가 늘 그립구나."

14

보상성 휴지기

만족감은 저장이 불가능하다.

피터 스털링 · 신경생물학자

1990년 샌프란시스코의 캘리포니아대 심장내과 의사 딘 오니시와 동료들은 영국 학술지 『랜싯』에 「생활방식과 심장에 관한 실험Life-style Heart Trial」이라는 논문을 게재했다. 연구에서 그들은 중등도 혹은 중증의 관상동맥질환을 앓고 있는 48명의 환자를 일반적 치료 집단 또는 '집중적 생활방식 조절' 집단에 무작위로 배정했고, 집중적 생활방식 조절에는 저지방 채식과 매일 1시간씩 걷기, 심리사회적 지지모임, 스트레스 관리가 포함되었다. 1년 뒤 생활방식 조절 집단에 속한 환자들은 관상동맥 플라크가 5퍼센트가량 감소했고, 5년 뒤에는 약 8퍼센트가 감소했으며, 프로그램을 더 충실히 이행한 환자일수록 대체로 더 뚜렷한 효과를 누렸다. 반면 일반적 치료 집단에 속한 환자들은 1년 뒤 오히려 관상동맥 폐색이 평균 5퍼센트가량 증가했고, 5년 뒤에는 무려 28퍼센트가 증가했다. 또한 그들은 심장마비나 관상동맥성형술, 관상동맥우회술, 심장질환으로 인한 사망과 같은 심장 관련 중대사를 경험하는 비율이 대략 2배쯤 높았다.

오니시의 연구는 대대적 비난에 직면했다. 피험자 수가 너무 적어 그 결과만으로 전체 인구를 대표하기는 어렵다는 것이 중론이었다. 실험을 권유받은 환자 중 실제로 실험에 참여한 사람은 겨우 절반에 불과했고, 이 사실은 피험자들이 애초에 편향적으로 선택되었을 가능성을 암시했다. 또한 피험자 중에는 스타틴을 비롯한 콜레스테롤 저하제를 복용 중인 환자가 사실상 전무했으므로, 현대적 치료를 제대로 받은 심장질환 환자들에 대해서는 집중적 생활방식 조절의 효과를 선불리 단정할 수 없었다. 더욱이 2013년 『뉴잉글랜드저널오브메디신』 지에 실린 연구 결과에 따르면, 올리브유와 과일, 채소, 생선, 견과류가 다량 함유된 지중해식 식단을 고수한 환자들은, 비록 오니시의 연구에서처럼 극도로 철저하지는 않지만 어쨌건 저지방 식단을 권고받은 환자들에 비해, 심장마비와 사망을 비롯한 심장 관련 중대사를 겪을 위험도가 오히려 30퍼센트가량 낮았다.

그럼에도 오니시는 자신의 연구 결과에 대한 확신을 바탕으로 규모를 확대하여 미국 전역의 병원과 의원 25곳에 프로그램을 제공하기에 이르렀다. 또한 이에 대한 비용을 '집중적 심장 재활'의 일환으로 메디케어Medicare*에서 지원하도록 설득해냈다. 오늘날 오니시의 요법은 9주 동안 매주 4시간씩 2회에 걸쳐 실시되며, 각각의 활동은 1시간에 걸친 영양학 수업과 1시간의 운동, 1시간 동안 사회복지사가 진행하는 지지모임, 1시간의 요가와 명상으로 이뤄져 있다.

* 사회보장세를 20년 이상 납부한 65세 이상 노인과 장애인에게 연방정부에서 의료비의 50퍼센트를 지원하는 미국의 노인 의료보험 제도. — 옮긴이

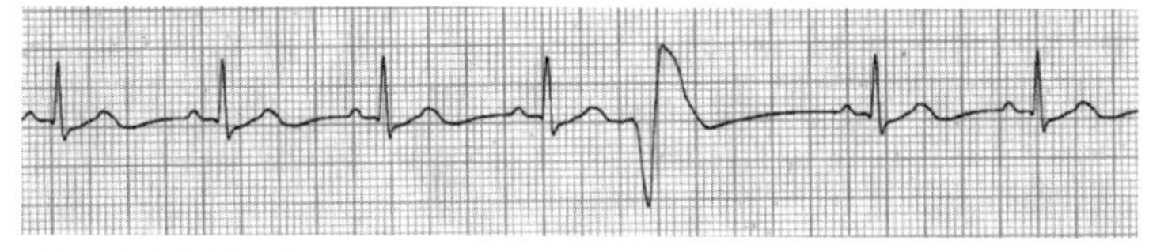
심실조기수축 환자의 심전도 그래프.

나는 그 프로그램의 장점에 대한 오니시의 설명을 듣고는 더 자세히 알고 싶다는 생각에 어느 초가을의 금요일 오후 차를 몰고 우리 집에서 가장 가까운 오니시의 센터인 뉴저지주 모리스타운의 체임버스 복지센터에 찾아갔다. 사실 내가 그곳을 찾은 이유는 다분히 이기적이었다. 내 CT 스캔 결과를 알게 된 지 얼마 지나지 않은 시점이었기 때문이다.

트로스트 박사가 폐색된 관상동맥을 보여주었을 때 솔직히 나는 그리 놀라지 않았다. 평생에 걸쳐 심장질환을 심히 걱정해온 내게 그러한 결과는 흡사 운명처럼 느껴졌다. 병세는 아직 비교적 경미했다. 하지만 관상동맥 죽상경화판 파열과 그로 인한 심장마비의 대부분이 경미한, 그러니까 심각하지 않은 협착 단계에서 발생한다는 사실을 나는 알고 있었다. 경미한 플라크는 제법 진행된 플라크에 비해 대체로 더 부드럽고 얇고 지방 함량이 높아 오히려 더 쉽게 파열되거나 혈전증을 일으킬 가능성이 있었다.* 그런고로 나는 일종의 임상적 진퇴양난에 빠졌다. 혈관 속 경미한 플라크는 치료하자니 너무 사

* 스트레스 검사로는 플라크의 취약성 여부를 확인할 수 없다. 심지어 오늘날에도 이와 관련하여 신뢰할 만한 의학적 검사가 전무한 실정이다.

소하고 무시하자니 너무 중대한 질환이었다. 도대체 어쩌다 그런 골칫거리가 생겨난 것일까? 대학 시절 가끔 피우던 담배 때문에? 페이스트리를 너무 많이 먹어서? 부부 싸움이 너무 잦았나? 아니면 내 몸이 계획된 수순을 밟고 있는 것일까? 이유가 무엇이건 간에 문제의 질환은 나의 미래에 갑자기 지독한 불확실성을 덧씌웠고, 그래서인지 나는 삶의 속도를 높여, 내게 주어진 시간이 고갈되기 전에 인생의 중요한 순간순간을 목격하고 싶다는 기묘한 감정에 휩싸였다.

의과대학을 졸업한 이후로 수년 동안 나는 심실조기수축이라는 대체로 온건한 질환을 앓아왔고, 그로 인해 내 심장은 추가적이고 예기치 못한 박동이 있을 때면 가볍게 떨리거나 일종의 퍼덕거림 현상을 보였다. 심실조기수축 이후에는 대부분 '보상성 휴지기compensatory pause'라는, 심장이 다시 정상적 리듬과 보조를 맞출 수 있도록 다음 심장박동이 늦춰지는 시기가 뒤따른다. 보상성 휴지기 동안 심실에는 평소보다 오랫동안 혈액이 채워진다. 그래서 심실조기수축에 이어지는 첫 번째 박동은 유난히 강력하다. 마치 심장이 원래의 리듬을 회복했다는 사실을 알리려는 듯 가슴을 쿵 하고 때리는 것이다. CT 스캔 결과가 나온 뒤, 밖에서 나는 크리켓 경기 소리에 귀 기울이며 서재에 누워 있는데, 문득 스캔 결과가 마치 심실조기수축처럼 일상의 정상적 흐름을 방해하고 있다는 생각이 들었다. 나는 원래의 일상으로 돌아갈 수 있을까? 아니면 완전히 새로운 일상이 펼쳐질까?

이어지는 며칠 동안 몇 가지 검사를 더 받았다. 심장초음파 결과 심방과 심실, 판막은 모두 정상적으로 기능하고 있었다. 뇌에 혈액을 공급하는 경동맥 초음파에서는 플라크가 전혀 관찰되지 않았다. 하지만 혈액 검사에서는 지질단백질a라는 콜레스테롤 운송 분자의 수치가 높아져 있었다. 지질단백질a의 혈청 농도가 높아지면 관상동맥 질환이나 뇌졸중의 발생 위험도가 정상에 비해 2배 이상 높아진다.

지질단백질a는 심장질환과 심혈관계 질환 관련 사망률이 남아시아인에게 유달리 높게 나타나는 이유를 부분적으로 설명해준다. 하지만 여기에는 다른 요인도 존재한다. 남아시아인은 다른 민족에 비해 관상동맥이 더 작아서 혈액의 흐름이 거칠고 혈관벽의 스트레스가 높아 죽상동맥경화증을 일으키기 쉽다. 또한 남아시아인의 혈액에 함유된 콜레스테롤은 더 작고 밀도가 높아 더 잦은 동맥경화의 원인이 된다. '서구적' 생활방식 역시 상황을 악화시켰다. 고칼로리 음식을 섭취하고 운동을 게을리하는 습관은 이른바 절약유전자 thrifty genes를 활성화시켜 복부 비만을 조장하고 인슐린 저항성과 당뇨의 위험도를 증가시킬 수 있다. (절약유전자는 기근의 시기에는 장점이었을지 모르지만, 풍요의 시기에는 오히려 단점으로 작용한다.) 당연히 사회적·문화적 요인의 역할도 배제할 수 없다. 우리 어머니에게는 확실히 그런 요인이 작용했다. 어머니는 성인이 일과 가정, 자녀에 대한 책임감에서 벗어나 자신을 위해 시간을 내어 운동하기가 어려운 문화적 환경에서 자라났다. 더욱이 여느 인도 사람과 마찬가지로 어머니도 운명을 믿었다. 당신의 미래가—그리고 미래의 건강이—처음부터 정해져 있다고 믿었던 것이다. 운명론적 철학의 영향으로 어머니는 사람이 타고난 삶의 행로를 스스로 바꿀 수 있다고는 절대로 믿지 않았다.

하지만 나는 내 CT 스캔 결과가 운명으로 굳어지기를 바라지 않았다. 손상을 멈추거나 심지어는 손상 이전으로 돌아가기 위해 변화를 만들고 싶었다. 하지만 도대체 어떤 변화가 필요하단 말인가? 나는 이미 꽤 건강한 삶을 살아가고 있었다. 나는 콜레스테롤 저하제 스타틴을 예방적 차원에서 복용하고 있었다. 고로 변화는 더 근본적으로 이뤄져야 했다.

친구 아난드에게 전화를 걸었다. 텔레비전 프로듀서이자 요가 수행자인 그는 언제 한번 저녁에 일을 마치고 플러싱에 있는 힌두 사원에 함께 가보자고 제안했다. 한여름의 무더운 저녁이었다. 우리가 만나기로 한 사원은 단독주택이 모여 있는 중산층 거주 지역에 자리했다. 주변은 녹슨 철망 울타리로 둘러싸여 있었다. 입구 표지판에 적힌 "이곳에서 코코넛을 깨지 마시오"라는 문구가 인상적이었다. 내가 도착했을 때는 마침 기도 의식이 끝나가던 참이었다. 흰색 도티를 두른 남자가 종을 치며 열심히 기도문을 읊었다. "샨티, 샨티, 샨티……." 나는 아난드를 발견했다. 배가 불룩한 중년의 그 친구는 베이지색 쿠르타와 파자마 차림이었고, 이마에는 붉은 가루 한 줄을 칠하고 있었다. 고개를 숙인 채 그는 화관을 씌운 각 신상 앞을 돌며 차례차례 무릎을 꿇고는 몇 마디 말을 웅얼거렸다. 모든 의식을 끝마쳤을 때 그는 내게 다가와 악수를 청했다. 우리는 아래층 매점으로 자리를 옮겨 인도식 팬케이크 도사와 달콤한 라시를 주문한 뒤 카페테리아식 테이블에 자리를 잡고 음식이 나오기를 기다렸다.

이쯤에서 내가 전화한 이유를 설명해야 할 것 같았지만, 아난드는 굳이 듣기를 원하지 않는 듯했다. 그는 그저 흐뭇하게 앉아 분주한 공간을 찬찬히 바라볼 뿐이었다. 얼마간 의례적인 대화가 오간 뒤 나는 그에게 문제의 CT 스캔 이야기를 꺼냈다. 이마를 찌푸린 채 그는 마치 정신분석가처럼 내 설명을 주의 깊게 경청했다.

"늘 생각해왔지만, 너는 만사를 너무 심각하게 받아들이는 경향이 있어." 이윽고 아난드가 입을 열었다. 그가 생각할 때 문제의 검사 결과는 틀림없이 내 이런 성향과 관련이 있었다. "사람은 말이야, 머리를 비울 줄도 알아야 돼."

나는 웃으며 이렇게 물었다. "그러려면 어떻게 해야 하는데?"

그의 얼굴이 심각해졌다. "요가, 명상, 공원에서 걷기, 뭐든 괜찮지. 근데 넌 그런 걸 시간 낭비라고 여기잖아. 하지만 그런 시간이야말로 가장 가치 있는 시간이야. 왜냐, 하루를 그럭저럭 살아내려면 그런 시간의 도움이 조금은 필요하거든."

일전에 나도 요가를 해본 적이 몇 번 있기는 했다. 소니아와 결혼한 뒤 둘이 모험 삼아 트리베카에 있는 한 칙칙한 강습실에 찾아가 어금니 목걸이를 한 늙은 여인이 지켜보는 가운데 구멍이 송송 난 벽의 한 점을 응시하며 고통스런 자세로 서 있었던 적이 있다. 하고 나니 실제로 나른해진 기분이 들었지만(당시에는 심호흡으로 인해 급성 호흡성 알칼리증이 나타난 줄로만 알았다), 연습을 꾸준히 이어가지는 않았다.

아난드는 다시 요가를 시작해보라고 권유했다. 그러고는 "이번 스캔 결과를 축복이라고 생각"하라며 나를 격려했다. "이 일을 계기로 더 차분한 사람이 돼봐. 마음과 생각이 너의 주인은 아니야. 하지만 그런 것들이 마치 네 주인처럼 굴고 있잖아. 마음을 넘어서야 해. 그래야만 진정한 자유를 만끽할 수 있어."

어느새 나는 뉴저지주 모리스타운에 도착했다. 오니시의 시설은 나무가 빽빽이 서 있는 도로를 벗어나면 바로 나타나는 대규모 사무실 단지에 자리 잡고 있었다. 커다란 떡갈나무의 잎이 벌써부터 떨어져 곳곳에 색색으로 쌓여 있었다. 프로그램을 관리하는 임상간호사 캐럴이 안내 데스크에서 나를 맞이했다. "저희 쪽에 전화 주시는 분들 중에는 인도계 남자분이 꽤 많아요." 수화기 너머에서 그녀는 이렇게 말했었다.

그날의 프로그램은 이미 마무리된 터라, 대신에 캐럴은 시설을 구경시켜주었다. 매끈한 레인지가 놓인 조리실에서는 참가자들이 한 시간씩 모여 채식 점심을 준비한다고 했다. 체육실에서는 임상간호사 두 명과 운동생리학자 한 명의 감독하에 건장한 사람 몇몇이 아직 러닝머신 위를 달리고 있었다. 스트레스 관리실에는 의자들이 둥그렇게 놓여 있고 바닥에는 아직 요가 매트가 깔려 있었다. 캐럴은 자신의 아버지도 일흔 살에 심장질환 진단을 받았다는 이야기를 들려주었다. 진단 전에 그는 내내 어깨 통증에 시달렸다고 했다. 스트레스 검사 결과는 정상이었다. 하지만 관상동맥 혈관조영사진을 촬영한 결과 삼혈관질환triple-vessel disease*이 확인되었다. 상당히 진행

* 관상동맥 세 갈래(우관상동맥, 좌전하행지, 우회선지)에 모두 폐색 또는 협착이 생겨 발생하는 허혈성 심장질환. — 옮긴이

된 상태라 수술이나 혈관성형술은 시도조차 할 수 없었다. "아버지는 갖가지 줄에 의지해 살아가셨어요." 그녀는 이렇게 말했다. 달리 치료 방법이 없었던 터라 그녀의 아버지는 오니시의 프로그램에 희망을 걸어보기로 했다. 그리고 프로그램을 시작한 지 두 달 만에 돌연 부정맥으로 사망했다. 이 음울한 첫 경험에도 불구하고 이후로 줄곧 캐럴은 오니시가 주창하는 예방적 심장학 분야에 몸담아왔다.

캐럴은 사무실에 나를 데려가 프로그램 참가자들의 혈관조영사진을 보여주었다. 그들의 관상동맥질환은 눈에 띄게 완화돼 있었다. "오니시 프로그램을 논할 때 사람들은 보통 식이요법을 이야기하죠. 하지만 가장 중요한 부분은 아마 사회적 지원과 스트레스 관리일 거예요." 이렇게 말하고 그녀는 집단 치료를 꺼려하는 환자들도 종종 있다고 털어놓았다. "그 과정만 빼달라는 분들도 있죠. 낯선 사람들 앞에서 마음을 터놓기가 쉽지 않은 거예요. 하지만 끝에 가면 거의 예외 없이 그 시간을 제일 좋아하게 된다니까요."

오니시 역시 자신의 프로그램에서 심리사회적인 부분을 특히 중요하게 여겼다. 예를 들어 그는 초창기 실험에서 통제집단 내 일부 환자들이 개입집단, 그러니까 집단치료를 받아들인 환자들 못지않게 강도 높은 식단조절과 운동 계획을 충실히 따랐음에도 불구하고 심장질환이 여전히 진행되었다는 부분을 지적했다. 즉 식단조절과 운동만으로는 관상동맥 플라크를 감소시키기에 역부족이었다. 1년과 5년에 걸친 추적 조사를 실시한 결과 두 경우 모두 운동보다는 스트레스 관리가 관상동맥질환의 완화에 더 효과적인 것으로 나타났다. 2015년의 한 인터뷰에서 오니시는 "우리의 문화적 환경에서는 타인과 연결되고 공동체에 속하려는 욕구가 충족되지 못할 때가 많다"면서, "이러한 욕구의 충족 여부는 비단 삶의 질뿐 아니라 생존에도, 사람들이 일반적으로 생각하는 것보다 훨씬 더 많은 영향을 미친다"고 말했다.

상당히 많은 연구 결과가 오니시의 주장이 사실일 가능성을 뒷받침한다. 예를 들어 심장마비 이후로 우울증을 앓게 된 환자는 그렇지 않은 환자에 비해 6개월 이내에 사망할 가능성이 프레이밍햄 위험인자—높은 콜레스테롤 수치, 고혈압, 비만, 흡연 여부 등—와 관계없이 4배가량 높았다. 다른 연구에서는 심혈관계 질환 병력이 없는 폐경기 여성을 대상으로 심리 설문조사를 실시했을 때, 자신의 삶에 절망감을 드러낸 이들이 만족감을 드러낸 이들에 비해 경동맥이 두툼해지거나 혈관이 노화하는 비율이 더 높게 나타났다.* 물론 이러한 연구는 대부분 소규모로 시행되었고, 상관관계가 인과관계를 입증하지도 않는다. 단지 스트레스가 건강하지 않은 습관—영양부족, 신체활동 감소, 잦은 흡연—으로 이어졌고, 이것이 심혈관계 질환의 위험도를 높인 진짜 이유일 가능성도 분명 존재한다. 하지만 가령 흡연과 폐암의 경우처럼 수많은 연구에서 동일한 결과가 나타나고 인과관계를 설명하는 메커니즘들이 존재하는데도 모종의 연관성이 실재할 가능성 자체를 부정하는 것은 어딘지 사리에 맞지 않아 보인다. 오니시를 비롯한 연구자들이 내린 결론은 내가 20년 동안 의학계에서 배운 내용과 완전히 일맥상통한다. 다시 말해 우리의

* 이때 더 높은 절망감을 드러낸 여성들의 경동맥이 더 두꺼워지는 정도는, 나이가 한 살 많아질 때마다 경동맥이 두꺼워지는 정도와 비슷했다.

정서 체계, 그러니까 은유적 심장은 생물학적 심장에 다양하고 신비로운 방식으로 영향을 미친다.

캐럴은 환자들이 센터에 나오지 않을 때면 '추적 시스템'을 통해 그들이 프로그램을 얼마나 충실히 이행하는지 확인한다고 했다. 그러한 과정을 통해 식단과 운동은 물론이고 사랑과 지지에 관한 부분까지 살핀다는 것이다. 환자들은 "자신이 사람들과 연결된 정도"를 간략하게 수치로 평가하라는 질문을 받는다. 매일 1시간 이상 스트레스를 관리하는 이들은 관상동맥 내 혈액의 흐름이 가장 확연하게 좋아진 것으로 나타났다. "우리 삶은 미칠 듯이 빠른 속도로 돌아가요. 교감신경계가 혹사당할 수밖에 없는 구조죠. 하지만 스트레스에 반응하는 방식은 스스로 통제할 수 있습니다." 캐럴은 이렇게 말했다.

아쉽게도 나는 오니시 프로그램에 참가할 수 없었다. 일주일에 두 번씩 거의 3개월에 걸쳐 뉴저지를 오갈 상황도 아니었을뿐더러, 캐럴이 슬픈 표정으로 전해준 이야기에 의하면 속성 과정 같은 건 아직 마련돼 있지 않았다. 그녀는 내가 혼자서라도 시작할 수 있도록 약간의 자료를 보내주기로 약속했다. "하루하루의 삶에서 즐거움을 찾으려고 노력해보세요." 이렇게 말하며 그녀는 나를 엘리베이터에 데려다주었다. "과거를 돌아보거나 미래를 걱정하기보다는 현재에 집중하시고요." 나는 최선을 다해보겠다고 말했다. 그러고는 주차장으로 내려가 차를 몰고 금요일 저녁 롱아일랜드의 북적이는 도로에 합류했다.

어쩌면 심장학은 기술적 혁신과 질적 개선이란 측면에서 지난 50년 동안 의학계의 다른 어떤 분야보다 앞서 있었는지 모른다. 이러한 황금기를 거치는 동안 우리는 생명 연장 기술의 연속적인 발전을 목격해왔다. 그중 많은 부분을 이 책에서 다루었는데, 거기에는 이식형 심박조율기와 제세동기, 관상동맥성형술, 관상동맥우회술, 심장 이식이 포함돼 있다. 금연이나 콜레스테롤 및 혈압 조절과 같은 예방법의 소개도 이러한 생체의학적 발전에 힘을 보탰다. 그 결과 내가 태어난 1968년 이래로 심혈관질환 관련 사망률은 60퍼센트나 감소했다. 이는 21세기 의학계에서 유례를 찾아보기 힘들 만큼 고무적이고 중대한 사건이다.

한동안은 암이 심장질환을 제치고 미국인의 주된 사망 원인이라는 타이틀을 차지할 듯했지만, 이제 그런 전망은 사라졌다. 심혈관계질환 관련 사망률의 감소 속도는 지난 10년 동안 눈에 띄게 느려졌다. 이유는 여러 가지다. 흡연율은 더 이상 떨어지지 않고, 미국인의 비만 지수는 높아졌다. 당뇨 환자는 앞으로 25년 안에 2배 가까이 증가할 것으로 예상된다. 하지만 그 밖의 이유도 존재한다고 나는 믿는다. 지금과 같은 형태의 심장학으로는 생명 연장을 위해 쓸 수 있는 방법이 이제 거의 남아 있지 않다.

월턴 릴러하이나 안드레아스 그루엔트치히, 미헬 미로프스키와 같은 개척자들에게는 천부당만부당한 소리로 들릴지 모르지만, 오늘날 이는 부인하기 힘든 사실이다. 수확체감의 법칙law of diminishing returns*은 인간이 벌이는 모든 활동에 적용되고, 심혈관 의학 분야도 예외는 아니다. 예를 들어 관상동맥혈전증이 심장마비의 주된 원인으로 밝혀진 이후 심장내과 의사들은 문제의 혈전증을 더욱 신속하게 치료할수록 환자의 생존 가능성이 더 높아진다고 굳게 믿어왔다. 수술실에서는 '시간이 곧 힘'이요, 지연되는 시간은 짧을수록 좋다. 하지만 2013년 『뉴잉글랜드저널오브메디신』에 실린, 환자 10만 명을 대상으로 실시한 연구 결과에 따르면, 환자가 병원에 도착하고 풍선을 부풀려 관상동맥의 혈류를 복원하기까지 걸리는 시간이 짧아진다고 해서 병원 내 생존율이 나아지지는 않았다. 연구 기간 동안 환자가 병원에 도착해 풍선을 부풀리기까지 걸리는 시간은 83분에서 67분으로 단축됐지만, 단기 사망률에는 아무런 변화가 없었다. 이러한 결과는 몇 가지로 설명이 가능하다. 가령 심장마비 환자 중 더 건강하고 사망 위험도가 낮은 사람들에 대한 치료는 신속하게 이뤄지는 반면, 사망 위험도가 비교적 높은 사람들에 대한 치료는 가장 뒤로 미뤄지기 때문인지도 모른다. 어쩌면 위 연구의 추적조사 기간이 너무 짧았고, 만약 좀더 시간을 두고 지켜봤더라면, 신속한 치료가 생존율 상승에 도움이 된다는 결과가 도출됐을지도 모른다. 아니면 다른 이유가 작용했을 수도 있다. 심장마비 환자의 사망률은 메이슨 손스가 관상동맥조영술을 고안한 1958년 이래 30퍼센트에서 3퍼센트로 이미 10배나 감소한 상황이다. 한데 기존의 방법을 살짝 수정하거나 더 빠르게 진행한다고 해서 과연 유의미하고 추가적

* 일정한 농지에서 작업하는 노동자 수가 증가할수록 1인당 수확량은 점차 적어진다는 경제 법칙. — 옮긴이

인 이익을 산출해낼 수 있을까?

수확체감의 다른 예들도 존재한다. 내가 전공한 심부전의 경우 베타차단제나 안지오텐신 전환효소억제제와 같은 약품이 출시된 1980년대 중반 이후로 생존율의 근본적 개선이 이루어졌다. 하지만 엔도텔린 차단제나 바소프레신 길항제처럼 비교적 새로운 약품에 대한 최근 연구에서는 별다른 효과가 확인되지 않았다. 오늘날에는 고혈압이나 고콜레스테롤혈증과 같은 프레이밍햄 위험인자가 과거에 비해 철저하게 조절된다. 결국 기존의 성공률을 개선하기란 갈수록 어려워진다는 뜻이다.

물론 첨단 의학의 발전은 축하할 일이다. 가령 혈관성형술을 시행하는 환자의 90퍼센트 이상이 병원에 도착해 혈관에 카테터를 삽입하고 풍선을 부풀리기까지 걸리는 시간은 오늘날 평균 60분, 최대 90분으로 감소했는데, 불과 몇 년 전에 비하면 그야말로 대단한 진전이다. 하지만 이는 새롭게 시도되는 모든 치료의 목표치가 꾸준히 높아진다는 뜻이기도 하다.

생각건대, 심혈관 의학이 지금의 형태를 답습해 일반적으로 사용되는 약물의 소소한 복제품이나 부가적 치료법을 연구하고 기존의 방법을 최적화하는 일에만 집중한다면, 앞으로 수년 동안 이 분야에서 기대할 수 있는 진전은 단지 미미한 수준에 그칠 것이다. 이제는 패러다임을 새롭게 전환해야 한다. 바닥을 걸레질하기보다 수도꼭지를 약하게 조절하는 쪽으로, 예방에 초점을 맞추면서 환자들과 의사들이 익숙해져 있는 유형의 진전을 꾸준히 이뤄나가는 쪽으로. 이러한 패러다임에서는 건강 문제를 다룰 때 심리사회적 요인을 가장 우선적으로, 그리고 중점적으로 고려해야 할 것이다. 수백 년 동안 인류는 심장과 감정을 연관지어왔다. 하지만 이와 관련된 영역은 대체로 아직 탐험되지 않은 채 남아 있다. 그러나 오늘날 갈수록 분명해지는 사실은, 고혈압이나 당뇨, 심부전과 같은 만성질환이 우리의 이웃과 직업, 가족, 마음이 처한 상태와 불가분하게 연결돼 있다는 점이다.

앞서 살펴본 바와 같이 심장질환은 근본적으로 심리적이고 사회적이고 정치적이다. 인간의 심장을 최적으로 치료하기 위해서는 이 모든 측면을 염두에 두고 접근해야 한다. 물론 행동보다는 말이 훨씬 더 쉬운 법이다. 심리사회적 '회복'은 다른 모든 의학적 치료와 마찬가지로 예기치 않은 결과와 난처한 상황, 가치 충돌, 수확체감을 야기하기 쉽다. 현 단계에서는 무엇을 회복해야 하는지에 대한 합의조차 내놓기 어려운 실정이다. 하지만 우리는 방법을 찾아야 한다. 신경생물학자 피터 스털링이 썼듯이 "경계할 필요성을 낮추고" 이를테면 자연이나 서로와의 교제처럼 "소소한 만족감을 되찾을" 방법을 탐색해야 할 것이다. 가령 누군가에게는 정적인 생활방식 대신 걷기나 자전거 타기를 독려하는 도시 환경의 조성이 필요할 것이다. 다른 누군가에게는 공적 생활의 강화처럼 사회적 영역을 더욱 공고히 하는 과정이 필요할 것이다. 또 다른 누군가에게는 요가나 명상처럼 개인적 삶을 더욱 보살피는 과정이 심혈관계 건강 증진에 도움이 될 것이다. 어느 쪽이건 오늘날 점차 분명해지는 사실은, 생물학적 심장이 은유적 심장과 불가분하게 연결돼 있다는 점이다. 심장을 치료하려면 사회와 마음까지 치료해야 한다. 신체뿐 아니라 자아까지 살펴보아야 한다.

담요를 깔고 누워 하늘의 별들을 바라보았다. 해가 떨어진 지 한 시간이 넘었지만, 지상과 가까운 하늘은 여전히 주황빛 줄무늬를 그리고 있었다. 고요한 대기 속에서 시트로넬라와 스프레이 살충제 냄새가 풍겨 왔다. 파티는 거의 끝이 났지만, 아이들은 단 음식이 불러온 흥분을 여태 가라앉히지 못한 채 미끄럼틀을 타고 쏜살같이 내려오는가 하면 잡기 놀이를 하며 잔디밭을 뛰어다녔다. 딸 피아는 내 가슴에 앉아 제 머리를 내 목에 사랑스럽게 파묻고 있었다. "아빠 행복해?" 아이는 이렇게 물으며 따뜻한 입김으로 내 피부를 간지럽혔다.

"응." 내가 대답했다. "너는?"

"나도, 아빠. 나도 행복해." 아이가 대답했다.

또 한 번의 여름이 이우는 동안 CT 스캔은 먼 기억 속으로 사라졌다. 삶을 송두리째 바꿔놓을 듯했지만, 결국 그것은 가벼운 심실 조기수축에 불과했고, 삶은 다시 정상적 리듬을 되찾았다. 마치 여행을 계획할 때는 목적지가 사진 속 풍경처럼 색다른 느낌을 주리라고 기대하지만 막상 다녀온 뒤에는 그곳 역시 이곳과 다를 바 없이 같은 하늘 아래 같은 공기 속에서 같은 구름이 흐르는 곳이라는 사실을 알게 되는 것처럼. 물론 몇 가지 변화는 있었다. 이제 나는 거의 매일 운동하고, 더 건강한 식단을 추구한다. 아이들이나 친구들과 보내는 시간도 늘었다. 일은 여전히 열심히 한다. 하지만 이제는 전처럼 휴식을 얕보지 않는다.

건강에 영향을 미치는 요소들을 우리가 일일이 다 통제할 수는 없다. 우리 힘이 미치지 않는 경우도 부지기수다. 개인의 노력만으로는 신문을 읽고, 경쟁적 경제 환경 속에서 가족을 부양하고, 우범 지역에 사는 데서 오는 스트레스를 감소시킬 수 없다. 그런 요소들을 통제하려면 꾸준하고 집단적인 노력이 필요하다. 그러나 우리의 결정과 행동만으로 제어할 수 있는 부분도 많다. 오래오래 건강하고 풍요로운 삶을 살고 싶은가? 금연하라. 운동하라. 식습관을 개선하라. 대인관계에 공을 들이되, 살면서 피할 수 없는 곤경과 정신적 외상에 각별히 주의하라. 우리의 마음 상태, 대처 전략, 어려움을 극복하는 방식, 심적 고통을 초월하는 능력, 사랑하는 능력 또한 삶과 죽음을 가르는 결정적 요소라고 나는 생각한다.

언젠가 나는 CT 스캔을 다시 찍어 관상동맥 플라크의 상태를 확인해야 할 것이다. 하지만 그리 두렵지는 않다. 지난 세기 동안, 특히 지난 10년에 걸쳐 내 전공 분야의 지식은 나를 안심시키기에 충분할 만큼 축적되었다. 이제는 심장 수술 없이도 심장판막을 교체할 수 있다. 줄기세포를 주입해 심장근육 손상을 치유할 수 있다. 우리 친할아버지는 50대 초반에 돌아가셨다. 이 글을 쓰는 지금 내 나이는 마흔여덟이다. 하지만 나는 할아버지와 경우가 다르다. 운 좋게도 나는 인간의 심장이 인간의 손에 길을 내주는 시대에 살고 있다. 표면상 심낭에서 출발해 고작 3센티미터를 이동하는 그 여행은 사실상 심장이 가히 초자연적인 대상으로서 온갖 금기에 둘러싸여 있던 시절에 시작돼 수천 년에 걸쳐 진행되었다. 여정이 이어지는 동안 심장은 하나의 기계로, 조작하고 통제할 수 있는 대상으로 개념이 변화해왔다. 하지만 이제 다들 알다시피 이러한 조작에는 반드시 정서적 삶에 대한 배려가 동반되어야 한다. 지난 수천 년 동안 인류에게 심장은 인간의 감정이 거하는 안식처였으니까.

관련 분야에 오랜 시간 몸담아온 사람으로서 나는 도처에서 심장 모양을 본다. 차 앞 유리에 후두두 떨어지는 빗방울에서, 부엌에서 저미는 사탕무에서, 잘라놓은 딸기와 베어낸 체리에서. 그리고 매일 아침 커피 잔에 우유를 살짝 붓고 둥글게 저을 때 그려지는 나선형 파동에서 나는 심장을 떠올린다.

지금도 종종 두 할아버지를, 그리고 당연하게도 어머니를 떠올린다. 칸푸르에서 친할아버지가 깜짝 놀란 가족들에 둘러싸인 채 심정지로 돌바닥에 쓰러지는 장면이라든가, 뉴델리에서 외할아버지가 거실에 앉아 아침 식사를 기다리며 BBC 뉴스를 듣다가 죽음을 맞이하는 장면을 머릿속에 그려보는 것이다. 몇 번쯤 심장박동이 이어지다가 할아버지는 끝내 숨을 거두었으리라. 두 분의 (그리고 짐작건대 우리 어머니의) 죽음에는 같은 메커니즘이 작용했지만, 결과는 판이했다. 한 분의 죽음은 좀처럼 지울 수 없는 정신적 충격을 남긴 반면, 다른 두 분의 죽음은 감사하고도 자비로운 종말로 기억되었다. 인생의 꽤 오랜 시간을 나는 심장의 힘을 두려워하며 살아왔다. 하지만 이제는 예전만큼의 두려움을 느끼지 않는다. 그렇다. 심장은 우리 삶을 갑자기 중단할 수 있다. 하지만 실존의 고통이 우리를 억누를 때 심장은 삶을 주도하고 방어하는 기관으로서 빠르고 인도적인 죽음을 선사하는 안전판이 되어주기도 한다.

참고문헌

서론: 생명의 엔진

Ford, Earl S., Umed A. Ajani, Janet B. Croft, Julia A. Critchley, Darwin R. Labarthe, Thomas E. Kottke, Wayne H. Giles, and Simon Capewell. "Explaining the Decrease in U.S. Deaths from Coronary Disease, 1980–2000." *The New England Journal of Medicine* 356, no. 23 (2007): 2388–2398.

1 작은 심장

Cannon, Walter B. "'Voodoo' Death." *American Anthropologist* 44, no. 2(1942): 169–181.

Hall, Joan Lord. "'To the Very Heart of Loss': Rival Constructs of 'Heart' *in Antony and Cleopatra.*" *College Literature* 18, no. 1 (1991): 64–76.

Kriegbaum, Margit, Ulla Christensen, Per Kragh Andersen, Merete Osler, and Rikke Lund. "Does the Association Between Broken Partnership and First Time Myocardial Infarction Vary with Time After Break-Up?" *International Journal of Epidemiology* 42, no. 6 (2013): 1811–1819.

Leor, Jonathan, W. Kenneth Poole, and Robert A. Kloner. "Sudden Cardiac Death Triggered by an Earthquake." *The New England Journal of Medicine* 334, no. 7 (1996): 413–419.

McCraty, Rollin. "Heart-Brain Neurodynamics: The Making of Emotions." HeartMath Research Center, HeartMath Institute. Publication 03-015 (2003).

Nager, Frank. *The Mythology of the Heart.* Basel: Roche, 1993.

Richter, Curt P. "On the Phenomenon of Sudden Death in Animal and Man." *Psychosomatic Medicine* 19, no. 3 (1957): 191–198.

Rosch, Paul J. "Why the Heart Is Much More Than a Pump." HeartMath Library Archives.

Samuels, Martin A. "The Brain-Heart Connection." Circulation 116 (2007): 77-84.

Weiss, M. "Signifying the Pandemics: Metaphors of AIDS, Cancer, and Heart Disease." *Medical Anthropology Quarterly*, n.s., no. 11 (1997): 456-476.

Yawger, N. S. "Emotions as the Cause of Rapid and Sudden Death." *Archives of Neurology and Psychiatry* 36 (1936): 875-879.

2 원동기

Harvey, William. "On the Motion of the Heart and Blood in Animals." Translated by R. Willis. In *Scientific Papers: Physiology, Medicine, Surgery, Geology, with Introductions, Notes, and Illustrations*. New York: P. F. Collier and Son, 1910.

O'Malley, C. D. *Andreas Vesalius of Brussels, 1514–1564*. Berkeley: University of California Press, 1964.

Park, K. "The Criminal and the Saintly Body: Autopsy and Dissection in Renaissance Italy." *Renaissance Quarterly* 47 (1994): 1-33.

Pasipoularides, A. "Galen, Father of Systematic Medicine: An Essay on the Evolution of Modern Medicine and Cardiology." *International Journal of Cardiology* 172 (2014): 47-58.

Rosch, Paul J. "Why the Heart Is Much More Than a Pump." HeartMath Library Archives.

Schultz, Stanley G. "William Harvey and the Circulation of the Blood: The Birth of a Scientific Revolution and Modern Physiology." *Physiology* 17, no. 5 (2002): 175-180.

Shoja, Mohammadali M., Paul S. Agutter, Marios Loukas, Brion Benninger, Ghaffar Shokouhi, Husain Namdar, Kamyar Ghabili, Majid Khalili, and R. Shane Tubbs. "Leonardo da Vinci's Studies of the Heart." *International Journal of Cardiology* 167, no. 4 (2013): 1126-1133.

West, John B. "Marcello Malpighi and the Discovery of the Pulmonary Capillaries and Alveoli." *American Journal of Physiology—Lung, Cellular, and Molecular Physiology* 304, no. 6 (2013): L383-L390.

3 클러치

Alexi-Meskishvili, V., and W. Bottcher. "Suturing of Penetrating Wounds to the Heart in the Nineteenth Century: The Beginnings of Heart Surgery." *The Annals of Thoracic Surgery* 92, no. 5 (2011): 1926-1931.

Asensio, Juan A., B. Montgomery Stewart, James Murray, Arthur H. Fox, Andres Falabella, Hugo Gomez, Adrian Ortega, Clark B. Fuller, and Morris D. Kerstein. "Penetrating Cardiac Injuries." *Surgical Clinics of North America* 76, no. 4 (1996): 685-724.

Cobb, W. Montague. "Daniel Hale Williams—Pioneer and Innovator." *Journal of the National Medical Association* 36, no. 5 (1944): 158.

Dunn, Rob. *The Man Who Touched His Own Heart*. New York: Little, Brown, 2015.

Johnson, Stephen L. *The History of Cardiac Surgery, 1896–1955*. Baltimore: Johns Hopkins University Press, 1970.

Meriwether, Louise. *The Heart Man: Dr. Daniel Hale Williams*. Englewood Cliffs, N.J.: Prentice-Hall, 1972.

Werner, Orla J., Christian Sohns, Aron F. Popov, Jannik Haskamp, and Jan D. Schmitto. "Ludwig Rehn (1849–1930): The German Surgeon Who Performed the Worldwide First Successful Cardiac Operation." *Journal of Medical Biography* 20, no. 1 (2012): 32–34.

4 다이너모

Goor, Daniel A. *The Genius of C. Walton Lillehei and the True History of Open Heart Surgery*. New York: Vantage Press, 2007.

Lillehei, C. W. "The Birth of Open Heart Surgery: Then the Golden Years." *Cardiovascular Surgery* 2, no. 3 (1994): 308–317.

Lillehei, C. W., M. Cohen, H. E. Warden, N. R. Ziegler, and R. L. Varco. "The Results of Direct Vision Closure of Ventricular Septal Defects in Eight Patients by Means of Controlled Cross-circulation." *Surgery, Gynecology, and Obstetrics* 101 (1955): 446.

Miller, G. Wayne. *King of Hearts: The True Story of the Maverick Who Pioneered Open Heart Surgery*. New York: Crown, 2000.

Rosenberg, J. C., and C. W. Lillehei. "The Emergence of Cardiac Surgery." *Lancet* 80 (1960): 201–214.

5 펌프

Brock, R. C. "The Surgery of Pulmonary Stenosis," *British Medical Journal*, no. 2 (1949): 399–406.

Castillo, Javier G., and George Silvay. "John H. Gibbon Jr. and the 60th Anniversary of the First Successful Heart-Lung Machine." *Journal of Cardiothoracic and Vascular Anesthesia* 27, no. 2 (2013): 203–207.

Cohn, Lawrence H. "Fifty Years of Open-Heart Surgery." *Circulation* 1007 (2003): 2168–2170.

Gibbon, John H., Jr. "Development of the Artificial Heart and Lung Extracorporeal Blood Circuit." *JAMA* 206, no. 9 (1968): 1983–1986.

———. "The Early Development of an Extracorporeal Circulation with an Artificial Heart and Lung." *Transactions of the American Society for Artificial Internal Organs* 13, no. 1 (1967): 77–79.

———. "The Gestation and Birth of an Idea." *Philadelphia Medicine* 13 (1963): 913–916.

Shumacker, Harris B., Jr. *The Evolution of Cardiac Surgery*. Bloomington: Indiana University-Press, 1992.

———. *John Heysham Gibbon, Jr., 1903–1973: A Biographical Memoir*. Washington, D.C.: Na-

tional Academy of Sciences, 1982.
Stoney, William S. "Evolution of Cardiopulmonary Bypass." *Circulation* 119, no. 21 (2009): 2844–2853.

6 너트

Altman, Lawrence K. *Who Goes First? The Story of Self-Experimentation in Medicine*. New York: Random House, 1987.
Forssmann, Werner. *Experiments on Myself*. New York: St. Martin's Press, 1974.
Forssmann-Falck, Renate. "Werner Forssmann: A Pioneer of Cardiology." *American Journal of Cardiology* 79, no. 5 (1997): 651–660.

7 스트레스성 파열

Friedman, Meyer, and Ray H. Rosenman. *Type A Behavior and Your Heart*. New York: Alfred A. Knopf, 1974.
Kannel, William B. "Contribution of the Framingham Study to Preventive Cardiology." *Journal of the American College of Cardiology* 15, no. 1 (1990): 206–211.
Kannel, William B., Thomas R. Dawber, Abraham Kagan, Nicholas Revotskie, and Joseph Stokes. "Factors of Risk in the Development of Coronary Heart Disease—Six-Year Follow-Up Experience: The Framingham Study." *Annals of Internal Medicine* 55, no. 1 (1961): 33–50.
Kannel, William B., Tavia Gordon, and Melvin J. Schwartz. "Systolic Versus Diastolic Blood Pressure and Risk of Coronary Heart Disease: The Framingham Study." *American Journal of Cardiology* 27, no. 4 (1971): 335–346.
Kaplan, J. R., S. B. Manuck, T. B. Clarkson, F. M. Lusso, D. M. Taub, and E. W. Miller. "Social Stress and Atherosclerosis in Normocholesterolemic Monkeys." *Science* 220, no. 4598 (1983): 733–735.
Kriegbaum, Margit, Ulla Christensen, Per Kragh Andersen, Merete Osler, and Rikke Lund. "Does the Association Between Broken Partnership and First Time Myocardial Infarction Vary with Time After Break-Up?" *International Journal of Epidemiology* 42, no. 6 (2013): 1811–1819.
Mahmood, Syed S., Daniel Levy, Ramachandran S. Vasan, and Thomas J. Wang. "The Framingham Heart Study and the Epidemiology of Cardiovascular Disease: A Historical Perspective." *Lancet* 383, no. 9921 (2014): 999–1008.
Marmot, Michael G. "Health in an Unequal World." *Lancet* 368, no. 9952 (2006): 2081–2094.
Marmot, Michael G., and S. Leonard Syme. "Acculturation and Coronary Heart Disease in Japanese-Americans." *American Journal of Epidemiology* 104, no. 3 (1976): 225–247.
Nerem, Robert M., Murina J. Levesque, and J. Fredrick Cornhill. "Social Environment as a

Factor in Diet-Induced Atherosclerosis." *Science* 208, no. 4451 (1980): 1475-1476.

Oldfield, Benjamin J., and David S. Jones. "Languages of the Heart: The Biomedical and the Metaphorical in American Fiction." *Perspectives in Biology and Medicine* 57, no. 3 (2014): 424-442.

Oppenheimer, Gerald M. "Becoming the Framingham Study, 1947-1950." *American Journal of Public Health* 95, no. 4 (2005): 602-610.

Ramsay, Michael A. E. "John Snow, MD: Anaesthetist to the Queen of England and Pioneer Epidemiologist." *Baylor University Medical Center Proceedings* 19, no. 1 (2006): 24.

Sterling, Peter. "Principles of Allostasis: Optimal Design, Predictive Regulation, Pathophysiology, and Rational Therapeutics." In *Allostasis, Homeostasis, and the Costs of Physiological Adaptation*, edited by Jay Schulkin. New York: Cambridge University Press, 2004.

Worth, Robert M., Hiroo Kato, George G. Rhoads, Abraham Kagan, and Sherman Leonard Syme. "Epidemiologic Studies of Coronary Heart Disease and Stroke in Japanese Men Living in Japan, Hawaii, and California: Mortality." *American Journal of Epidemiology* 102, no. 6 (1975): 481-490.

8 파이프

Monagan, David, and David O. Williams. *Journey into the Heart: A Tale of Pioneering Doctors and Their Race to Transform Cardiovascular Medicine*. New York: Gotham, 2007.

Mueller, Richard L., and Timothy A. Sanborn. "The History of Interventional Cardiology: Cardiac Catheterization, Angioplasty, and Related Interventions." *American Heart Journal* 129, no. 1 (1995): 146-172.

Payne, Misty M. "Charles Theodore Dotter: The Father of Invention." *Texas Heart Institute* 28, no. 1 (2001): 28.

Rosch, Josef, Frederick S. Keller, and John A. Kaufman. "The Birth, Early Years, and Future of Interventional Radiology." *Journal of Vascular and Interventional Radiology* 14, no. 7 (2003): 841-853.

Sheldon, William C. "F. Mason Sones, Jr.—Stormy Petrel of Cardiology." *Clinical Cardiology* 17, no. 7 (1994): 405-407.

9 전선

Davidenko, Jorge M., Arcady V. Pertsov, Remy Salomonsz, William Baxter, and Jose Jalife. "Stationary and Drifting Spiral Waves of Excitation in Isolated Cardiac Muscle." *Nature* 355, no. 6358 (1992): 349–351.

De Silva, Regis A. "George Ralph Mines, Ventricular Fibrillation, and the Discovery of the Vulnerable Period." *Journal of the American College of Cardiology* 29, no. 6 (1997): 1397–1402.

Garfinkel, Alan, Peng-Sheng Chen, Donald O. Walter, Hrayr S. Karagueuzian, Boris Kogan, Steven J. Evans, Mikhail Karpoukhin, Chun Hwang, Takumi Uchida, Masamichi Gotoh, Obi Nwasokwa, Philip Sager, and James N. Weiss. "Quasiperiodicity and Chaos in Cardiac Fibrillation." *Journal of Clinical Investigation* 99, no. 2 (1997): 305–314.

Garfinkel, Alan, Young-Hoon Kim, Olga Voroshilovsky, Zhilin Qu, Jong R. Kil, Moon-Hyoung Lee, Hrayr S. Karagueuzian, James N. Weiss, and Peng-Sheng Chen. "Preventing Ventricular Fibrillation by Flattening Cardiac Restitution." *Proceedings of the National Academy of Sciences* 97, no. 11 (2000): 6061–6066.

Gray, Richard A., Jose Jalife, Alexandre Panfilov, William T. Baxter, Candido Cabo, Jorge M. Davidenko, and Arkady M. Pertsov. "Nonstationary Vortex-Like Reentrant Activity as a Mechanism of Polymorphic Ventricular Tachycardia in the Isolated Rabbit Heart." *Circulation* 91, no. 9 (1995): 2454–2469.

Link, Mark S., et al. "An Experimental Model of Sudden Death Due to Low-Energy Chest-WallImpact (Commotio Cordis)." *The New England Journal of Medicine* 338, no. 25 (1998): 1805–1811.

MacWilliam, John A. "Cardiac Failure and Sudden Death." *British Medical Journal* 1, no. 1462 (1889): 6.

Mines, George Ralph. "On Circulating Excitations in Heart Muscles and Their Possible Relation to Tachycardia and Fibrillation." *Transactions of the Royal Society of Canada* 8 (1914): 43–52.

Myerburg, Robert J., Kenneth M. Kessler, and Agustin Castellanos. "Pathophysiology of Sudden Cardiac Death." *Pacing and Clinical Electrophysiology* 14, no. 5 (1991): 935–943.

Ruelle, David, and Floris Takens. "On the Nature of Turbulence." *Communications in Mathematical Physics* 20, no. 3 (1971): 167–192.

042-Winfree, Arthur T. "Electrical Turbulence in Three-Dimensional Heart Muscle." *Science* 206 (1994): 1003–1006.

———. "Sudden Cardiac Death: A Problem in Topology?" *Scientific American* 248, no. 5 (1983): 144–161.

10 발전기

Heilman, M. S. "Collaboration with Michel Mirowski on the Development of the AICD." *Pacing and Clinical Electrophysiology* 14, no. 5 (1991): 910–915.

Jeffrey, Kirk. *Machines in Our Hearts: The Cardiac Pacemaker, the Implantable Defibrillator, and American Health Care*. Baltimore: Johns Hopkins University Press, 2001.

Kinney, Martha Pat. "Knickerbocker, G. Guy." Science Heroes. www.scienceheroes.com/index.php?option=comcontent&view=article&id=338&Itemid=284.

Mirowski, M., et al. "Termination of Malignant Ventricular Arrhythmias with an Implanted Automatic Defibrillator in Human Beings." *The New England Journal of Medicine* 303, no. 6 (1980): 322–324.

Mower, Morton M. "Building the AICD with Michel Mirowski." *Pacing and Clinical Electrophysiology* 14, no. 5 (1991): 928–934.

Worthington, Janet Farrar. "The Engineer Who Could." Hopkins Medical News (Winter 1998).

11 치환

Cooley, Denton A. "The Total Artificial Heart as a Bridge to Cardiac Transplantation: Personal Recollections." *Texas Heart Institute Journal* 28, no. 3 (2001): 200.

DeVries, William C., Jeffrey L. Anderson, Lyle D. Joyce, Fred L. Anderson, Elizabeth H. Hammond, Robert K. Jarvik, and Willem J. Kolff. "Clinical Use of the Total Artificial Heart." *The New England Journal of Medicine* 310, no. 5 (1984): 273–278.

McCrae, Donald. *Every Second Counts: The Race to Transplant the First Human Heart*. New York: G. P. Putnam's Sons, 2006.

"Norman Shumway, Heart Transplantation Pioneer, Dies at 83." Stanford Medicine News Center, Feb. 10, 2007. med.stanford.edu/news/all-news/2006/02/norman-shumway-heart-transplantation-pioneer-dies-at-83.html.

Perciaccante, A., M. A. Riva, A. Coralli, P. Charlier, and R. Bianucci. "The Death of Balzac (1799–1850) and the Treatment of Heart Failure During the Nineteenth Century." *Journal of Cardiac Failure* 22, no. 11 (2016): 930–933.

Strauss, Michael J. "The Political History of the Artificial Heart." *The New England Journal of Medicine* 310, no. 5 (1984): 332–336.

Woolley, F. Ross. "Ethical Issues in the Implantation of the Artificial Heart." *The New England Journal of Medicine* 310, no. 5 (1984): 292–296.

12 취약한 심장

Lown, Bernard. *The Lost Art of Healing*. Boston: Houghton Mifflin, 1996.

Sears, Samuel F., Jamie B. Conti, Anne B. Curtis, Tara L. Saia, Rebecca Foote, and Francis Wen. "Affective Distress and Implantable Cardioverter Defibrillators: Cases for Psychological and Behavioral Interventions." *Pacing and Clinical Electrophysiology* 2, no. 12 (1999): 1831–1834.

13 어머니의 심장

De Silva, Regis A. "John MacWilliam, Evolutionary Biology, and Sudden Cardiac Death." *Journal of the American College of Cardiology* 14, no. 7 (1989): 1843–1849.

14 보상성 휴지기

Dimsdale, Joel E. "Psychological Stress and Cardiovascular Disease." *Journal of the American College of Cardiology* 51, no. 13 (2008): 1237–1246.

감사의 글

많고 많은 사람의 크나큰 도움과 지지가 없었더라면 이 책을 쓰지 못했을 것이다. 그중에서도 특히 환자들의 도움이 컸다. 의사로 살아온 세월 동안 나는 그들을 치료하고 그들을 통해 배우는 특권을 누려왔다.

대리인 토드 셔스터는 거의 20년 동안 친구이자 동지가 되어주었다. 그는 나에게 책을 쓸 수 있다는 믿음을 불어넣어주었다. 훌륭한 편집자 알렉스 스타에게도 고마움을 전한다. 점심을 먹으며 이 책에 관해 처음으로 논하는 자리에서 그는 명확한 집필 방향을 제시해주었다. "심장에 관한 글이어야 해요. 심장을 다루는 의사가 아니라." 그는 이 부분을 지속적으로 내게 상기시켰다. "책을 읽는 사람이 자신의 심장에 더 가까이 다가갈 수 있도록." 알렉스의 편집 감각은 그때나 지금이나 여전하다. 그와 일하게 된 건 나에게 대단한 행운이었다. 또한 나는 패러, 스트로스 앤드 지루 출판사에서 일하는 다른 분들에게도 감사 인사를 전하고 싶다. 도미니크 리어는 출판 과정 내내 중요한 온갖 세부 사항에 주의를 기울였다. 조너선 리핀콧은 디자인을 책임졌고, 닉 커리지는 웹사이트를 만들어주었다. 잉그리드 스터너는 교열을, 수전 골드파브는 제작을 담당해주었다. 스콧 보처트와 로리 프리버, 그리고 나의 멋진 편집 팀 제프 세로이와 브라이언 지티스, 사리타 바르마, 대니얼 델 발도 빼놓으면 섭섭하다. 또한 처음 이 책을 쓸 기회를 내게 준 조너선 갤러시와 에릭 친스키도 당연히 고마운 분들이다.

감사하게도 나는 『뉴욕타임스』 지에 20년 동안 기고하는 행운을 누려왔다. 내가 작가로서 자질을 다듬는 데 도움을 준 여러 편집자에게 고마움을 전한다. 그 가운데서도 불가사의할 정도로 똑똑한 제이미 라이어슨에게는 특히 더 고마운 마음이다. 나의 논평 페이지를 책임지는 편집자로서 그녀는 기사를 집필하는 데 있어 그간 일해온 다른 누구 못지않게 열심히 나를 독려해주었다.

직장의 수많은 동료도 내게 힘을 주었다. 특히 소중한 친구 타마라 잔스와 킴 해먼드, 모린 호건, 트레이시 스프륄, 미키 카츠에게는 각별한 고마움을 전하고 싶다. 더불어 배리 캐플런과 마이클 다울링, 데이비드 바티넬리, 로런스 스미스에게도 내 글에 대한 변함없는 지지에 감사의 마음을 전한다.

유지니 얼샤이아와 앤절라 고더드, 일라이어스 올트먼, 세라 탠칙, 애비 울프, 리사 데베네데티스, 성 리, 폴 엘리를 비롯해 다른 여러 친구와 어시스턴트 들에게도 깊은 사의를 표하고 싶다. 그들 모두는 원고의 초안을 비평해주고 조사에 도움을 주었다. 특히 감사해야 할

두 명의 어시스턴트가 있다. 코디 엘켄첸과 이저벨라 고메스는 원고를 열과 성을 다해 살피고 셀 수 없이 많은 유익한 제안을 해주었다. 물론 책에 담긴 내용의 궁극적 책임은 나에게 있다. 혹여 실수가 있다면 그 잘못은 오롯이 나의 것이다.

그리고 나의 가족, 아버지 프렘과 사랑하는 누이 수니타, 언제나 그리운 어머니 라즈, 내가 어떤 일을 벌이건 진심으로 한껏 지지해주는 형 라지브에게 가장 깊은 고마움을 전하고 싶다. 처가에도 사랑과 지지에 감사를 표한다.

내게 자식이 생기기 전 어머니는 이런 말씀을 하셨다. "네가 얼마나 그 애들을 사랑하게 될지 지금은 짐작조차 할 수 없을 거다." 어머니 말씀이 옳았다. 아들 모한은 내 오른팔이다. 사랑스런 딸 피아는 심장에 관한 책을 써보라고 내게 처음으로 말해준 사람이다. 아이들은 내 삶을 비추는 두 개의 등불이다.

마지막으로 부부로 20년을 함께하며 내 삶을 현재의 모습으로 완성시켜준 나의 가장 신랄한 비평가이자 소중한 사랑 소니아에게 무한한 고마움을 전한다.

옮긴이의 글

흔히 인생을 길에 비유하고는 한다. 길은 순탄치만은 않다. 그 위에서 우리는 걷거나 달리기도 하지만, 때로는 속도를 늦추고 잠시 쉬어가기도 한다. 하지만 우리 몸에는 힘든 상황에서도 언제나 달리는 기관이 있다. 간혹 박자가 맞지 않거나 세기가 일정치 않을 때가 있기는 해도 마지막 순간까지 뛰기를 멈추지 않는 그 기관은, 다름 아닌 심장이다. 일상적 개념으로 볼 때 살아 있는 심장은 걷거나 쉬지 않는다. 심장은 다만 뛸 뿐이다. 논란의 여지는 있지만, 심장이 뛰기를 멈추는 순간 비로소 사람들은 죽음을 마음으로 받아들인다. '진정한' 죽음에 대한 논란은 심장이 멈추는 순간 비로소 잠잠해진다.

박동하는 심장의 이야기는 사람들을 매혹한다. 감정이 거하는 장소는 심장이 아니라지만, 누가 뭐래도 심장은 인간의 감정을 그 어떤 기관보다 솔직하게 대변한다. 심장의 과학적이고 실제적인 기능이 무엇이건 간에 왼쪽 가슴에 손을 얹어보면 심장은 그 어떤 신체 기관보다 자신의 존재를 선명하고도 가시적으로 증명한다. 굳이 손을 대지 않아도 상관없다. 계단을 오르거나 조금만 빠르게 달려도 우리는 가슴 속 심장의 박동이 빨라졌음을 감지한다. 조금만 화를 내거나 조금만 슬퍼해도 심장은 때론 묵직하거나 날카로운 통증으로, 때론 은근하거나 강렬한 온기로 감정을 전달한다. 아픈 심장은 아픈 마음을, 뜨거운 심장은 뜨거운 가슴을 대변한다. 그렇게 우리는 심장을 느낀다.

심장은 생명이 스러지지 않는 한 그 어떤 상황에서도(때에 따라서는 생명이 스러진 뒤에도) 멈추지 않고 박동하며 제 존재를 주장한다. 그래선지 심장의 두근거림은 인간의 상상력을 끊임없이 자극해왔다. 하지만 동시에 심장은 두려움의 대상이기도 했다. 우리는 심장에 이끌리면서도, 그것에 물리적으로 접근해 직접적 조작을 가하는 행위를 오랜 세월 금기시했다. 유추에 바탕한 관념적 정의에 의지해, 실험에 바탕한 물리적 결과들을 애써 외면해온 것이다.

하지만 삶과 앎에 대한 욕구는 대단한 것이어서, 세월의 흐름과 더불어 인류는 마침내 원시적 금기의 벽을 넘었다. 그렇게 하나의 금기가 무너지면 그 벽 저편에서 나타나는 또 다른 금기의 벽들을 넘고 넘었고, 마침내 심장을 만지고 들여다보며 고치는 단계에서 나아가 타인의 심장을 이식하고 인간이 만든 기계로 심장의 일부 혹은 전부를 대체하겠다는 목표에 도전해왔다. 그 과정에서 인간을 비롯한 여러 생명체의 숱한 목숨을 대가로 치러가며, 비록 굴곡은 있었으나 분명하고도 꾸준한 성취를 이루어냈다.

이 책은 바로 그 심장에 관한 이야기다. 심장의 과거와 현재와 미래, 과학적 위상과 정서적 위상을, 의사이자 물리학자이며 스스로 심장질환 환자이기도 한 저자의 관점에서 이야기하는 역사서이자 과학서이자 수필이다. 저자인 샌디프 자우하르는 물리학과 의학을 공부하고 이후에는 심장을 집중적으로 파고든 전문의답게 객관적 사실에 집중한다. 하지만 그와 동시에 유독 심장질환에 취약한 인도계 이민자 집안의 후손답게 심리사회적 요인에도 각별한 관심을 기울인다. 말하자면 과학적 심장과 정서적 심장이라는 두 개념 사이에서 절묘한 균형 감각을 유지한다.

그의 이야기 속에서 심장의 개념은 시간의 흐름과 함께 변화한다. 초기의 신화적이고 관습적인 은유들은 합리적이고 과학적인 사실들로 조금씩 대체된다. 그 과정을 토대로 학자들은 난해한 질환의 병리와 치료법을 하나씩 하나씩 깨달아간다. 그러는 사이 환자들은 황망하게 목숨을 잃기도 하고, 기적처럼 새 생명을 얻기도 한다. 의미와 금기로 점철된 기나긴 암흑기는 숱한 선구자들의 도전과 용기에 힘입어 눈부신 새벽에 길을 내어준다. 그간 『뉴욕타임스』를 비롯한 여러 매체에 지속적으로 글을 기고해왔고, 전작들을 이미 베스트셀러의 반열에 올려놓은 바 있는 작가답게 샌디프 자우하르는 방대한 역사를 자신의 개인사와 자연스럽게 버무려 때론 이성적으로, 때론 감성적으로 차분하게 이야기를 풀어나간다.

책을 지배하는 정서는 자신감이나 확신이라기보다는 두려움 혹은 경외심이다. 자우하르가 말하듯 심장은 비단 일반인뿐 아니라 전문가인 의사들에게조차 극도로 조심스러운 대상이다. 환자의 심장에서 이상한 기운이 조금이라도 감지되면, 대부분의 의사가 심장 선문의에게 귀찮을 정도로 자문을 구한다니 말이다. 그간 학문적으로나 임상적으로나 비약적인 발전이 있었다지만, 심장이 우리에게 선사하는 두려움은 성격과 방향만 조금 달라졌을 뿐 여전히 실재하는 듯하다.

책에 등장하는 다양한 인물은 저마다의 신념을 무기로 그 두려운 기관의 실체를 정면으로 마주한다. 누군가는 신 혹은 자신을 위해 타인의 심장을 도려낸다. 누군가는 심장의 이치를 깨닫기 위해 금기를 깨고 관찰을 감행한다. 또 누군가는 타인뿐 아니라 자신의 목숨까지 위험에 빠뜨려가며 혁신적 치료법을 탐구한다. 다른 누군가는 앞으로 닥칠 고통을 예감하면서도 미래의 인류를 위해 검증되지 않은 수술법에 기꺼이 몸을 내맡긴다. 그들의 무모하고도 대담한 발걸음은 심장과 더불어 인류가 걸어온 역사가 되었고, 덕분에 심장학은 지금까지 명실공히 눈부신 성장을 거듭해왔다.

하지만 저자는 이제 그 성장의 속도가 더뎌졌다는 사실에 주목한다. 기존의 방식을 답습해서는 더 이상 빠른 속도로 성장할 수 없으리라는 견해도 조심스레 내비친다. 그는 이제 패러다임을 바꿔야 한다고 주장한다. 다양한 위험인자 중에서도 심리사회적인 요인에 관심을 기울이는 한편 더 획기적인 방식으로, 바닥을 걸레질하기보다는 수도꼭지를 잠그는 쪽으로 방향을 돌리자고 이야기한다. 난무하는 말과 정보 들이 직간접적으로 우리의 정신을 헤집고, 굳이 관심을 기울이지 않아도 타인이나 환경에 의해 어쩔 수 없이 시선을 돌리게 되는 요즘, 자우하르의 메시지는 비단 심장질환을 치료하기 위해서뿐 아니라 건강한 삶을 영위하기 위해서도 귀담아들을 가치가 충분하다.

생명 유지의 필수 기관인 심장을 다룬 글이라고는 하나, 책 전반을 관통하는 주제는 아이러니하게도 죽음이다. 삶과 죽음은 찰나의 변화다. 하지만 그 찰나가 도래하기까지의 과정이 반드시 짧지만은 않으며, 때에 따라서는 고통에 겨워 하루라도 빨리 끝내고 싶을 정도로 길게 이어지기도 한다. 누군가에게는 갑작스럽고 누군가에게는 지난할 죽음의 행로에서 사람들은 저마다의 방식으로 고군분투한다. 이렇게 죽음에 맞서는 인간이 가장 절박하게 떠올리는 건, 또한 아이러니하게도 삶이다.

그러므로 이 책은 금기와 도전에 관한 이야기인 동시에, 삶과 죽음에 관한 이야기다. 심장의 역사를 돌아보는 과정에서 우리는 삶과 죽음의 존엄성에 대해 자문하게 된다. 존엄한 삶이란 무엇이고, 존엄한 죽음이란 무엇인가. 죽음을 순순히 받아들이는 자세가 숭고하다면, 망가지고 무너지더라도 치열하게 살아내려는 마음가짐은 숭고하지 않은가. 순순한 죽음은 체념이고 죽음을 이겨내려는 몸부림은 의지인가. 아니면 거꾸로 전자는 당당하고 후자는 구차한가. 이러한 이분법은 과연 타당한가.

필연적인 죽음을 담대하게 받아들이는 마음은 용기다. 하지만 약함을 드러내더라도 죽음을 늦춰보려 처절하게 애쓰는 마음 역시 용기다. 어떤 삶이, 어떤 죽음이 정답일까? 과연 우리는 그 답을 자신있게 내놓을 수 있을까? 삶의 방식 못지않게 죽음의 방식이 중요한 화두가 된 지금, 이 책은 심장을 둘러싼 매혹적인 이야기와 더불어 삶과 죽음을 둘러싼 진지한 생각거리를 우리에게 던져준다.

찾아보기

ㅁ

ㅂ

ㅅ

ㅇ

ㅈ

ㅊ

ㅋ

심장

은유, 기계, 미스터리의 역사

1판 1쇄 2019년 11월 27일
1판 3쇄 2023년 5월 8일

지은이 샌디프 자우하르
옮긴이 서정아
펴낸이 강성민
편집장 이은혜
마케팅 정민호 박치우 한민아 이민경 박진희 정경주 정유선 김수인
브랜딩 함유지 함근아 박민재 김희숙 고보미 정승민
제작 강신은 김동욱 임현식

펴낸곳 (주)글항아리 | 출판등록 2009년 1월 19일 제406-2009-000002호
주소 10881 경기 파주시 심학산로 10 3층
전자우편 bookpot@hanmail.net
전화번호 031-941-5159(편집부) 031-955-8869(마케팅)
팩스 031-941-5163

ISBN 978-89-6735-689-7 03470

geulhangari.com